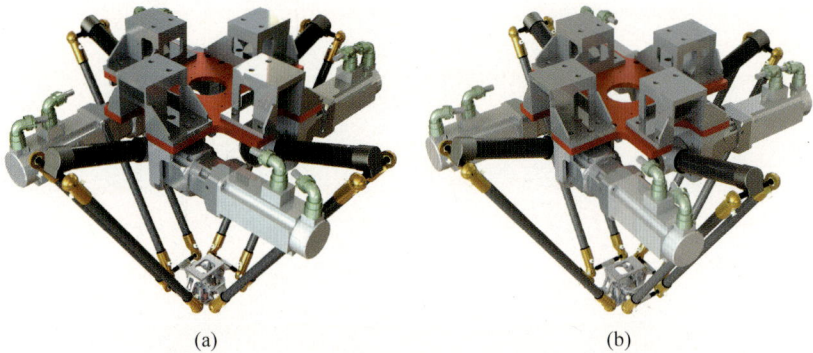

图 2.22　高速高加速并联机器人 TH-SR4 设计方案

（a）视图一；（b）视图二

图 2.24　高速高精度并联机器人 TH-HR4 设计方案

（a）视图一；（b）视图二

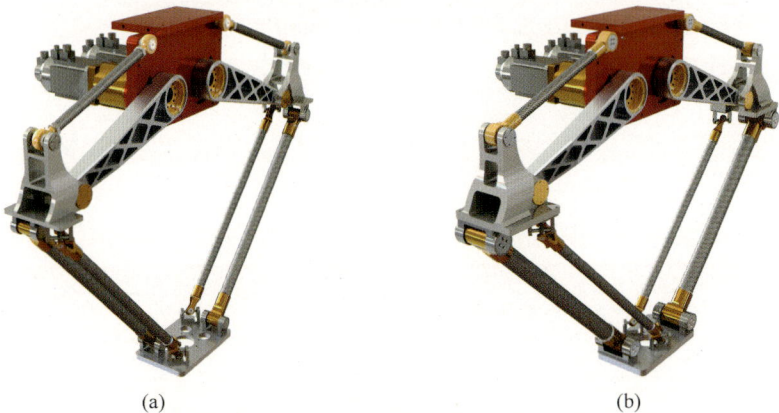

图 2.25　高速高负载并联机器人 TH-UR2 设计方案

（a）方案一；（b）方案二

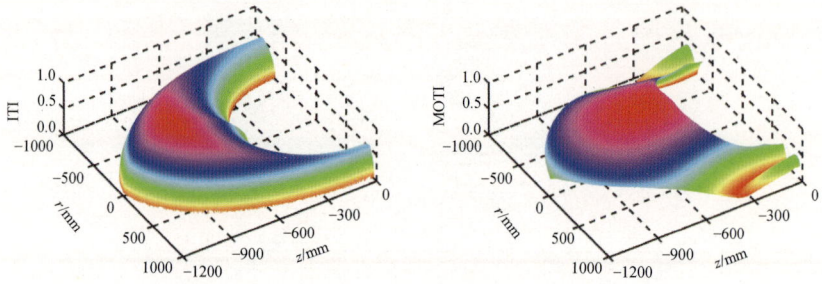

(a)   (b)

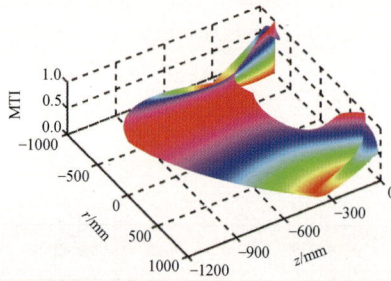

(c)

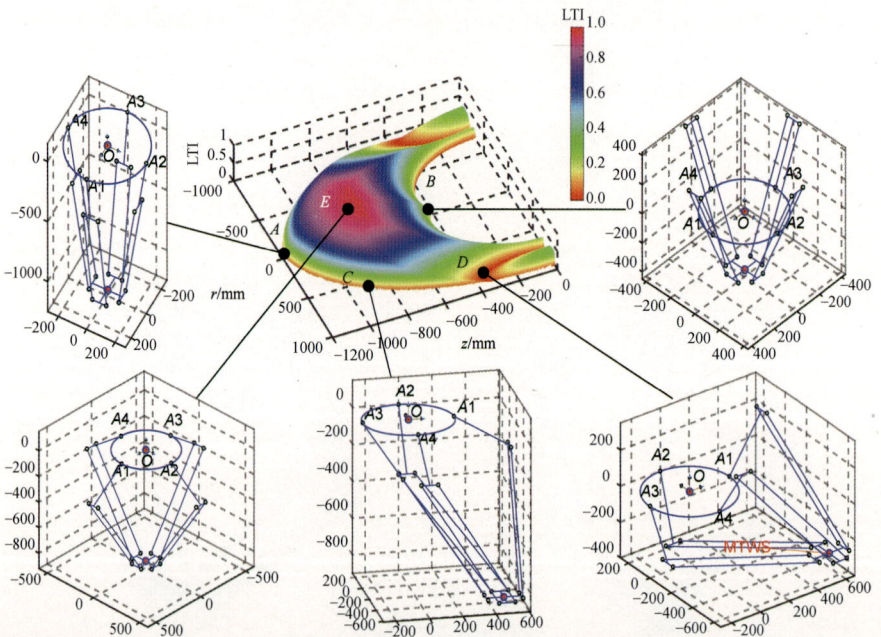

(d)

图 3.16 **Heli4** 高速并联机器人在 $X = -Y$ 平面的

指标分布图谱和部分位姿

（a）ITI；（b）MOTI；（c）MTI；（d）LTI 及机器人部分位姿

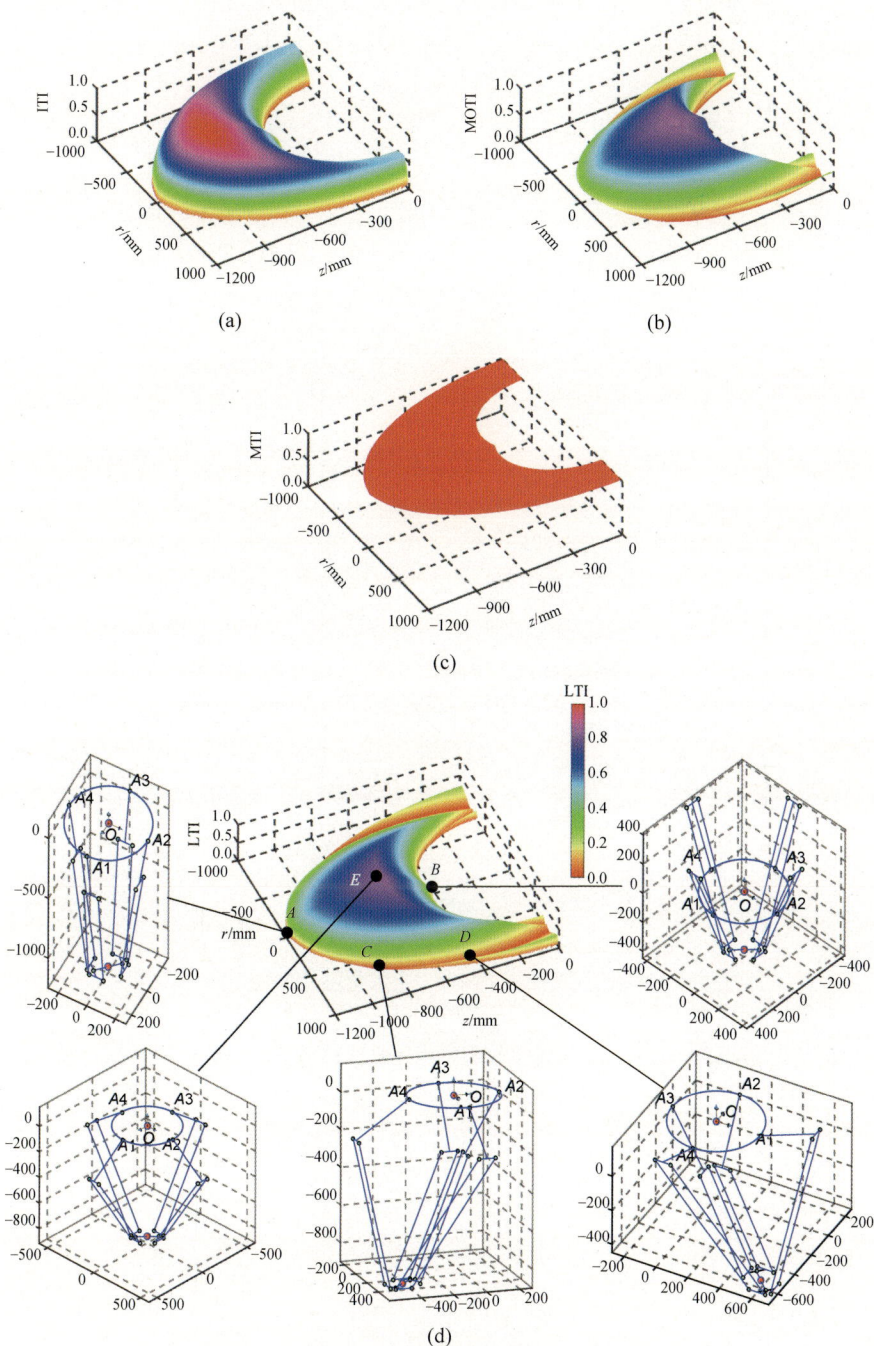

图 3.21　Par4 高速并联机器人在 $X=-Y$ 平面的

指标分布图谱和部分位姿

（a）ITI；（b）MOTI；（c）MTI；（d）LTI 及机器人部分位姿

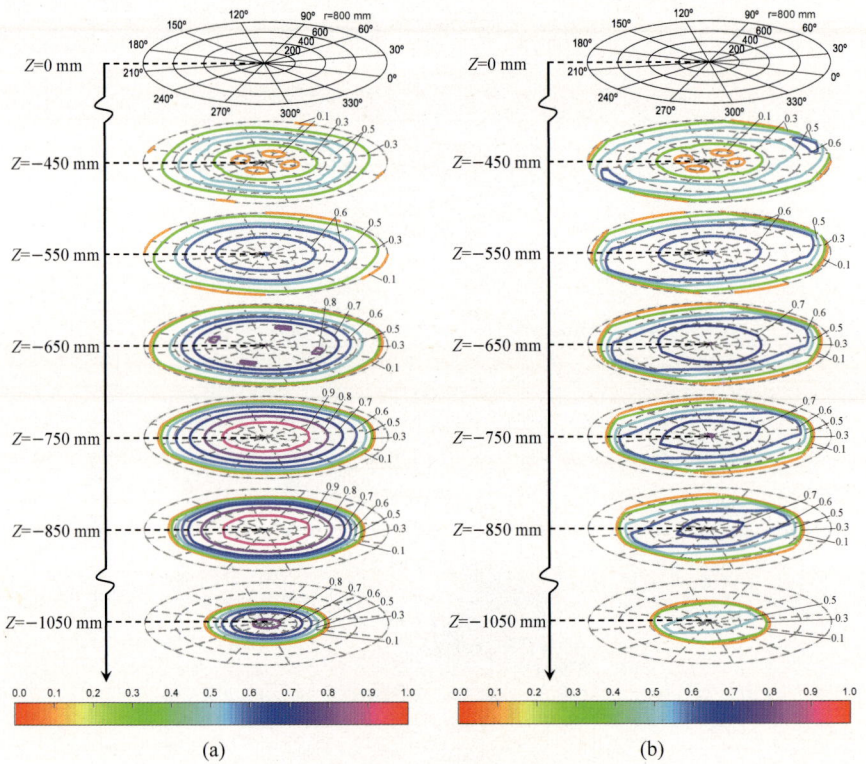

图 3.23　两类双动平台型高速并联机器人线性工作
空间中的 LTI 分布图谱

（a）Heli4 并联机器人；（b）Par4 并联机器人

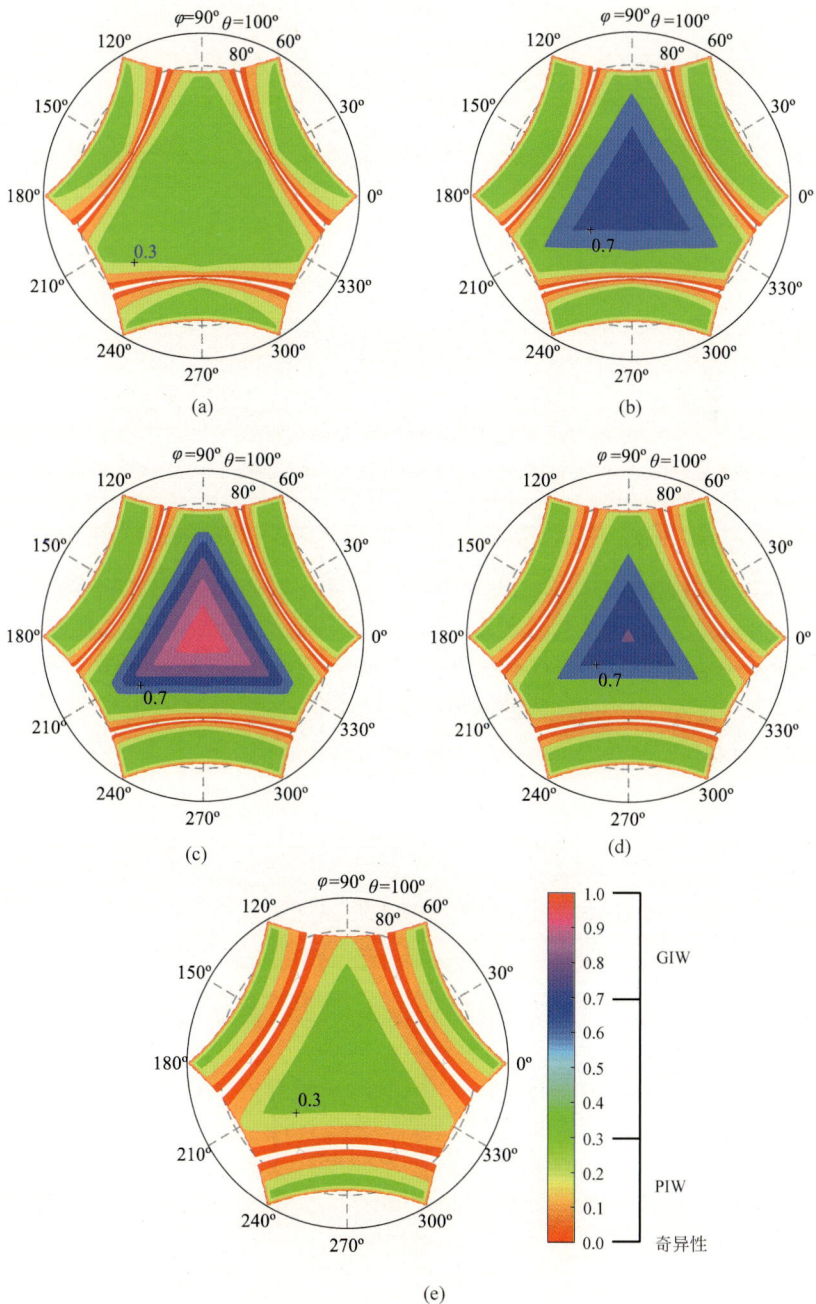

图 4.16　不同关键结构参数下 3-PS²S 并联机器人的 LII 分布图谱

（a）$K=100$ mm；（b）$K=200$ mm；（c）$K=400$ mm；（d）$K=800$ mm；（e）$K=1600$ mm

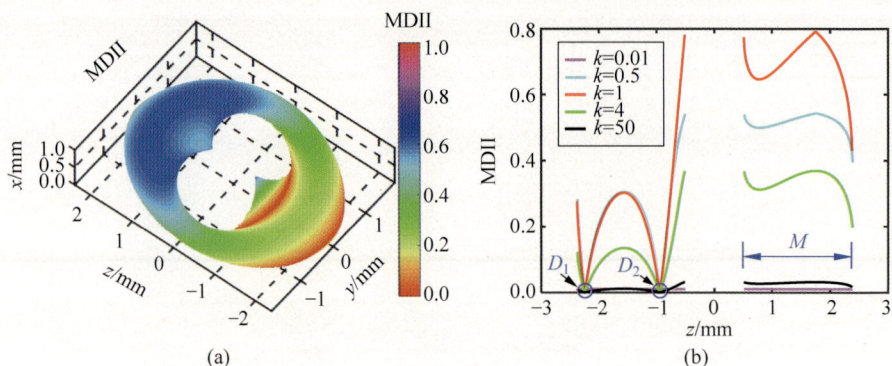

图 4.21　冗余驱动[RS²-RS-RS]-S 和过约束[2-RS²]-S 两类并联机器人的 MDII 分布图谱

(a) $k=2$ mm；(b) $k=0.01$ mm，$k=0.5$ mm，$k=1$ mm，$k=4$ mm，$k=50$ mm

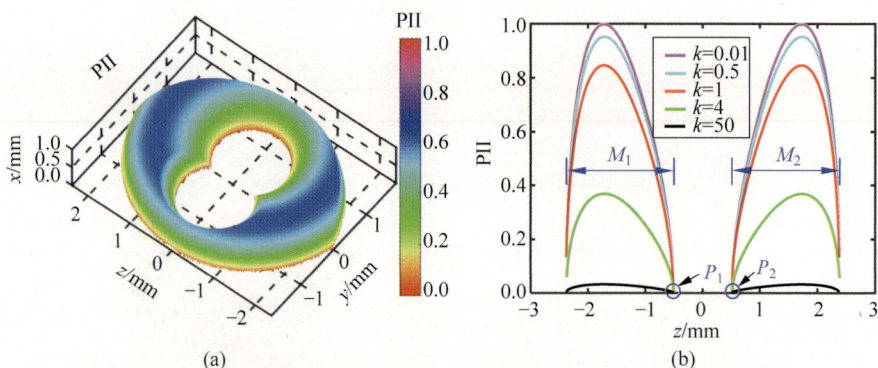

图 4.23　冗余驱动[RS²-RS-RS]-S 并联机器人的 PII 分布图谱

(a) $k=2$ mm；(b) $k=0.01$ mm，$k=0.5$ mm，$k=1$ mm，$k=4$ mm，$k=50$ mm

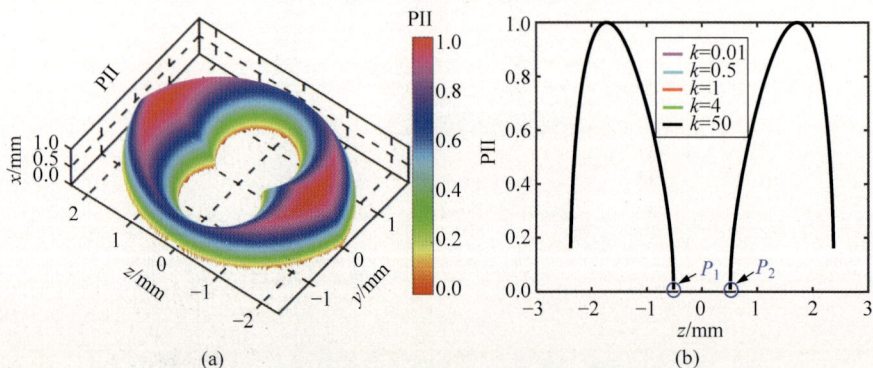

图 4.24　过约束[2-RS²]-S 并联机器人的 PII 分布图谱

(a) $k=2$ mm；(b) $k=0.01$ mm，$k=0.5$ mm，$k=1$ mm，$k=4$ mm，$k=50$ mm

(a)

(b)

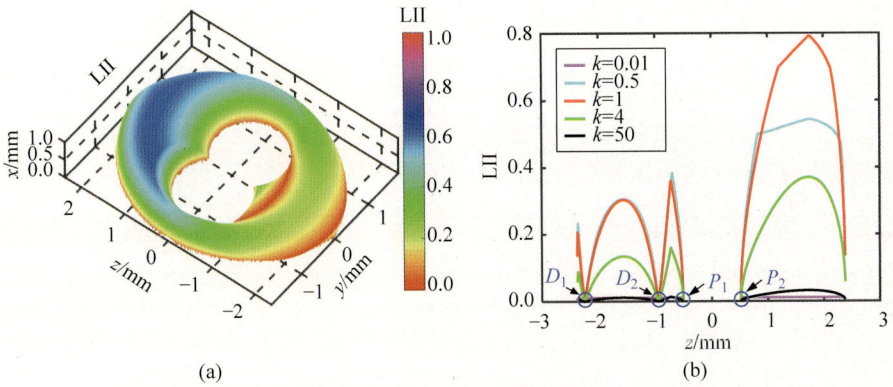

图 4.26 冗余驱动[$\overline{RS^2}$-RS-RS]-S 并联机器人的 LII 分布图谱

(a) $k=2$ mm;(b) $k=0.01$ mm,$k=0.5$ mm,$k=1$ mm,$k=4$ mm,$k=50$ mm

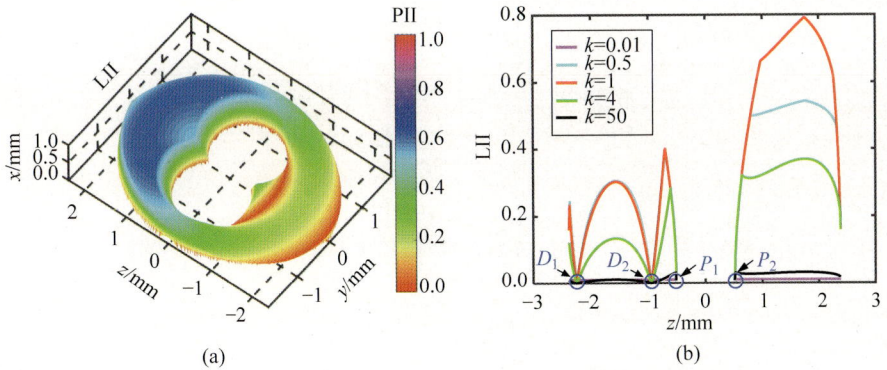

(a)

(b)

图 4.27 过约束[2-$\overline{RS^2}$]-S 并联机器人的 PII 分布图谱

(a) $k=2$ mm;(b) $k=0.01$ mm,$k=0.5$ mm,$k=1$ mm,$k=4$ mm,$k=50$ mm

(a)

(b)

(c)

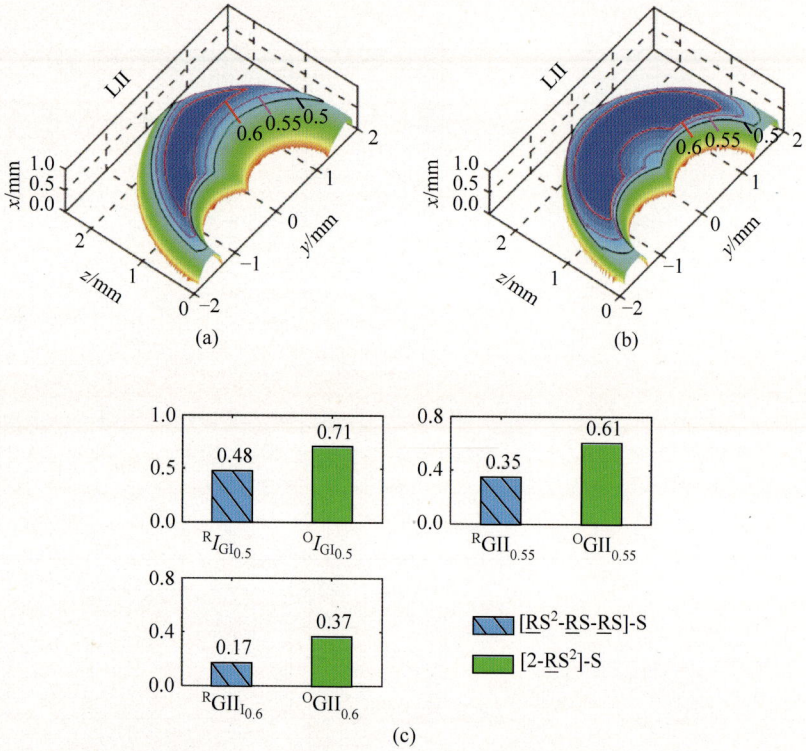

图 4. 28　两类并联机器人 LII=0.5、LII=0.55 和 LII=0.6 时的 LII 分布及指标对比

（a）冗余驱动[$\underline{RS}^2$-$\underline{RS}$-$\underline{RS}$]-S 并联机器人；（b）过约束[2-$\underline{RS}^2$]-S 并联机器人；
（c）全域运动和力交互特性指标 GII_t

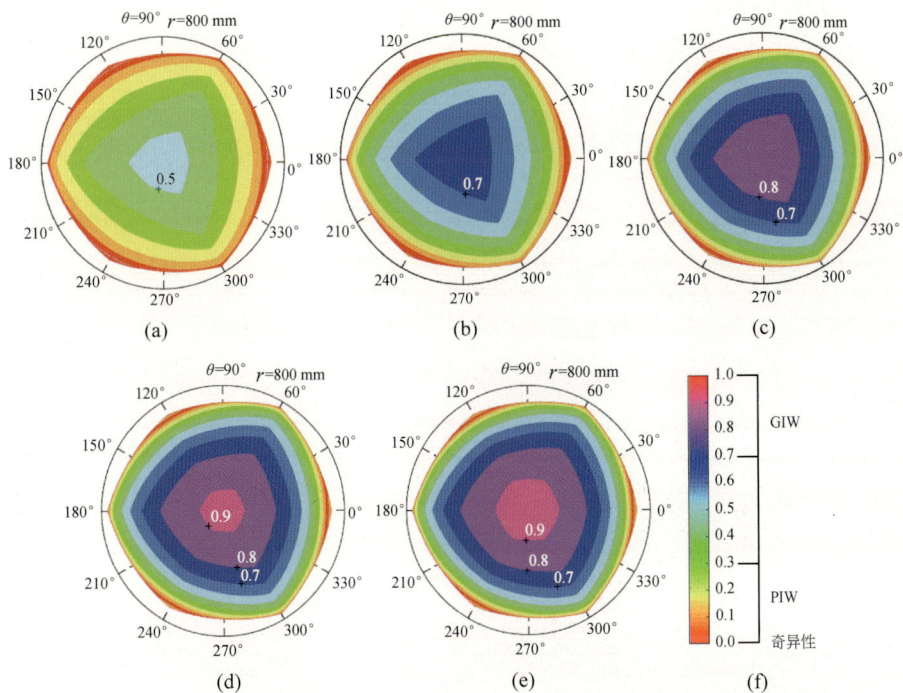

图 4.34 不同关键结构参数 k 下 Delta 高速并联机器人的 LII 分布图谱

(a) $k=150$ mm；(b) $k=300$ mm；(c) $k=600$ mm；

(d) $k=1200$ mm；(e) $k=2400$ mm；(f) 对比条

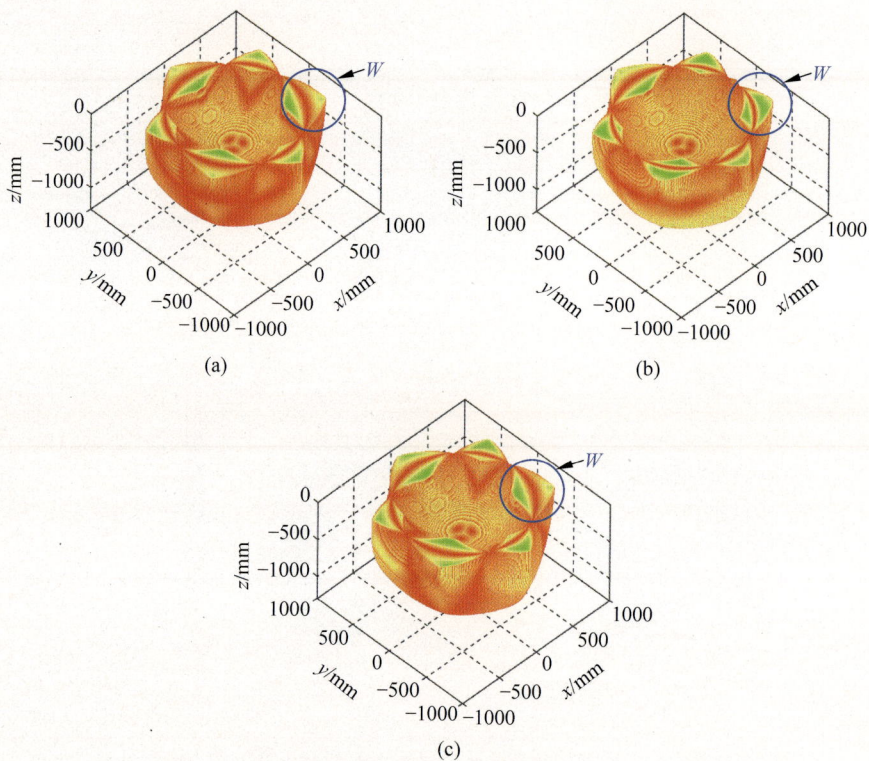

图 4.41　高速并联机器人工作空间边界处的 LII 分布图谱

（a）Delta；（b）冗余驱动 Delta；（c）过约束 Delta

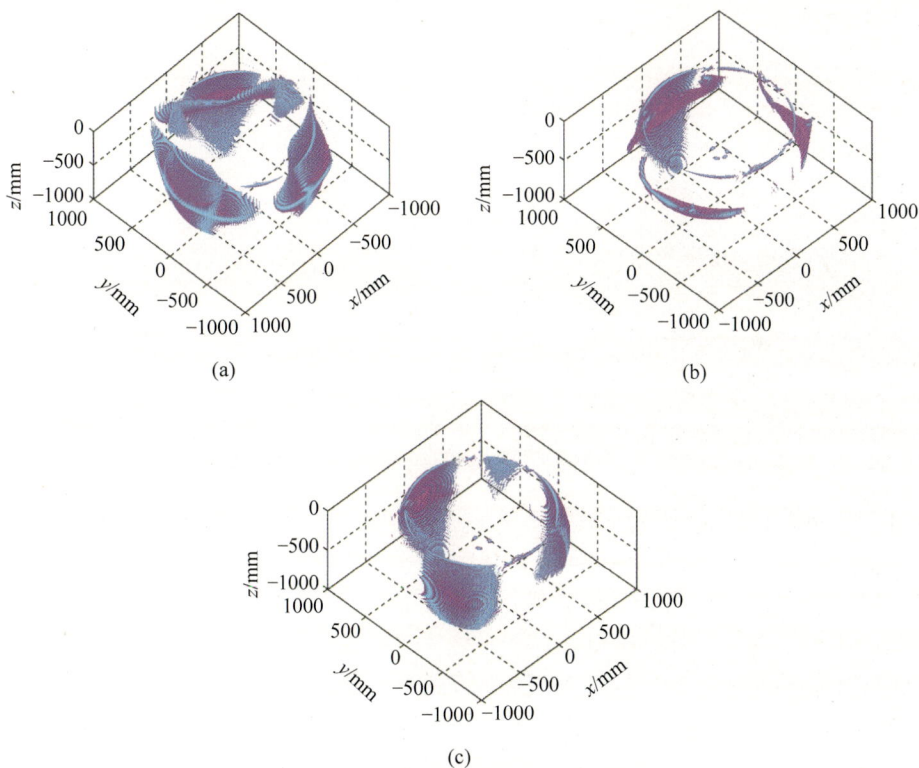

(a)

(b)

(c)

图 4.42　高速并联机器人的奇异轨迹

（a）Delta；（b）冗余驱动 Delta；（c）过约束 Delta

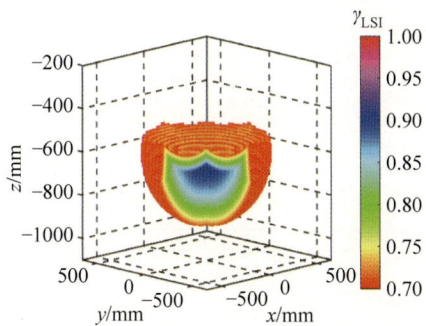

图 5.21　高速高精度并联机器人 TH-HR4 的优质工作空间及 γ_{LSI} 分布

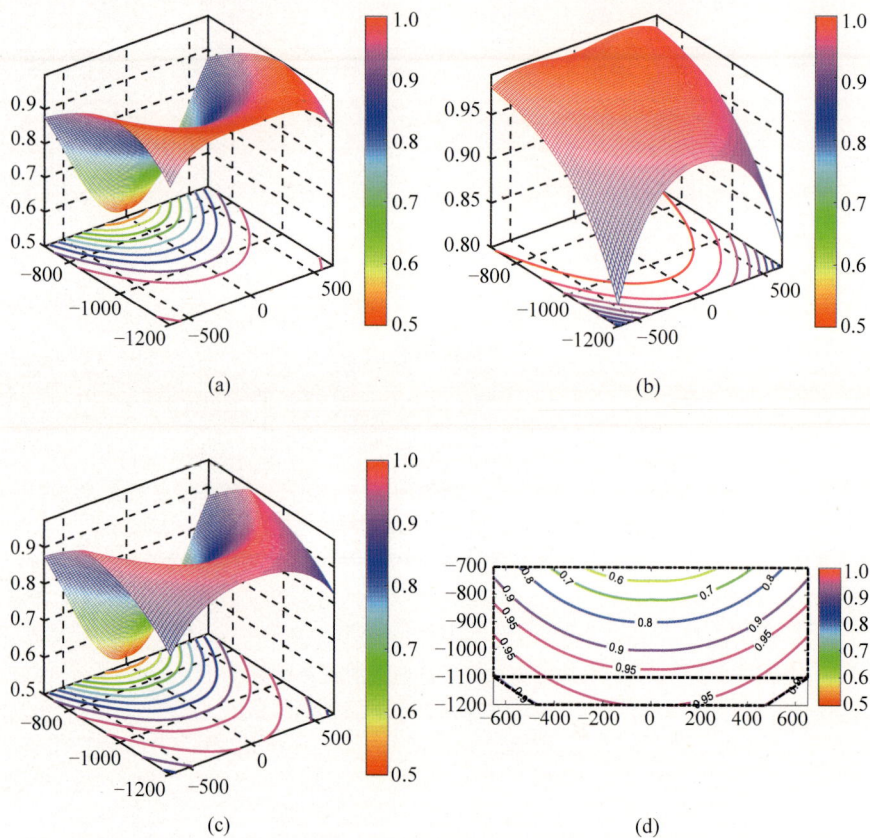

图 5.28 TH-UR2 高速并联机器人在工作空间内的指标分布图谱

(a) ITI; (b) OTI; (c) LTI=min {ITI,OTI}; (d) LTI=min {ITI,OTI}等值线

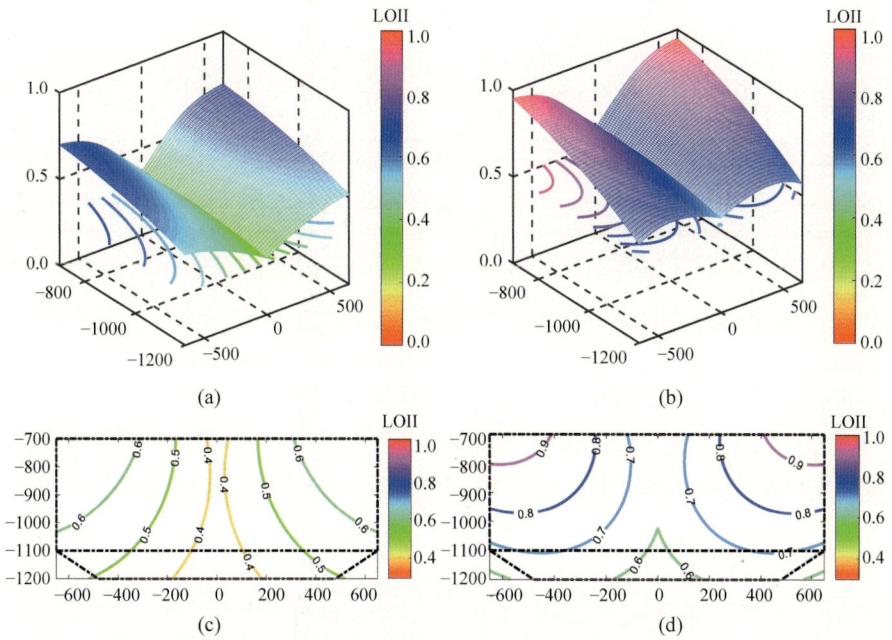

图 5.31   TH-UR2 高速并联机器人的 LOII 分布图谱

（a）Ⅰ型机器人 LOII 分布；（b）Ⅱ型机器人 LOII 分布；

（c）Ⅰ型机器人 LOII 等值线分布；（d）Ⅱ型机器人 LOII 等值线分布

清华大学优秀博士学位论文丛书

高速并联机器人构型设计及运动和力作用特性研究

孟齐志（Meng Qizhi） 著

Research on Mechanism Design
and Motion-Force Interaction Performance of
High-Speed Parallel Robots

清华大学出版社

北 京

内 容 简 介

本书面向食品、医药、电子和日化等行业中生产线产品的操作需求,从机构的原理构型出发,探讨高速并联机器人构型设计,并提出具有自主知识产权且满足应用需求的若干高速并联机器人原理新构型。在此基础上对具有优势特征的双动平台型和闭环支链型高速并联机器人进行深入研究,探讨机器人的运动和力作用机理及其对高速并联机器人性能的影响,进而建立双动平台型高速并联机器人和闭环支链型高速并联机器人性能评价指标体系,并指导机器人的性能分析和优化设计。在上述理论研究的指导下,本书研发出三类高性能高速并联机器人,同时进行了关键技术参数检测,验证了研究方法和原理构型的有效性并试验了所研发机器人的综合性能,最终实现了高速并联机器人的推广应用。

图书在版编目(CIP)数据

高速并联机器人构型设计及运动和力作用特性研究 / 孟齐志著. -- 北京:清华大学出版社,2025. 5. --(清华大学优秀博士学位论文丛书). -- ISBN 978-7-302-69142-6

Ⅰ. TP242.2

中国国家版本馆 CIP 数据核字第 2025NL1290 号

责任编辑:李双双
封面设计:傅瑞学
责任校对:赵丽敏
责任印制:曹婉颖

出版发行:清华大学出版社
　　　网　　　址:https://www.tup.com.cn,https://www.wqxuetang.com
　　　地　　　址:北京清华大学学研大厦 A 座　　　邮　　编:100084
　　　社 总 机:010-83470000　　　邮　　购:010-62786544
　　　投稿与读者服务:010-62776969,c-service@tup.tsinghua.edu.cn
　　　质量反馈:010-62772015,zhiliang@tup.tsinghua.edu.cn
印 装 者:三河市东方印刷有限公司
经　　销:全国新华书店
开　　本:155mm×235mm　　印张:15.5　　插页:7　　字　　数:276 千字
版　　次:2025 年 7 月第 1 版　　　印　　次:2025 年 7 月第 1 次印刷
定　　价:119.00 元

产品编号:097518-01

一流博士生教育
体现一流大学人才培养的高度（代丛书序）①

人才培养是大学的根本任务。只有培养出一流人才的高校，才能够成为世界一流大学。本科教育是培养一流人才最重要的基础，是一流大学的底色，体现了学校的传统和特色。博士生教育是学历教育的最高层次，体现出一所大学人才培养的高度，代表着一个国家的人才培养水平。清华大学正在全面推进综合改革，深化教育教学改革，探索建立完善的博士生选拔培养机制，不断提升博士生培养质量。

学术精神的培养是博士生教育的根本

学术精神是大学精神的重要组成部分，是学者与学术群体在学术活动中坚守的价值准则。大学对学术精神的追求，反映了一所大学对学术的重视、对真理的热爱和对功利性目标的摒弃。博士生教育要培养有志于追求学术的人，其根本在于学术精神的培养。

无论古今中外，博士这一称号都和学问、学术紧密联系在一起，和知识探索密切相关。我国的博士一词起源于2000多年前的战国时期，是一种学官名。博士任职者负责保管文献档案、编撰著述，须知识渊博并负有传授学问的职责。东汉学者应劭在《汉官仪》中写道："博者，通博古今；士者，辩于然否。"后来，人们逐渐把精通某种职业的专门人才称为博士。博士作为一种学位，最早产生于12世纪，最初它是加入教师行会的一种资格证书。19世纪初，德国柏林大学成立，其哲学院取代了以往神学院在大学中的地位，在大学发展的历史上首次产生了由哲学院授予的哲学博士学位，并赋予了哲学博士深层次的教育内涵，即推崇学术自由、创造新知识。哲学博士的设立标志着现代博士生教育的开端，博士则被定义为独立从事学术研究、具备创造新知识能力的人，是学术精神的传承者和光大者。

① 本文首发于《光明日报》，2017年12月5日。

博士生学习期间是培养学术精神最重要的阶段。博士生需要接受严谨的学术训练，开展深入的学术研究，并通过发表学术论文、参与学术活动及博士论文答辩等环节，证明自身的学术能力。更重要的是，博士生要培养学术志趣，把对学术的热爱融入生命之中，把捍卫真理作为毕生的追求。博士生更要学会如何面对干扰和诱惑，远离功利，保持安静、从容的心态。学术精神，特别是其中所蕴含的科学理性精神、学术奉献精神，不仅对博士生未来的学术事业至关重要，对博士生一生的发展都大有裨益。

独创性和批判性思维是博士生最重要的素质

博士生需要具备很多素质，包括逻辑推理、言语表达、沟通协作等，但是最重要的素质是独创性和批判性思维。

学术重视传承，但更看重突破和创新。博士生作为学术事业的后备力量，要立志于追求独创性。独创意味着独立和创造，没有独立精神，往往很难产生创造性的成果。1929 年 6 月 3 日，在清华大学国学院导师王国维逝世二周年之际，国学院师生为纪念这位杰出的学者，募款修造"海宁王静安先生纪念碑"，同为国学院导师的陈寅恪先生撰写了碑铭，其中写道："先生之著述，或有时而不章；先生之学说，或有时而可商；惟此独立之精神，自由之思想，历千万祀，与天壤而同久，共三光而永光。"这是对于一位学者的极高评价。中国著名的史学家、文学家司马迁所讲的"究天人之际，通古今之变，成一家之言"也是强调要在古今贯通中形成自己独立的见解，并努力达到新的高度。博士生应该以"独立之精神、自由之思想"来要求自己，不断创造新的学术成果。

诺贝尔物理学奖获得者杨振宁先生曾在 20 世纪 80 年代初对到访纽约州立大学石溪分校的 90 多名中国学生、学者提出："独创性是科学工作者最重要的素质。"杨先生主张做研究的人一定要有独创的精神、独到的见解和独立研究的能力。在科技如此发达的今天，学术上的独创性变得越来越难，也愈加珍贵和重要。博士生要树立敢为天下先的志向，在独创性上下功夫，勇于挑战最前沿的科学问题。

批判性思维是一种遵循逻辑规则、不断质疑和反省的思维方式，具有批判性思维的人勇于挑战自己，敢于挑战权威。批判性思维的缺乏往往被认为是中国学生特有的弱项，也是我们在博士生培养方面存在的一个普遍问题。2001 年，美国卡内基基金会开展了一项"卡内基博士生教育创新计划"，针对博士生教育进行调研，并发布了研究报告。该报告指出：在美国和欧洲,培养学生保持批判而质疑的眼光看待自己、同行和导师的观点同样非常不容易,批判性思维的培养必须成为博士生培养项目的组成部分。

对于博士生而言,批判性思维的养成要从如何面对权威开始。为了鼓励学生质疑学术权威、挑战现有学术范式,培养学生的挑战精神和创新能力,清华大学在 2013 年发起"巅峰对话",由学生自主邀请各学科领域具有国际影响力的学术大师与清华学生同台对话。该活动迄今已经举办了 21 期,先后邀请 17 位诺贝尔奖、3 位图灵奖、1 位菲尔兹奖获得者参与对话。诺贝尔化学奖得主巴里·夏普莱斯(Barry Sharpless)在 2013 年 11 月来清华参加"巅峰对话"时,对于清华学生的质疑精神印象深刻。他在接受媒体采访时谈道:"清华的学生无所畏惧,请原谅我的措辞,但他们真的很有胆量。"这是我听到的对清华学生的最高评价,博士生就应该具备这样的勇气和能力。培养批判性思维更难的一层是要有勇气不断否定自己,有一种不断超越自己的精神。爱因斯坦说:"在真理的认识方面,任何以权威自居的人,必将在上帝的嬉笑中垮台。"这句名言应该成为每一位从事学术研究的博士生的箴言。

提高博士生培养质量有赖于构建全方位的博士生教育体系

一流的博士生教育要有一流的教育理念,需要构建全方位的教育体系,把教育理念落实到博士生培养的各个环节中。

在博士生选拔方面,不能简单按考分录取,而是要侧重评价学术志趣和创新潜力。知识结构固然重要,但学术志趣和创新潜力更关键,考分不能完全反映学生的学术潜质。清华大学在经过多年试点探索的基础上,于 2016 年开始全面实行博士生招生"申请-审核"制,从原来的按照考试分数招收博士生,转变为按科研创新能力、专业学术潜质招收,并给予院系、学科、导师更大的自主权。《清华大学"申请-审核"制实施办法》明晰了导师和院系在考核、遴选和推荐上的权力和职责,同时确定了规范的流程及监管要求。

在博士生指导教师资格确认方面,不能论资排辈,要更看重教师的学术活力及研究工作的前沿性。博士生教育质量的提升关键在于教师,要让更多、更优秀的教师参与到博士生教育中来。清华大学从 2009 年开始探索将博士生导师评定权下放到各学位评定分委员会,允许评聘一部分优秀副教授担任博士生导师。近年来,学校在推进教师人事制度改革过程中,明确教研系列助理教授可以独立指导博士生,让富有创造活力的青年教师指导优秀的青年学生,师生相互促进、共同成长。

　　在促进博士生交流方面，要努力突破学科领域的界限，注重搭建跨学科的平台。跨学科交流是激发博士生学术创造力的重要途径，博士生要努力提升在交叉学科领域开展科研工作的能力。清华大学于2014年创办了"微沙龙"平台，同学们可以通过微信平台随时发布学术话题，寻觅学术伙伴。3年来，博士生参与和发起"微沙龙"12000多场，参与博士生达38000多人次。"微沙龙"促进了不同学科学生之间的思想碰撞，激发了同学们的学术志趣。清华于2002年创办了博士生论坛，论坛由同学自己组织，师生共同参与。博士生论坛持续举办了500期，开展了18000多场学术报告，切实起到了师生互动、教学相长、学科交融、促进交流的作用。学校积极资助博士生到世界一流大学开展交流与合作研究，超过60%的博士生有海外访学经历。清华于2011年设立了发展中国家博士生项目，鼓励学生到发展中国家亲身体验和调研，在全球化背景下研究发展中国家的各类问题。

　　在博士学位评定方面，权力要进一步下放，学术判断应该由各领域的学者来负责。院系二级学术单位应该在评定博士论文水平上拥有更多的权力，也应担负更多的责任。清华大学从2015年开始把学位论文的评审职责授权给各学位评定分委员会，学位论文质量和学位评审过程主要由各学位分委员会进行把关，校学位委员会负责学位管理整体工作，负责制度建设和争议事项处理。

　　全面提高人才培养能力是建设世界一流大学的核心。博士生培养质量的提升是大学办学质量提升的重要标志。我们要高度重视、充分发挥博士生教育的战略性、引领性作用，面向世界、勇于进取，树立自信、保持特色，不断推动一流大学的人才培养迈向新的高度。

清华大学校长

2017 年 12 月

丛书序二

以学术型人才培养为主的博士生教育,肩负着培养具有国际竞争力的高层次学术创新人才的重任,是国家发展战略的重要组成部分,是清华大学人才培养的重中之重。

作为首批设立研究生院的高校,清华大学自20世纪80年代初开始,立足国家和社会需要,结合校内实际情况,不断推动博士生教育改革。为了提供适宜博士生成长的学术环境,我校一方面不断地营造浓厚的学术氛围,另一方面大力推动培养模式创新探索。我校从多年前就已开始运行一系列博士生培养专项基金和特色项目,激励博士生潜心学术、锐意创新,拓宽博士生的国际视野,倡导跨学科研究与交流,不断提升博士生培养质量。

博士生是最具创造力的学术研究新生力量,思维活跃,求真求实。他们在导师的指导下进入本领域研究前沿,汲取本领域最新的研究成果,拓宽人类的认知边界,不断取得创新性成果。这套优秀博士学位论文丛书,不仅是我校博士生研究工作前沿成果的体现,也是我校博士生学术精神传承和光大的体现。

这套丛书的每一篇论文均来自学校新近每年评选的校级优秀博士学位论文。为了鼓励创新,激励优秀的博士生脱颖而出,同时激励导师悉心指导,我校评选校级优秀博士学位论文已有20多年。评选出的优秀博士学位论文代表了我校各学科最优秀的博士学位论文的水平。为了传播优秀的博士学位论文成果,更好地推动学术交流与学科建设,促进博士生未来发展和成长,清华大学研究生院与清华大学出版社合作出版这些优秀的博士学位论文。

感谢清华大学出版社,悉心地为每位作者提供专业、细致的写作和出版指导,使这些博士论文以专著方式呈现在读者面前,促进了这些最新的优秀研究成果的快速广泛传播。相信本套丛书的出版可以为国内外各相关领域或交叉领域的在读研究生和科研人员提供有益的参考,为相关学科领域的发展和优秀科研成果的转化起到积极的推动作用。

　　感谢丛书作者的导师们。这些优秀的博士学位论文,从选题、研究到成文,离不开导师的精心指导。我校优秀的师生导学传统,成就了一项项优秀的研究成果,成就了一大批青年学者,也成就了清华的学术研究。感谢导师们为每篇论文精心撰写序言,帮助读者更好地理解论文。

　　感谢丛书的作者们。他们优秀的学术成果,连同鲜活的思想、创新的精神、严谨的学风,都为致力于学术研究的后来者树立了榜样。他们本着精益求精的精神,对论文进行了细致的修改完善,使之在具备科学性、前沿性的同时,更具系统性和可读性。

　　这套丛书涵盖清华众多学科,从论文的选题能够感受到作者们积极参与国家重大战略、社会发展问题、新兴产业创新等的研究热情,能够感受到作者们的国际视野和人文情怀。相信这些年轻作者们勇于承担学术创新重任的社会责任感能够感染和带动越来越多的博士生,将论文书写在祖国的大地上。

　　祝愿丛书的作者们、读者们和所有从事学术研究的同行们在未来的道路上坚持梦想,百折不挠!在服务国家、奉献社会和造福人类的事业中不断创新,做新时代的引领者。

　　相信每一位读者在阅读这一本本学术著作的时候,在汲取学术创新成果、享受学术之美的同时,能够将其中所蕴含的科学理性精神和学术奉献精神传播和发扬出去。

清华大学研究生院院长

2018 年 1 月 5 日

导师序言

2014 年 6 月 9 日，习近平总书记在两院院士大会上指出，机器人是"制造业皇冠顶端的明珠"，其研发、制造、应用是衡量一个国家科技创新和高端制造业水平的重要标志。近年来，随着国家战略的持续推进及制造业水平的不断提升，机器人技术在我国实现了飞跃式发展，国产机器人在多个关键领域中的市场占有率持续攀升，应用深度和广度不断拓展。作为其中最具代表性的分支之一，工业机器人已成为现代制造业中保障产品质量、提升生产效率、降低综合成本的关键装备。

在新一轮技术革命和产业变革背景下，工业机器人应用场景正呈现出明显的多样化趋势，尤其是轻工业中存在着大量对小型轻量物品进行高速、洁净处理的任务需求。并联机器人凭借速度快、结构刚度高、动态特性好等优势备受青睐，逐步成为实现上述任务的重要技术路径。其中，能够快速执行拾取和放置操作的并联机构装备也被业界称为"高速并联机器人"，并展现出巨大的应用需求空间和关键技术创新空间。

本书面向电子、食品、医药、日化和新能源等行业对满足大批量、高速无污染生产作业要求的新技术、新装备的迫切需求，围绕高速并联机器人"从无到有"和"从有到优"两方面的关键核心内容，重点研究了具有优势特征的高速并联机器人构型综合、双动平台型高速并联机器人的运动和力传递特性、闭环支链型并联机器人的运动和力交互特性等难点问题，取得以下创新性成果：

（1）提出了平台间耦合和支链间耦合策略，建立了基于耦合策略的线几何图谱化高速并联机器人构型综合方法，发明了多款具有优势特征的高速并联机器人原理新构型，为高性能高速并联机器人的研发奠定了构型基础。

（2）揭示了双动平台型高速并联机器人的运动发生机理，提出等效传递力概念并定义了修正的输出传递指标和中间传递指标，建立了以输入、输出和中间传递指标为核心的运动和力传递特性评价指标体系，实现了双动平台型高速并联机器人的性能分析和尺度优化。

（3）揭示了闭环支链型并联机器人的支链内力对机器人近端运动传递和远端力承载能力的影响机理，建立了运动和力交互作用特性评价方法和指标体系，解决了闭环支链型高速并联机器人支链内关键结构参数设计和机器人构型优选难题。

上述理论工作指导研发了 TH-SR4、TH-HR4 和 TH-UR2 共三类高速并联机器人。测试表明所研发的高速并联机器人分别具备高速高加速、高速高精度和高速高负载品质。目前三类机器人均已实现推广应用，满足了应用企业的生产需求。以上研究成果创新性强，具有显著的科学意义和工程价值，不仅为高性能高速并联机器人创新提供了新方法和新思路，也对并联机器人机构学的基础理论进行了丰富和拓展。

本书作者孟齐志博士，2021 年 1 月博士毕业于清华大学机械工程系，同年获评清华大学优秀博士毕业生、北京市优秀毕业生，其学位论文先后被评为清华大学优秀博士学位论文、北京市优秀博士学位论文，现受邀于清华大学出版社将该论文内容凝练成学术专著，作为导师甚感欣慰。希望本书的出版能为相关领域的科研人员和工程技术人员提供有益参考，也期待作者在未来的学术道路和工程实践中不断求索，锐意进取，继续取得新的成绩。

刘辛军

2025 年 5 月于清华园

摘　要

随着现代生产生活方式的快速发展,电子、食品、医药、日化和新能源等行业对生产线物品的高速无污染作业需求日益旺盛。高速并联机器人有望成为此类作业中保障质量、提高效率和降低成本的核心装备,具有重要的研究价值。本书以高速并联机器人为研究对象,根据典型应用需求系统性地开展高速并联机器人的构型设计、双动平台型高速并联机器人的运动和力传递特性、闭环支链型高速并联机器人运动和力交互特性、高速并联机器人尺度优化设计和构型优选等方面的理论研究工作。主要内容如下。

首先,本研究分析发现,闭环支链和双动平台方案因其性能优势已然成为高速并联机器人的优势特征,提出了平台间耦合策略和支链间耦合策略,建立了基于耦合策略的线几何图谱化高速并联机器人构型综合方法,创新设计出若干双动平台型和闭环支链型高速并联机器人构型;结合典型应用需求,从所设计的高速并联机器人构型中发掘出三类分别具备高速高加速、高速高精度和高速高负载潜质的机器人原理新构型。

其次,本研究提出双动平台型高速并联机器人的等效传递力概念,建立了副平台的自由度特性约束方程用以消除副平台在机器人运动和力传递过程中的影响,获得了机器人等效运动和力传递模型,进而定义了修正的输出传递指标;考虑机器人动平台间存在相对运动,定义了中间传递指标来评价动平台内部的运动和力传递特性;进而建立起双动平台型高速并联机器人运动和力传递特性指标体系,为此类机器人的性能分析和尺度优化奠定了理论基础。

最后,本研究提出"锁定-驱动"策略,探索并联机器人在近架端和远架端的运动和力学行为,定义了近端交互指标和远端交互指标来评价并联机器人支链内力对输入运动的传递能力和对动平台承载能力的影响;针对冗余驱动和过约束并联机器人,定义了近端交互指标和最小化远端交互指标;进而建立起闭环支链型高速并联机器人运动和力交互特性指标体系和评价方法,为此类机器人的性能分析和构型优选提供了理论依据。

　　基于上述理论工作,本研究实现了机器人的尺度优化和构型优选,指导研发了三类高速并联机器人。第三方测试表明:研发的 TH-SR4 并联机器人、TH-HR4 并联机器人和 TH-UR2 并联机器人分别具备高速高加速、高速高精度和高速高负载品质。经推广应用,三类机器人均运行可靠且满足企业生产需求。

关键词:高速并联机器人;构型设计;传递特性;交互特性;性能评价

Abstract

With the rapid development of modern production and lifestyle changing, the demand for high-speed pollution-free operation of products on the production lines in the industries of electronics, food, medicine, daily chemicals and new energy is greatly increasing. High-speed parallel robots are expected to serve as core equipment in such operations, with the capacity to ensure quality, enhance efficiency, and reduce costs, thereby presenting considerable research significance. Taking the high-speed parallel robot as the research object and considering the typical application requirements, this book focuses on the research of the mechanism design of the high-speed parallel robot, motion/force transmission performance of high-speed parallel robots with articulated platforms, motion-force interaction performance of parallel robots with closed-loop subchains, dimension synthesis and mechanism selection, etc. The main works and results are as follows.

Firstly, according to the analysis of the structures of high-speed parallel robots, the design schemes with closed-loop subchains and articulated platforms have become the dominant characteristics of the high-speed parallel robot because of their performance advantages. The coupling strategy between mobile platforms and the coupling strategy between kinematic chains are presented. Then, a graphical type synthesis method of high-speed parallel mechanism is proposed based on line geometry and atlases of degrees of freedom and constraints. Several high-speed parallel robots with articulated platforms and closed-loop subchains are designed innovatively. Combined with the typical requirements of engineering applications, three types of parallel robots respectively with high-speed and high-acceleration potential, high-speed and high-precision potential, and high-speed and high-load potential are discovered.

Secondly, the concept of equivalent transmission wrench screw of the high-speed parallel robot with articulated platforms is proposed. Then, a constraint equation of degree-of-freedom characteristic of sub-platform is established, which can eliminate the influence of the sub-platform during the process of motion/force transmission. Furthermore, the equivalent motion/force transmission model of the robot is obtained, and the modified output transmission index is defined. What's more, by putting an insight into the instantaneous relative motion inside the mobile platform, a medial transmission index is proposed to evaluate its internal motion/force transmissibility. Based on these foundations, the local transmission index is defined as the minimum value of the input, modified output, and medial transmission indices. Besides, the index system of motion/force transmission performance evaluation of the high-speed parallel robot with articulated platforms is established, which provides a theoretical basis for performance analysis and dimension synthesis of this kind of parallel robots.

Finally, a novel blocking-and-actuating strategy is proposed to investigate the motion and force behavior at the distal part and the proximal part of parallel robots. By using this strategy, the distal wrenches and proximal wrenches are identified inside the closed-loop subchains. The proximal interaction index and the distal interaction index are defined to evaluate the influence of the internal wrench of subchains on the motion-transmission capacity and load-carrying capacity of the parallel robot respectively. As for redundantly actuated and overconstrained parallel robots with closed-loop subchains, the proximal interaction index and the minimized distal interaction index are defined. To evaluate the comprehensive performance of the parallel robot at a certain pose, a local interaction index is defined as the minimum value of indices of the distal and proximal interaction performance. Finally, the index system of motion-force interaction performance evaluation of the high-speed parallel robot with closed-loop subchains is established, which provides a theoretical basis for performance analysis and mechanism selection of this kind of parallel robots.

Based on the above theoretical work, the dimension synthesis of TH-SR4 and TH-HR4 high-speed parallel robots with articulated platforms and the mechanism selection of TH-UR2 high-speed parallel robot with closed-loop subchains are carried out, and the prototypes of three types of parallel robots are developed. According to the performance tests, the developed TH-SR4 parallel robot, TH-HR4 parallel robot and TH-UR2 parallel robot can achieve high-speed and high-acceleration performance, high-speed and high-precision performance, and high-speed and high-load performance, respectively. Applications indicate that all three types of high-speed parallel robots can run reliably and meet the production requirements.

Key words: high-speed parallel robots; mechanism design; motion/force transmission; motion-force interaction; performance evaluation

符号和缩略语说明

$\boldsymbol{S}_{\mathrm{W}}$	力旋量
$\boldsymbol{S}_{\mathrm{T}}$	运动旋量
$\boldsymbol{S}_p$	末端执行器的瞬时运动旋量
$\boldsymbol{S}_{j,i}$	第 i 支链中第 j 个运动副所对应的运动旋量
$\boldsymbol{s}_{j,i}$	旋量 $\boldsymbol{S}_{j,i}$ 的原部矢量
$\boldsymbol{s}_{j,i}^0$	旋量 $\boldsymbol{S}_{j,i}$ 的偶部矢量
$\boldsymbol{S}_{\mathrm{D}_k}$	副平台与主平台之间的连接点处运动副所对应的运动旋量
${}^i\boldsymbol{S}_{\mathrm{ITS}}$	第 i 支链所对应的输入运动旋量
${}^i\boldsymbol{S}_{\mathrm{TWS}}$	第 i 支链所对应的传递力旋量
${}^i\boldsymbol{S}_{\mathrm{OTS}}$	驱动第 i 支链并锁定其余支链后动平台产生的输出运动旋量
${}^i\boldsymbol{S}_{\mathrm{ETWS}}$	第 i 支链所对应的等效传递力旋量
$\boldsymbol{S}_{j,i}^*$	第 i 虚拟支链中第 j 个运动副所对应的运动旋量
${}^i\boldsymbol{S}_{\mathrm{ITS}}^*$	第 i 虚拟支链所对应的输入运动旋量
${}^m\boldsymbol{S}_{\mathrm{CWS}}$	支链所提供的第 m 个约束力旋量
${}^C\boldsymbol{W}^{\mathrm{e}}$	末端执行器的约束力旋量系
${}^C\boldsymbol{W}^1$	第一副平台的约束力旋量系
${}^C\boldsymbol{W}^2$	第二副平台的约束力旋量系
${}^i\boldsymbol{W}_{\mathrm{released}}$	第 i 支链驱动单元释放状态下副平台系统的力旋量系
${}^i\boldsymbol{W}_{\mathrm{blocked}}$	第 i 支链驱动单元锁定状态下副平台系统的力旋量系
${}^i\boldsymbol{S}_{\mathrm{MTWS}}$	第 i 支链所对应的中间传递力旋量
${}^i\boldsymbol{S}_{\mathrm{MTS}}$	第 i 支链所对应的中间运动旋量
δ	压力角
${}^{\mathrm{d}}\mathrm{A}_i$	远端作用点
m_i	第 i 支链中被动链数量

$^{i}\boldsymbol{\Omega}_{\text{WS}}$	第 i 支链的力旋量空间
$^{i,q_i}\boldsymbol{\Omega}_{\text{WS}}$	第 i 支链中第 q_i 个被动链所对应的力旋量空间
$\boldsymbol{\Omega}_{\text{WS}}$	全部支链作用于动平台上的力旋量集合
$^{j}\boldsymbol{S}_{\text{DW}}$	施加在动平台上的第 j 个远端力旋量
$^{j}\boldsymbol{S}_{\text{VDT}}$	与第 j 个远端力旋量所对应的虚拟远端运动旋量
$^{i}\boldsymbol{S}_{\text{APT}}$	第 i 支链所对应的实际近端运动
$^{i}\boldsymbol{S}_{\text{PW}}$	第 i 支链所对应的近端力旋量
$^{k}\boldsymbol{S}_{\text{W}}^{i}$	第 i 支链中的第 k 个力旋量
$^{i}W_{\text{IP}}$	单位近端力旋量和单位实际近端运动的瞬时功率
Φ_j	C_{p+q}^{6} 中第 j 个远端力旋量组
$^{k}\boldsymbol{S}_{\text{DW}}^{j}$	第 j 个远端力旋量组中第 k 个远端力旋量
$^{k}\boldsymbol{S}_{\text{VDT}}^{j}$	与 $^{k}\boldsymbol{S}_{\text{DW}}^{j}$ 对应的虚拟远端运动旋量
P	移动副
R	转动副
S	球副
U	虎克铰
H	螺旋副
Pa	关节处为 4 个转动副的平行四边形机构
Pa*	关节处为 4 个球副的平行四边形机构
ITS	输入运动旋量(input twist screw)
TWS	传递力旋量(transmission wrench screw)
OTS	输出运动旋量(output twist screw)
ETWS	等效传递力旋量(equivalent transmission wrench screw)
MTWS	中间传递力旋量(medial transmission wrench screw)
MTS	中间运动旋量(medial twist screw)
DWS	远端力旋量(distal wrench screw)
VDTS	虚拟远端运动旋量(virtual distal twist screw)
PWS	近端力旋量(proximal wrench screw)
APTS	实际近端运动旋量(actual proximal twist screw)
ITI	输入传递指标(input transmission index)
OTI	输出传递指标(output transmission index)
MOTI	修正的输出传递指标(modified output transmission index)

MTI	中间传递指标（medial transmission index）
LTI	局域传递指标（local transmission index）
DII	远端交互指标（distal interaction index）
PII	近端交互指标（proximal interaction index）
DISI	远端交互奇异指标（distal interaction singularity index）
PISI	近端交互奇异指标（proximal interaction singularity index）
LII	局域交互指标（local interaction index）
GIW	优质交互空间（good interaction workspace）
GWI	优质空间指标（good workspace index）
GGII	全局优质交互指标（global good interaction index）
PIW	低效交互空间（poor interaction workspace）
PWI	低效空间指标（poor workspace index）
GPII	全局低效交互指标（global poor interaction index）
MDII	最小化远端交互特性指标（minimized distal interaction index）
TH-SR4	本书研发的一种高速高加速并联机器人
TH-HR4	本书研发的一种高速高精度并联机器人
TH-UR2	本书研发的一种高速高负载并联机器人

目　录

第1章　绪　　论

1.1　课题研究背景

机器人是"制造业皇冠顶端的明珠",其研发、制造、应用是衡量一个国家科技创新和高端制造业水平的重要标志[①]。近年来,随着国家战略的推进和制造水平的提升,机器人技术在我国得到飞速发展,国产机器人的市场占有率不断攀升。其中,工业机器人在国民经济建设中扮演着越来越重要的角色,现已成为相关产业生产中保障质量、降低成本、提高效率的核心装备。

随着生产生活方式的快速发展,工业机器人的应用场合呈现多样化趋势,例如,电子、食品、医药、日化和新能源等行业需要对体积小、质量轻的产品进行封装、包装及分拣等高速无污染操作,此类操作通常要求机器人末端执行器能够实现空间内一定跨度的平动运动并完成水平面内的姿态调整运动,即3个移动自由度加1个绕固定轴的转动自由度(简称3T1R运动,T表示移动,R表示转动)[1-4]。为满足生产需求,常规工业机器人多采用串联机构来实现末端执行器的灵巧运动,具有结构简单、工作空间大等特点,其中最典型的代表性产品当数SCARA[②]机器人(见图1.1)。然而串联机器人的构型特点决定了其原动件需要参与运动,这导致机器人运动部分的质量增大从而不利于实现高速高加速运动[5]。近年来,并联机器人凭借速度快、动态特性好等优势备受青睐,已逐渐成为相关领域的主流机器人。能够快速执行拾取和放置操作的并联机构装备也被业界称为高速并联机器人[6-7],其无需高精密减速器的结构特性,决定了此类机器人在未来拥有极大的发展空间。

---

① 摘自习近平总书记在中国科学院第十七次院士大会、中国工程院第十二次院士大会上的讲话。

② SCARA:选择顺应性装配机械臂(selective compliance assembly robot arm)。

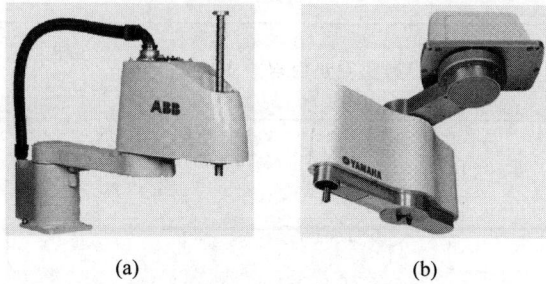

(a)　　　　　　　　　　　　　(b)

图 1.1　国际知名品牌 SCARA 机器人产品

(a) ABB 公司 SCARA 机器人[8]；(b) YAMAHA 公司 SCARA 机器人[9]

目前,国际上标志性的高速并联机器人原理构型是瑞士洛桑联邦理工学院(EPFL) Reymond Clavel 教授团队提出的 Delta 并联机构[10-12]。该构型采用"开放式球铰"和"轻质杆件"方案有效降低了机器人的运动惯量,整机闭环式结构提升了机器人的刚度特性。基于 Delta 机构开发的高速并联机器人具有轻量化、模块化和原动件固连机架等结构特性,具备高速、高加速的潜在品质。最具市场影响力的 Delta 机器人产品当数 ABB 公司于20 世纪末推出的 IRB 340 FlexPicker 机器人(见图 1.2(a)),该机器人的速度可达 10 m/s、加速度可达 100 m/s$^{2[13]}$,一经推出便在工业界引发极大反响,并获得广泛认可。待到 Delta 机构专利权到期后,机器人厂商相继推出了类似的高速并联机器人产品(见图 1.2(b))。

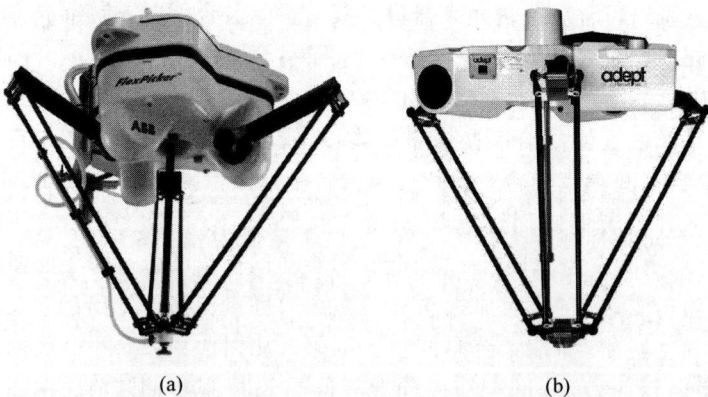

(a)　　　　　　　　　　　　　(b)

图 1.2　国际知名品牌 Delta 机器人产品

(a) ABB 公司 IRB 340 FlexPicker[14]；(b) Adept 公司 Hornet 565[15]

　　Delta 机器人展现出制造容易和使用方便的巨大优势,但因为采用了随动 UPU 支链,其使用寿命不仅受到影响,而且其运行速度、精度等性能的进一步提升也受到限制[16]。为此,法国国家科学研究中心(CNRS)Pierrot 等基于 Delta 进行了构型改进和创新设计,提出了一系列具有双动平台特征的 H4[17]、I4L[18]、I4R[19]、Par4[20-21]、Heli4[22-23] 等高速并联机器人构型。该系列机器人采用 4 条运动支链和双动平台方案,其中 4 条运动支链两两连接于同一动平台。原动件驱动 4 条运动支链并带动双动平台运动,可实现双动平台整体的 3 个移动自由度。此外,其利用两个动平台之间的相对运动产生末端执行器绕竖直轴的 1 个转动自由度。随后,双动平台型高速并联机器人被逐渐商业化,典型代表有 Adept 公司开发的 Quattro 机器人(见图 1.3(a)和图 1.3(c))。该机器人可实现高速高加速运动,每分钟可抓放上百次生产线物品,其综合性能代表了当前高速并联机器人业界的最高水平。类似的双动平台型高速并联机器人产品还有 Penta Robotics 公司开发的 Veloce 机器人(见图 1.3(b)和图 1.3(d))。

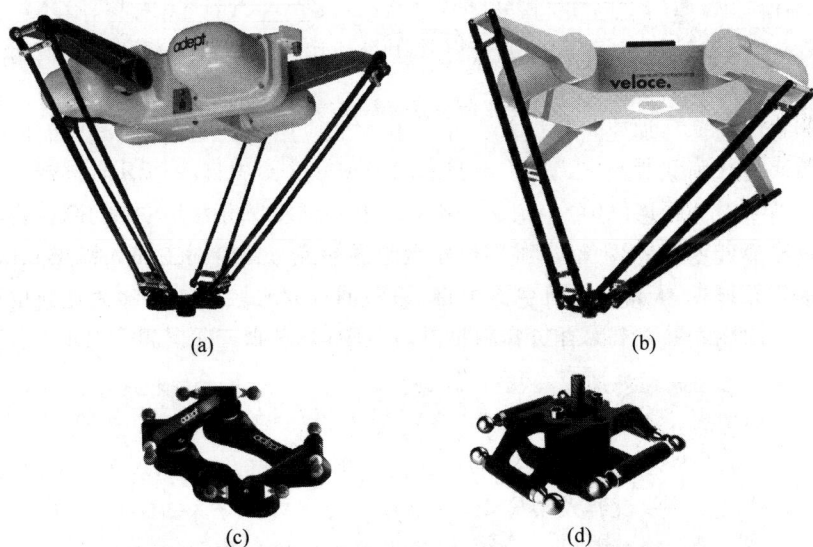

图 1.3　两款商业化的双动平台型高速并联机器人产品

(a) Adept 公司 Quattro 机器人[24]; (b) Penta Robotics 公司 Veloce 机器人[25];
(c) Quattro 机器人动平台[24]; (d) Veloce 机器人动平台[25]

　　随着延续多年的人口红利正在下行,我国生产制造业升级转型迫在眉睫。为降低生产成本和改善生产环境,进一步提高企业生产自动化水平势在必行。然而,国外高速并联机器人公司对机器人进行原理构型垄断和关键技术封锁,产品价格居高不下,同时对本土企业需求痛点把握不准,存在产线柔性不匹配等问题,导致国内大量企业转型无望,被迫采用低产率、高负荷的人工作业模式。该现状严重制约了产业链的运转效率和自动化水平。因此,自主研发高品质本土化的高速并联机器人是提升相关产业自动化水平的当务之急和必由之路。

国内的高速并联机器人研究虽然起步较晚,但也取得了一些优秀的研究成果,这些成果有力地推动了高速并联机器人技术的发展。在高速高加速并联机器人领域,受 H4 并联构型的启发,天津大学黄田教授团队发明并研制了系列化 CrossⅣ无随动支链的四自由度高速并联机器人,为此类机器人的本体创新设计及应用做出了贡献[26-29]。此外,为避免双动平台型高速并联机器人动平台中包含结构复杂的摆角放大机构,清华大学的刘辛军教授团队采用单动平台和改进的平行四边形被动支链方案,独创一款 X4 单动平台型高速并联机器人[5]。该机器人的末端执行器至少可实现±90° 的摆角范围,适用于高速大摆角操作任务。此外,大连理工大学、哈尔滨工业大学、华中科技大学、中国科学院沈阳自动化研究所等高校和科研院所在相关领域也开展了研究工作。

我国高速高加速并联机器人在产业中的应用尚处于起步阶段,而国际上一些发达国家或地区,如美国、欧洲、日本等已经进入推广应用阶段。在全球新一轮分工影响下,中国制造企业对机器人的需求也在迅速升温,曾经以人海战术支持成为"世界工厂"的中国,已然成为工业机器人的最大应用市场。在轻质、大批量操作需求日益旺盛的轻工领域,高速高加速并联机器人在我国仍有长期的应用发展空间。

除了上述高速高加速并联机器人的需求外,精密电子行业往往需要对不规则来料进行大角度姿态调整的高精度入模装配,此类操作虽仍需实现 3T1R 运动,但对机器人的精度水平提出了更高要求。当前以 Delta 和 Par4 为代表的高速并联机器人多应用于小型、轻质物品的分拣操作,其定位精度较难满足上述高精度需求。另外,在相当一部分食品和日化领域,仍大量存在大载荷桶装或袋装产品的搬运和装箱作业,该工作任务量大,对相关自动化装备需求迫切。此类应用中,规则、有序的重物一般仅需 2 个移动自由度(简称 2T 运动)即可实现操作需求,大大降低了机器人自由度要求,但对于机器人负载能力提出了新的挑战。目前国内外在 3T1R 高精度型高速并联机器人和 2T 高负载型高速并联机器人的需求与应用之间仍存在较大的进步空间。

　　迄今,国内高速并联机器人研究已经取得了可喜的进展。尽管如此,随着现代批量化生产模式的快速发展,高速并联机器人在高速高加速、高速高精度、高速高负载等领域依然存在广阔的应用需求空间和关键技术创新空间,尤其是机器人本体构型及其性能还有较大的提升潜力。并联机器人的机构创新是机器人和装备创新的根本,性能评价方法是评估机器人性能的重要手段,更是提升机器人性能的必要前提。因此,从并联机器人的设计理论出发,创新设计高速并联机器人原理构型、有效评价并提升机器人的性能是实现高速并联机器人从无到有、从有到优的关键,将有助于从机构源头提升我国本土化高速并联机器人的性能和竞争力,相关课题的研究是本书的核心内容。

1.2　相关领域研究状况综述

　　根据研究背景所提出的应用需求,本节结合研究高速并联机器人原理构型设计和性能评价方法来创新高性能高速并联机器人的研究目标,将围绕并联机器人设计理论、高速并联机器人构型设计、高速并联机器人性能分析与评价这几部分开展调研,对当前国内外相关领域的研究现状进行综述。在此基础上,本节将挖掘分析需进一步解决的关键科学问题,总结提炼本书的主要研究内容。

1.2.1　并联机器人设计理论

　　并联机器人由定平台、动平台及连接于两平台之间的至少两条独立驱动的运动链组成[30]。作为串联机器人机构的互补构型,并联机器人机构因其结构紧凑性高、刚度质量比大、承载能力强及动态特性好等理论特点获得广泛关注[31-33]。并联机器人的研发过程中所涉及的各阶段工作多涵盖在机器人的设计范畴内,如构型综合、运动学分析、静力学和动力学分析、尺度和驱动系统参数优化、精度设计与保证、轨迹规划和运动控制等。相对于串联机器人机构而言,并联机器人机构的研究虽然起步较晚,但近几十年来汇集了大量的理论和应用成果。清华大学刘辛军教授[34]曾指出,并联机器人在设计过程中面临"型(构型综合)-性(性能评价)-度(尺度综合)"三大挑战,这同时也是领域内亟须解决的关键难题。

　　构型综合指给定设计任务后,通过合理配置并联机构中的刚体及刚体间运动副的形式和布局方式,以实现目标运动,解决的是并联机构从"无"到

"有"的问题。并联机器人的原理构型直接决定整机综合性能,发掘有优势的并联机构构型一直是机构学领域的重要目标。

Gough-Stewart 平台是并联机器人领域的里程碑,于 1947 年被 Gough 提出并作为轮胎测试机方案[35]。1965 年,Stewart 提出具有类似结构特征的飞行模拟器并发表研究论文[36],由此拉开了并联机器人的研究序幕。继 Gough-Stewart 平台后,诸多并联机器人原理构型被相继提出,典型代表有 3-PRS[37]、3-RPS[38]、3-UPS-UP[39]、2-UPR-SPR[40]、3-PPaS[41] 和 3-RPa*-RUPUR[12] 等①。随着工业制造水平和计算机技术的飞速发展,上述并联构型先后被开发成高端机械装备并应用于生产实际中,取得了丰硕的应用成果。其中,3-PRS 构型由德国 DS-Technologie 公司开发成 Spring Z3 并联模块,然后装备于 ECOSPEED 加工中心;3-RPS 构型被天津大学开发成 A3 并联主轴头[42];3-UPS-UP 和 2-UPR-SPR 被先后开发成著名的 Tricept 和 Exechon 混联式加工机器人;3-PPaS 被清华大学开发成混联式加工机床[43-44];3-RPa*-RUPUR 则是在高速分拣领域取得商业成功的 Delta 机器人原理构型[45]。值得注意的是,Merlet[46] 曾指出,这些早期的经典构型多源于设计者的机构学才能。在之后的机构学研究中,系统性的并联机构构型综合方法日益受到关注。

早期的并联机构构型综合多采用 Grübler-Kutzbach(G-K)公式法[47],根据 G-K 自由度计算理论,通过试凑机构的杆件数、运动副数量、运动链阶数等条件,列举出可以实现目标自由度的新机构。Merlet[48] 指出,自由度公式并未考虑运动副的几何分布情况,因此该方法可能会产生许多无效的设计结果。随后,Lie 群及其位移子群理论[49]、旋量理论[50] 和图论法[51] 被用于构型综合,一定程度上克服了 G-K 公式法的不足。在构型设计方法上,国内众多学者做出了大量卓有成效的贡献。燕山大学黄真教授等[52-54] 基于约束旋量理论创新性地提出了对称的四自由度和五自由度并联机构,解决了并联机构构型综合领域内公认的难题。浙江理工大学李秦川教授等[55-57] 采用 Lie 群及其位移子群理论提出了三自由度 RPR 和 UP 等支链的等效并联机构,此外还在冗余驱动并联机器人构型设计上取得进展[58-60]。上海交通大学高峰教授等[61-63] 在集合理论的基础上提出一套 G_F 集构型设计方法,借助集合元素表征机器人末端执行器的运动,并通过

---

① P:移动副;R:转动副;S:球副;U:虎克铰;Pa 和 Pa*:关节处为 4 个转动副和 4 个球副的平行四边形机构。

运动特征的合成与求交运算获得并联机构构型,设计出多款并联微操作机器人和重载操作机方案。中国地质大学丁华峰教授等[64-66]基于图论法提出一种平面机构设计理论,并开发出相应的自动化设计算法。北京航空航天大学于靖军教授等[67-69]将 Grassmann 线几何理论应用于构型综合领域,发展出一套图谱化机构设计方法。此外,相关的构型设计理论还有改进的 G-K 公式法[70]、有限旋量法[71]、位姿特征(POC)法[72]等。

性能评价指的是通过建立合理的数学或物理模型揭示并联机构本质属性,以实现机构性能的评估,解决并联机构从"有"到"知"的问题。其中,优异的运动学性能更是发挥并联机器人各项潜在优势的必要前提,发掘反映并联机构本质属性的性能评价指标是机构学领域的另一重要目标。

1982 年,Salisbury 和 Craig 提出基于 Jacobian 矩阵的条件数指标[73],并用于串联机器人的灵巧性评价。随后,Angeles 等[74-76]推广了 Jacobian 矩阵条件数指标 LCI/GCI,用于并联机器人的灵巧性评价。然而上述基于 Jacobian 矩阵的指标依赖坐标系的选取,指标值大小没有对应的物理意义,Merlet[77]、Gosselin[78] 和 Bowling 等[79]均指出:对于同时具有移动和转动自由度的并联机构,其 Jacobian 矩阵量纲不统一,使得基于此类矩阵条件数的指标的物理意义混乱。正如 Shayya 等[80]提及的,性能评价指标的研究可分为两大类:一类是修正已有指标存在的问题,以完善现有指标的理论体系;另一类则是有针对性地建立新的评价指标。大量工作聚焦在第一类研究,不可否认的是,Jacobian 矩阵确实与坐标系的选取密切相关,因此诸多精力被投入到解决 Jacobian 矩阵量纲不统一所带来的物理意义不明确问题。其中最具代表性的是特征长度法[81-83],即将 Jacobian 矩阵中所有具有长度单位的分量都除以一个特征长度,据此获得一个量纲一致的矩阵。尽管特征长度获得应用,但 Mansouri[84] 和 Rosyid 等[85]认为其几何意义并不直观。Gosselin[86]在建立串联平面三自由度机构的运动学模型时,采用动平台上不同点的速度信息替代传统的单一点的速度和角速度信息获得了量纲统一的 Jacobian 矩阵。在该方法的启发下,基于动平台的多点速度法被相继用来构建并联机构的 Jacobian 矩阵[87-90]。实际上,此类方法的本质是在机构任务空间寻求矩阵量纲问题的答案,对转动和移动混合驱动的并联机构 Jacobian 矩阵量纲不统一问题则显得无能为力。

我们由此不禁会产生疑问:基于 Jacobian 矩阵的条件数指标是否适用于并联机器人的性能评价[91]?作为串联机器人机构的互补构型,并联机器人机构无论在机构学特性还是在应用场景上均有较大的差异,如果仍然直接采用源于串联机构的性能评价指标衡量其性能,不免缺乏一定的说服力。众所周知,并联机器人机构的本质功能是在驱动空间和任务空间之间传递运动和力。具体而言,空间六自由度并联机器人机构须在自由度空间内通过支链内力将输入运动传递至动平台生成末端运动并抵抗外载荷;对少自由度并联机器人机构而言,支链内力不仅要将输入运动传递至动平台生成自由度空间所需的运动,而且还要有效限制非自由度空间内的运动(见图 1.4)。Angeles[92]曾指出,机器人机构的性能评价方法应能够反映机构传递运动和力的能力。对并联机器人机构而言,运动和力的相关作用特性评价显得尤为重要。

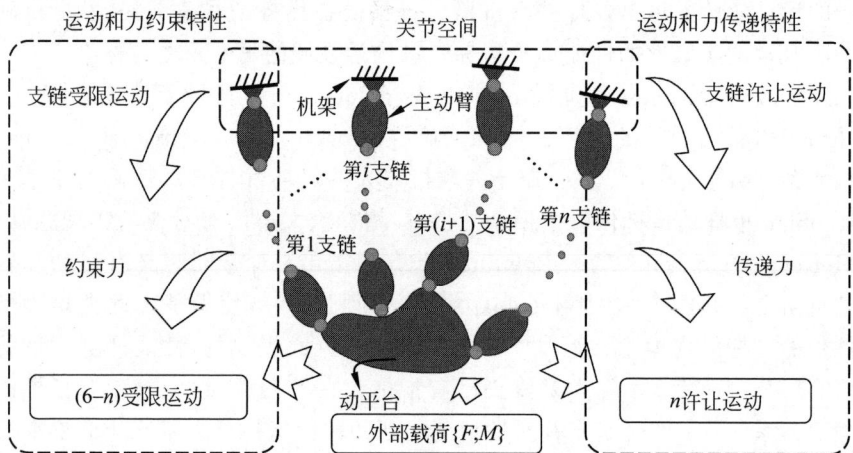

图 1.4　并联机器人的工作机理

并联机构的运动和力传递特性研究可追溯至平面连杆的传动角研究,早在 1932 年,Alt[93] 就已经提出平面四杆机构传动角的概念。随后,传动角的概念作为机构设计的一个重要指标,在机械领域得到应用[84]。1971年,Yuan 等[95] 在旋量理论中的虚拟系数概念基础上提出了用于空间七杆机构性能分析的传递因子(transmission factor),该传递因子的取值可以无穷大。1973 年,Sutherland 和 Roth[96] 提出传递力旋量的概念,将机构传递力旋量和输出速度的虚拟系数通过除以其潜在最大值的方式进行了归一化处理,定义了用以分析空间闭环机构的传递指标(transmission index,TI)。1994 年,Tsai 和 Lee[97] 进一步考虑到闭环机构输入端的操作度,结合机构输出端的传递性提出一套较为完整的传递性评价方法。2007 年,Chen 和 Angeles[98] 针对具有确定输出运动的运动链给出了传递力旋量求解方法,在此基础上进一步拓展了 Sutherland 和 Roth 的方法提出广义传递指标

(generalized transmission index, GTI)。然而, 上述研究均局限于单闭环运动链, 尚不能直接应用于多闭环并联机构性能分析和评价。其实早在 1995 年, Takeda 等[99-100]就开始关注 n 自由度空间并联机器人的传递特性研究, 通过求解 n 条支链末端铰链点的速度和力的夹角余弦的最小值来评价空间并联机器人的传递特性。然而, 该研究仅聚焦于并联机构的输出端, 未考虑机构输入端的特性, 因此尚不能全面反映并联机器人的运动和力传递特性。2008 年, 受四杆机构传动角的启发, Liu 等[101-102]发现平面机构输入端的运动和力作用线夹角是影响机构运动/力传递特性的一个重要因素, 为此, 提出逆传动角的概念并将先前的传动角定义成正传动角, 在此基础上, 利用正传动角或逆传动角的正弦值定义局部传递指标分析平面并联机构的传递特性。随后, Wu 等[103]通过引入旋量理论将基于正、逆传动角的传递指标推广到空间 5R 并联机构, 定义了输入传递指标(input transmission index, ITI)和输出传递指标(output transmission index, OTI), 用以分别评价空间 5R 并联机构的运动和力的输入与输出传递特性, 并将输入传递指标与输出传递指标的较小值定义为局部传递指标(local transmission index, LTI)用以综合评价并联机构在给定位形下的运动和力传递特性。同年, Wang 等[104]进一步完善了上述指标体系, 探讨了一般性的非冗余并联机器人的运动和力传递性能分析与评价, 该工作获得浙江理工大学李秦川教授的评价: 建立了一套新的局部传递指标, 是评价非冗余并联机构运动和力传递性能的第一个通用性指标[105]。

运动和力约束特性的研究同样具有重要的学术价值和工程意义。韩国首尔国立大学 Park[106]团队关于 3-UPU 并联机器人的研究实例给出了生动的启示。研究之初, 团队按照当时的理论设计了目标自由度为三移动的 3-UPU 并联机器人, 并给出精确的自由度分析结果来确保该机器人的自由度特性。然而, 团队成员在对该机器人进行硬件平台测试时却惊讶地发现: 在任意位形下, 当驱动副锁定时, 机器人都会产生多余自由度并伴有较大的位姿偏移。上述现象一经披露, 立即吸引了大量机构学与机器人学同行的关注。Zlatanov 等[107]首次用约束奇异的概念解释上述现象, 随后近 10 年间, 领域内对并联机器人的约束特性认知仅限于约束奇异, 未有显著进展。Merlet[77]指出: 过去由于未考虑机构中约束的作用, 少自由度并联机构中对很多问题的分析可能存在缺陷。如何有效开展运动和力约束特性研究面临两个难点: ①如何精准地辨识并联机器人的约束奇异位形; ②如何有效地度量并联机器人距离约束奇异位形的远近。Liu 等[108]在运动和力传递特性指标的基础上提出约束传递指标（constraint transmission index，CTI），并综合输入传递指标 ITI、输出传递指标 OTI 和约束传递指标 CTI 建立了一套非冗余并联机器人性能评价方法。约束力不仅与输出端受限运动相互作用，同时也应该对输入端受限运动有一定的约束效果。为此，Liu 等[109]进一步提出输入约束指标（input constraint index，ICI）来评价少自由度并联机器人机构约束力对输入端运动的约束效果，与此同时，定义输出约束指标（output constraint index，OCI）代替约束传递指标来评价约束力对输出端受限运动的约束效果，并基于输入约束指标与输出约束指标定义了整体传递指标（total constraint index，TCI），用以综合评价并联机构在给定位形下的运动和力约束特性。综合上述运动和力传递与约束特性指标体系，最终形成一套并联机器人运动和力传递与约束特性评价方法[110]。此外，相关领域还汇集了一批有意义的研究工作[105,111-117]。

尺度综合指基于并联机器人机构构型和评价指标，建立优化问题，以获得指导并联机器人制造的最优尺度参数，解决并联机构从"知"到"用"的问题。经典的尺度综合方法有目标函数法[118]和性能图谱法[119]。随着计算机技术的飞速发展，近年来涌现出一批智能优化算法[120]，如粒子群算法、遗传算法和人工神经网络等，其中部分此类优化算法在并联机器人尺度综合领域已获得应用[121-122]。

综上所述，并联机器人机构的构型综合和性能评价是并联机器人设计过程中的基础核心理论，直接决定了并联机器人的本质属性。为此，本书将从构型综合的角度出发设计高速并联机器人原理构型；在此基础上，重点研究基于运动和力作用特性的性能评价方法，并将其应用于高速并联机器人的设计和开发。

1.2.2　高速并联机器人构型设计

具有与 SCARA 机器人相同运动特性的并联机器人通常也被称为 Schönflies 运动生成器①。Angeles[123]指出，随着被 Freudenstein 称为"珠穆朗玛峰"的 7R 机构的逆运动学问题和 Gough-Stewart 平台的正运动学问题得到基本解决，四自由度高速并联机器人的设计已经成为机构学领域的新挑战。

针对 3T1R 四自由度并联机器人构型的设计问题，相关专家学者开展

---

①　Schönflies-motion generator(SMG)。

了大量有意义的理论和应用工作。1999，Rolland[124] 提出面向工业应用的四自由度并联机器人 Manta，该机器人具备高速高加速品质，可作为自动化仓储机器人或机床刀库中的操作机。值得一提的是，该机器人采用了与 Delta 机器人类似的闭环被动支链结构。随后，Arakelian[125] 和 Briot 等[126] 提出了具有转动和移动自由度解耦特性的三支链四自由度并联机器人 PAMINSA，特殊的自由度解耦特性使动平台承载移动时并不会显著增加驱动电机的扭矩，因此该机器人具备较优的负载潜力。Angeles[127-129] 团队提出具有两条相同支链结构的四自由度机器人 McGill SGM，每条支链包含两个平行四边形机构，该机器人整体呈现出结构紧凑的特点。同时，运动副之间的连杆采用碳纤维材料有效地降低了机器人的运动惯量，使其具备高速品质。Ancuta 等[130-131] 提出四自由度并联机器人 Quadriglide，相比于其他同类机器人，Quadriglide 的优势在于，其不仅可实现沿着某一固定轴方向的大跨度移动，还能实现动平台 $\pm 60^\circ$ 的摆角操作。Gogu 等[132-133] 提出了系列化具有运动解耦特性的四自由度机器人 Isoglide4，这类机器人的 Jacobian 矩阵为对角矩阵且对角元素相等，因此，Isoglide4 机器人具备各向同性的特点。Richard 和 Gosselin 等[134-135] 提出具有运动部分解耦特性的四自由度并联机器人 Quadrupteron（见图 1.5），该机器人不存在约束奇异，且运动学奇异与动平台姿态相关，可在设计阶段予以避免。然而，Isoglide4 和 Quadrupteron 机器人无论是实现动平台的转动运动还是移动运动，支链中的各个转动副都将承受较大的弯矩，为此不得不将支链设计得较为"厚重"，这也在一定程度上牺牲了机器人的动态性能。考虑到 Isoglide4 和 Quadrupteron 机器人均是由移动副驱动而难以实现更快的操作速度，Briot 等[136] 提出一种具有放大机构的运动链，并据此设计出具有 3 条相同支链结构的四自由度机器人 Pantopteron-4。与 PAMINSA 和 McGill SGM 机器人类似，具有较少支链的 Pantopteron-4 机器人虽然获得了更大的工作空间，但复杂的支链结构使此类机器人的加工、装配和后期维护面临新的挑战。为此，多数 3T1R 四自由度并联机器人机构的研究仍集中在具有 4 条相同支链的方案，如 4-RUU[137-138] 和 4-UPU[139-140] 构型。然而研究[141-142] 表明，UU 支链具有很高的误差敏感度，较难提供稳定可靠的约束力偶，为此，具有平行四边形机构的闭环被动臂设计方案被设计出来，有望解决 UU 支链在这一方面的不足[143]。基于平行四边形机构，Liu 等[144] 综合多类并联机器人新机构，研究表明，在不同的机构案例中，闭环被动臂设计方案不仅可以有效增加机器人的刚度，还能提升动平台的转动能力。

其中,具有平行四边形闭环被动臂的两自由度并联机构被先后开发成五轴重型龙门式混联机床[145-146]和过约束平面高精度操作器[147-148],一定程度上验证了机构的高承载能力和强约束特性。

闭环支链方案早已在 Delta 高速并联机器人上大获成功,并且成为高速高加速并联机器人的典型结构特征。闭环支链方案不仅降低了 Delta 机器人的运动惯量,而且有效提供了施加于动平台上的约束力偶,保证了机器人的运动稳定性。鉴于闭环支链方案具有上述优势,Salgado 等[149-150]基于位移群构型综合方法设计出了仅由低副(移动副和转动副)构成的具有4 条相同闭环支链结构的 3T1R 全并联机器人,值得注意的是,这类机器人的 4 条支链呈对称布置。随后,Kim 等[151]提出一款支链非对称布置的4-RRPaRR 构型,非对称布置 4 条支链有效避免了该机器人的机构奇异。Meng 等[152]扩充了 Lie 群共轭子群,并给出两类平行四边形机构的子流型。此后,Li 等[153]基于 Lie 群和微分流型理论设计出具有平行四边形支链的 3T1R 并联机器人最简拓扑构型,即 4-RRPaR 和 4-PRPaR 方案。Wu等[154]将机器人的 4 个转动输入关节轴向进行偏置处理,提出四自由度并联机器人 Ragnar。Xie 等[155]改进了平行四边形闭环支链,使其兼具高刚度和易装配特性,并结合线几何图谱法理论设计出了四自由度高速并联机器人 X4(见图 1.6)。与上述机器人相比,X4 高速并联机器人的动平台至少可实现 ±90°摆角。加拿大学者 Bonev 曾专题评价该工作:who said China can't build original fine-quality parallel robots(谁说中国不能开发出具有原创性的高质量并联机器人)。

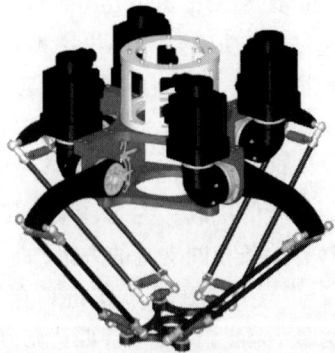

图 1.5　Laval University Quadrupteron 机器人　　图 1.6　清华大学 X4 高速并联机器人

　　上述专家学者在 3T1R 四自由度并联机器人的构型设计层面做了大量的理论和应用研究,同时也取得了非常优秀的研究成果,这对推动高速并联机器人的发展和应用有重要意义。然而,相关研究多侧重于具有单一动平台特征的高速并联机器人构型设计与研发。一方面,支链间的机械干涉容易导致单动平台型并联机器人的动平台摆角相对较小;另一方面,即使动平台可实现较大的摆角输出,也可能因为支链位形的较大变化导致机器人的性能急剧下降。因此,如何从并联机器人机构设计的角度出发,应对日益丰富的个性化生产线产品(这类产品的外形往往不具有对称性,分拣和摆放操作需要进行较大的角度调整)对高速并联机器人的大摆角操作需求仍有待进一步探索。

　　近年来,越来越多的研究开始关注大摆角 3T1R 并联机器人构型设计[156-158]。其中,具有可重构动平台或铰接式动平台的构型方案因有望弥补传统单动平台型并联机器人在工作空间和摆角能力上的不足而受到学术界的青睐。铰接式动平台并联机构在早期就已受到关注[159-160]。2000 年,Yi 等[161]提出具有可灵活折叠的平行四边形平台的并联机构,该机构不仅可以用于抓取形状不规则的物体,还能够在放置时实现微定位功能。随后,Mohamed 和 Gosselin[162]提出了包含铰接式动平台的运动学冗余的平面和空间并联机器人,这类机器人的冗余自由度不仅可以用来调整动平台的形状,而且可以实现抓取操作。Pierrot 和 Krut 等[163-164]讨论了利用铰接式动平台来实现四自由度并联机器人和五自由度并联机床的大摆角运动,提出了具有移动和转动变换和局部运动放大机构的方案。Lambert 等[165-167]设计出五自由度并联抓取机器人 PentaG,该机器人的铰接式动平台上设置有两个末端执行器,不仅可以整体实现 3T1R 运动,还可以通过调整两个末端执行器之间的距离实现抓取功能。Hoevenaars 等[168]提出了类似概念的双末端执行器型并联抓取机器人。Song 等[169]利用 Lie 群构型综合理论设计出具有铰接式动平台的 1T3R 和两自由度过约束并联模块。为增大机器人的工作空间占地比,Gosselin 和 Isaksson 等[170-172]设计了一系列极坐标并联分拣机器人,这类机器人的所有驱动关节的转轴均共线布置,可以实现末端执行器在柱状空间内的大范围移动和大幅转动。此外,在铰接式动平台型并联机器人研究领域,北京交通大学方跃法教授团队做出了卓有成效的贡献[173-180]。

　　综上所述,闭环式被动臂设计具有约束特性强和承载能力高等特点,有望为 2T 高负载并联机器人提供新构型方案,而铰接式动平台设计具有摆角能力高和动态特性好等优势,有望为 3T1R 高加速和高精度并联机器人提供构型方案。

尽管高速并联机器人的构型方案日益丰富,然而实践证明,Quattro 并联机器人仍以其优异的综合性能在国际高速并联机器人领域处于领跑地位。这类高速并联机器人的构型特点一定程度上为高性能高速并联机器人的构型设计指明了方向。其实,我们从现有高性能高速并联机器人的构型特点和发展历程不难发现:

(1) Delta 高速并联机器人机构自发明应用以来,在工业实践中不断体现出其闭环被动臂设计方案的安装便捷和稳定可靠等性能优势,闭环支链方案现已成为高速并联机器人的典型结构特征;

(2) 食品、医药和电子等领域大量散乱来料对机器人提出了更大的摆角操作要求,未来高速并联机器人应朝着高速、大输出摆角的趋势发展,双动平台型高速并联机器人有望成为领域内的主流方案。

由此可见,闭环支链和双动平台特征作为高速并联机器人的优势特征具有较高的研究价值。探讨闭环支链型和双动平台型高速并联机器人构型设计方法,并据此创新设计出功能适用的高速并联机器人原理构型具有重要的理论意义和工程价值,也是高速并联机器人发展过程中亟须解决的关键问题。

1.2.3　高速并联机器人性能评价

如前文所述,并联机器人机构的本质功能是在机构的驱动空间和任务空间之间传递运动和力。因此,和串联机器人侧重灵巧性操作不同,并联机器人更加关注运动和力的高效传递。

基于运动和力传递指标,Xie 等[155] 分析了 X4 高速并联机器人的性能,借助性能图谱法优化出机器人的最优尺度参数并辨识出矩形工作空间。Wu 等[181] 采用全域运动和力传递指标构建了 Ragnar 高速并联机器人的多目标优化问题,借助遗传算法求得 Pareto 最优前沿解集。Xu 等[182-183] 提出具有分拣和加工潜质的并联机构构型,并基于运动和力输入传递指标与输出传递指标进行了机构的运动学优化。为评价机器人的力传递特性,Yoshikawa[184] 提出可操作度指标评价机器人机构在任意方向运动和施加力的能力。Lin 等[185-186] 提出平均力传递指标来描述 n 自由度平面并联机器人的力传递特性。Zhang 等[187] 研究了非旋转对称的髋关节机构的力传递特性。为揭示并联机器人机构的力承载特性与机构本身及当前位姿的关系,Chen 等[188]提出并联机构的广义力传递特性分析方法,并应用于 Delta 高速并联机器人性能分析。近期,Zhang 等[189]关注矩阵正交度概念,提出性能评价指标并应用于索驱动高速并联机器人的分析与优化。

上述研究工作有效地揭示了并联机器人不同层面的性能属性,为高速并联机器人的优化设计和工程应用奠定了重要的理论基础。然而,这些性能指标的评价对象都是单动平台型并联机器人,难以直接有效地应用于双动平台型高速并联机器人的性能评价。这是因为,双动平台型高速并联机器人的动平台属于多体机构,而非传统意义上的单一刚体,其结构更加复杂,此外,末端执行器与副平台的运动和约束相互耦合,导致此类机器人的运动和力的作用机理也更加复杂,为其性能评价带来困难。Choi 等[190-191]建立了双动平台型高速并联机器人 H4 的 Jacobian 矩阵,但仅分析了机器人的奇异性。可喜的是,天津大学黄田教授团队采用代数变换法成功化简了一类双动平台型高速并联机器人的正、逆 Jacobian 矩阵行列式,并提取出两类压力角作为机器人优化设计的约束指标[192-193]。然而,这类角度约束指标的通用性还需验证。此外,该指标能否较全面地揭示高速并联机器人的运动和力传递特性仍有待进一步探讨。以上是促使本书深入开展双动平台高速并联机器人的运动和力传递特性研究的动机。

具有闭环支链结构特性的 Delta 高速并联机器人推出至今,仍是机构学研究的热点,领域内的专家学者开展了大量的研究工作。Laribi 等[194]研究了给定工作空间下的 Delta 机器人尺度综合,基于遗传算法有效地求解出包含指定工作空间下机器人的最小工作空间所对应的尺度参数。Stan 等[195]针对移动驱动的 Delta 机器人的工作空间、传递特性、刚度和数值计算这 4 项设计准则,构建了多目标优化问题。De-Juan 等[196]为使 Delta 并联机器人具有更大的灵活性和更小的占地面积,采用不同的惩罚优化策略开展尺度参数优化,结果表明,最优装配策略优化后的 Delta 机器人的灵巧性虽然降低了 4%,但占地面积减少达 75%。Zhang 等[197]基于传动角约束开展了 Delta 并联机器人的尺度综合研究,该传动角可被可视化表达,具有物理意义清晰的特点。Liu 等[198]在 Delta 并联机器人构型的基础上研发了触觉设备,结合遗传算法和序列二次规划法求得满足 Delta 并联机器人的最优尺寸参数,在满足所有约束条件的情况下获得了机器人的最大立方体工作空间。此外,Zhao[199-200]研究了考虑各向异性特性的 Delta 并联机器人的运动学和动力学优化问题。Kelaiaia 等[205]较为系统地开展了以刚度、运动学和动力学等多项性能指标为准则的 Delta 并联机器人多目标优化研究。Jha 等[206] 利用代数工具给出了类 Delta 并联机器人的工作空间、关节空间和奇异性分析。Simionescu 等[207] 综述了 Delta 并联机器人的静平衡研究进展。近年来,Delta 并联机器人的应用已逐步拓展到微操作器领域[208-209],可实现较优的精度和动态性能。

上述研究工作从不同角度出发,丰富和发展了 Delta 高速并联机器人的理论和应用,为高速并联机器人领域做出了贡献。众所周知,Delta 并联机器人的成功与其闭环支链结构具有密不可分的联系。上述工作的研究目标也均为具有闭环支链结构特性的 Delta 并联机器人,然而,闭环支链这一典型结构特征却未引起学术界的重视。尤其是在几何参数建模阶段,Delta 机器人的"双杆闭环式"被动臂通常被简化或等效成"单杆开环式"被动臂,这种简单的等效固然可以为机器人研究带来方便,但能否真实反映并联机器人机构的本质属性仍然受到质疑。这是因为,如果采用极限思想使闭环支链的结构参数趋于 0,则必定会导致机器人机构的功能失效,由此可见,闭环支链的结构参数对机器人的功能属性具有重要影响。Marlow 等[201-202] 开展了具有平面闭环结构的并联机器人运动和力传递特性研究,但研究对象局限在闭环支链内部,未考虑闭环支链结构参数对机器人输出端性能的影响。在日本东京工业大学 Takeda 教授的合作下,Brinker 和 Russo 等[203-204] 分析了两类闭环支链型并联机器人的运动和力传递特性,为此类机器人的性能评价提供了思路。然而,这些研究对象局限于闭环支链仅包含球铰的并联机器人性能分析。此外,闭环支链内力对机器人输入运动的作用机理仍有待进一步探讨。因此,我们有必要深入开展考虑闭环支链结构参数的闭环支链型高速并联机器人性能评价方法研究。

纵观并联机器人性能评价方法的研究历程,运动和力传递与约束特性指标体系为我们很好地解答了应该评价并联机器人何种性能的问题,高速并联机器人自然也不例外。不难理解,随着应用场合的变化,高速并联机器人性能评价的侧重点也应该有所差异。例如,高速高加速并联机器人的首要功能是要实现运动和力的高效传递,因此需重点关注机器人从输入到输出过程中的运动和力传递能力。对于高速高精度并联机器人而言,其不仅要实现自由度空间内运动和力的高效传递,还需严格限制非自由度空间的运动,所以我们不但要关注机器人的运动和力传递能力,还需考察其运动和力约束特性。而高速高负载并联机器人既需要将运动从输入端传递至输出端,同时又需要通过支链内力抵抗空间任意方向上的外载荷,因此在分析机器人对输入运动的传递能力的基础上,我们更要重点考察机器人在输出端对力的承载能力。

　　综上所述,并联机器人运动和力作用特性研究有望为高速并联机器人的性能分析与评价提供一条有效途径。为此,本书将深入探讨具有优势特征的双动平台型和闭环支链型高速并联机器人的运动和力作用特性,这也是领域内亟须解决的关键问题。

1.3　本书的研究目的及主要研究内容

1.3.1　研究目的

　　高速并联机器人因具有速度和动态特性的优势而备受青睐,有望成为高速封装、包装及分拣领域的主流机器人,在未来有着巨大的发展空间。然而,即使 Delta 机器人已无商业壁垒,国内外机器人公司可以仿制,但其机器人产品性能在构型层面仍受到制约,新型高性能高速并联机器人构型亟待提出。近年来,国产高速并联机器人研究取得了可喜的成果并在应用上取得了一定的成功,但其发展与预期仍然存在着较大的差距。此外,相关行业对重载型和高精型高速并联机器人需求迫切,面向此类需求的国内外高速并联机器人产品仍然稀缺。

　　鉴于上述现状,本书面向食品、医药、电子和日化等行业中生产线产品的操作需求,从机构的原理构型出发,探讨高速并联机器人的构型设计,并提出具有自主知识产权且满足应用需求的若干高速并联机器人原理新构型。在此基础上,本书对具有优势特征的双动平台型和闭环支链型高速并联机器人进行深入研究,探讨机器人的运动和力作用机理及其对高速并联机器人性能的影响,进而建立双动平台型高速并联机器人和闭环支链型高速并联机器人运动学性能评价指标体系,并指导机器人性能分析和优化设计。在上述理论研究的指导下,本书致力于研发高速并联机器人物理样机并进行关键技术参数检测,验证研究方法和原理构型的有效性并试验物理样机的综合性能,最终实现高速并联机器人的推广应用。

1.3.2　主要研究内容

　　本书的主要研究内容可概括如下。

　　第 1 章为绪论,介绍了本书的研究背景和相关领域研究现状,基于此,提出本书的研究目的及主要研究内容。

第2章研究高速并联机器人构型设计方法,并在方法的理论指导下提出高速并联机器人原理新构型。本章首先研究基于耦合策略的线几何图谱化高速并联机器人构型设计方法,并指导双动平台型高速并联机器人和闭环支链型高速并联机器人的构型创新设计;然后探讨工程应用领域对高速并联机器人的典型需求,在此基础上,从所设计的高速并联机器人构型中发掘有潜质的原理构型,为高速并联机器人提供新的设计方案。

第3章研究双动平台型高速并联机器人的运动和力传递机理,建立双动平台型高速并联机器人的运动和力传递特性评价指标体系。本章首先回顾旋量理论与并联机器人运动和力传递特性分析与评价方法;其次针对双动平台型并联机器人的动平台结构特征,探讨机器人动平台运动的发生机理,并提出等效传递力旋量的新概念,将支链传递力对副平台的影响映射到末端执行器上;在此基础上,定义双动平台型高速并联机器人运动和力传递特性评价指标;最后将所提出的性能评价指标应用于双动平台型并联机器人的性能分析与评价,为新型高速并联机器人的优化设计奠定理论基础。

第4章研究闭环支链型高速并联机器人的运动和力交互机理,建立闭环支链型高速并联机器人运动和力交互特性评价指标体系。本章首先将并联机器人支链两侧区域按照距离机架远近程度分为近端区域和远端区域;其次针对闭环支链型并联机器人的支链结构特征,探讨机器人的支链内力在近端和远端区域的力学行为,并提出"锁定-驱动"的新策略,分别考察支链内力对近端输入运动和远端承载能力的作用机制;然后在此基础上,定义闭环支链型高速并联机器人运动和力交互特性评价指标;最后将所提出的性能评价指标应用于闭环支链型并联机器人的性能分析与评价,为新型高速并联机器人构型优选奠定理论基础。

第5章是实验及应用研究。本章首先对提出的高速并联机器人进行数学建模并开展优化设计和性能分析;其次搭建物理样机并检测机器人的节拍、负载和精度等关键技术参数,以此验证本书提出的构型设计方法、高速并联机器人原理构型及性能评价指标的有效性;最后实施高速并联机器人的推广应用。

第6章是总结。本章一方面概括全书的研究内容并总结理论创新和应用研究成果;另一方面对后续研究工作进行展望。

第 2 章　高速并联机器人原理构型设计

2.1　本章引论

　　机器人的机构创新是机器人装备创新的必要前提,如前文所述,本书旨在设计 2T 和 3T1R 高速并联机器人。然而,并联机器人的构型丰富多样,要研发具有何种结构特征的高速并联机器人原理构型,这无疑是本书在设计方案时面临的首要问题。为此,我们不妨从高速并联机器人的发展源头和应用需求这两方面来探寻答案。①高速并联机器人的发展可以追溯至经典的 Delta 构型,该构型也是目前应用最成功的并联机器人之一。Delta 构型和常见的并联机器人构型的显著区别在于其开放式球铰和轻质杆件所构成的闭环被动臂设计方案,该方案在 Delta 高速并联机器人中应用以来,在工业实践中不断地体现出安装便捷性好、约束有效性强和运行可靠性高等性能优势。正因如此,闭环被动臂设计方案在高速并联机器人领域被逐渐采用和推广,迄今已成为高速并联机器人的典型结构特征。②在食品、医药和电子等行业中,大量的不规则、散乱来料对作业机器人提出了更大摆角的操作要求。在这类应用需求的激励下,未来高速并联机器人应朝着更高速和更大输出摆角的趋势发展。包含铰接式动平台设计方案的高速并联机器人因兼具快速性和大摆角输出能力,有望成为领域内的主流方案。至此不难发现,闭环被动臂和铰接式动平台设计方案在高速并联机器人领域具有显著优势。研究设计具备此类优势特征的机器人构型将有助于我们从构型源头提升本土化高速并联机器人的性能和竞争力,为"要研发具有怎样特征的高速并联机器人原理构型"的问题提供了一种颇具意义的答案。

　　鉴于上述分析,本章将着重研究具备闭环被动臂和铰接式动平台两类优势特征的高速并联机器人构型设计,探讨具备 2T 和 3T1R 自由度特性的并联机构,在 Grassmann 线几何图谱的理论指导下实现机构构型综合。需要指出的是,闭环被动臂通常被称为闭环支链,铰接式动平台因为包含主平台和副平台一般被称为双动平台,因此本书在后续研究中,分别将包含上述两类特征的高速并联机器人称为闭环支链型高速并联机器人和双动平台型高速并联机器人。

本章首先研究基于耦合策略的线几何图谱化高速并联机器人构型设计方法,在此方法的基础上,设计双动平台型和闭环支链型高速并联机器人原理构型;然后分析工程应用领域对高速并联机器人的典型需求,并从所设计的高速并联机器人构型中发掘有潜质且能够匹配典型需求的原理构型。本章的剩余部分按照如下方式组织:2.2节介绍基于耦合策略的线几何图谱化高速并联机器人构型综合;2.3节介绍工程应用领域对高速并联机器人的典型需求,进一步发掘出三类分别具有高速高加速、高速高精度和高速高负载潜质的高速并联机器人原理构型;2.4节给出本章总结。

2.2　基于耦合策略的线几何图谱化
高速并联机器人构型综合

2.2.1　理论基础与线几何图谱化构型综合方法

线几何是研究空间线簇几何特征的数学理论。法国数学家 Grassmann 在线几何框架下系统地探讨了典型线簇的几何特征和相关性,该工作被后人称为 Grassmann 线几何[210-212]。在机构设计领域,线几何理论常被用来探讨机构的约束和自由度之间的关系。其中,约束线图可用于表征机构所受到的约束,自由度线图则可以表达机构所具备的自由度。约束线图和自由度线图分别由约束线和自由度线组成,如表 2.1 所示,约束线分为力约束线和力偶约束线,分别用细线和带箭头细线表示,自由度线分为转动自由度线和移动自由度线,分别用粗线和带箭头粗线表示。

表 2.1　线图元素及数理意义

线图元素	数学意义	物理意义
	线矢	转动自由度
	线矢	力约束
	偶量	移动自由度
	偶量	力偶约束

采用线几何理论将约束和自由度空间内的力和运动进行图谱化表征的方法统称为线几何图谱法,基于该方法的构型综合称为线几何图谱化构型

综合。线几何图谱法应用于机器人构型设计需要解决的一个关键问题是，如何表征运动和约束之间的对偶关系，即已知约束线图求解自由度线图，反之亦然。为此，苏格兰物理学家 Maxwell[213] 提出空间任一刚体的自由度和约束对偶关系原则，其数学量化关系为 $f+c=6$，其中，f 表示自由度个数，c 表示独立的约束个数。然而，该对偶原则仅定量表明了自由度与独立约束的数量关系，距离如何求解给定约束线图或自由度线图所对应的对偶线图还存在差距。随后 Blanding[214] 提出了重要的自由度和约束对偶线图法则：给定一类线图中的 n 条独立线（也称为非冗余线），则在其对偶线图中将存在 $(6-n)$ 条独立线，且原线图中的每条线均与其对偶线图中的线相交。该对偶线图法则为线矢量约束线图和自由度线图间的对偶转换提供了理论依据。

线图中通常存在冗余线矢量和冗余偶量，会影响对偶法则的正确使用，因此结合表 2.2，本节给出空间线矢量和偶量的相关性判断准则：

（C1）空间内所有平行的偶量有一项独立；

（C2）平面内任意分布的偶量（或空间内两组平行的偶量）最多有 2 项独立；

（C3）空间内任意分布的偶量有 3 项独立；

（C4）共轴线矢量有一项独立；

（C5）平面内过一点的线矢量（或平面内平行线矢量）有 2 项独立；

（C6）空间内过一点的线矢量（或空间内平行线矢量，或共面的任意多条线矢量，或汇交点在两平面交线上的两个线矢量束，抑或空间既不平行也不相交的 3 条线矢量）共有 3 项独立；

（C7）空间共面和交于一点且交点在平面上的两组线矢量束（或同时与另两条直线相交的 4 条线矢量，或有一条公共交线的 3 个平面线矢量列，抑或空间既不平行也不相交的 4 条线矢量）共有 4 项独立；

（C8）所有线矢量交于一条线矢量，包含交线在内的所有线矢量（或空间既不平行也不相交的 5 条线矢量）共有 5 项独立。

表 2.2　空间线矢量和偶量维度判断依据

维度	线矢量空间种类	偶量空间种类
1	 共轴	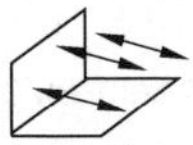 空间平行

维度	线矢量空间种类				偶量空间种类	
2	平面汇交	共面平行	两线异面		共面	两维空间平行
3	空间共点	空间平行	共面	两平面汇交线束 交3条公共线	空间任意分布	
4	共面共点	交2条公共线	公共线且交角一致	4条线空间不相交不平行	Φ	
5	交1条公共线	非奇异线丛			Φ	

由理论力学可知：空间内任一刚体所受约束空间的广义力（力和力偶）对其自由度空间的广义运动（移动和转动）不做功。据此我们可得出如下综合考虑线矢量和偶量的广义 Blanding 对偶线图法则：

（B1）一个线图中的线矢量与其对偶线图中的任一线矢量相交；

（B2）一个线图中的线矢量与其对偶线图中的任一偶量垂直；

（B3）一个线图中的偶量与其对偶线图中的任一偶量关系任意。

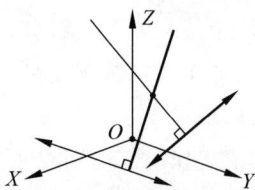

图 2.1　对偶线图中元素间的几何关系

上述 3 条法则是并联机器人构型综合过程中解决约束和自由度线图对偶转换的理论依据。为了更直观地理解广义 Blanding 对偶线图法则，图 2.1 示意了表 2.1 中 4 种线图元素间的几何关系。需要指出的是，在射影几何理论中，线矢量的平行关系是相交关系的特例，因此法则（B1）中的线矢量相交包含了线矢量平行的情况。

本章将着重探讨 2T 和 3T1R 高速并联机器人的构型综合问题，现结合上述理论基础给出 2T 和 3T1R 高速并联机器人的自由度线图和约束线图，以及它们所对应的物理意义，如表 2.3 所示。

表 2.3　两类典型的高速并联机器人自由度和约束空间的线几何图谱化描述

自由度线图	约束线图	物理意义
	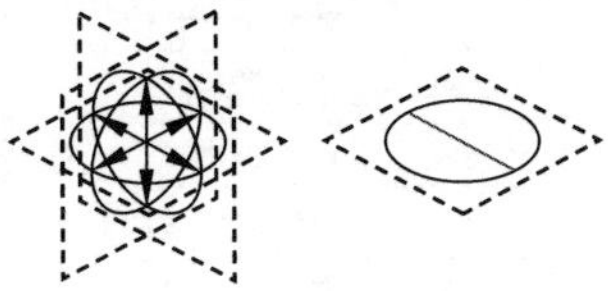	二维移动自由度,受到三维力偶和一维垂直于移动方向的力约束
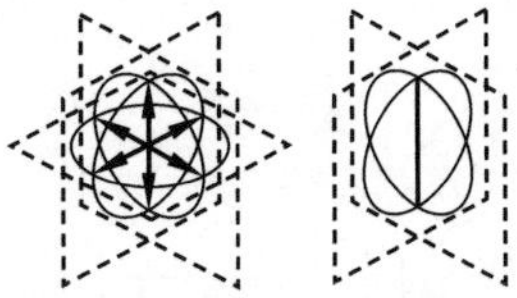		三维移动自由度和一维转动自由度,受到二维垂直于转动方向的力偶约束

平台间耦合策略的核心思想是根据双动平台间的运动副形式确定双动平台间的约束共享机制,进而指导双动平台的约束向支链约束进行合理分配。平台间耦合策略实施后,需配置支链结构以获得所需机构构型。支链间耦合策略的技术路线是先有针对性地设定一款过渡机构并进行该过渡机构的构型综合,然后根据过渡机构与目标机构的自由度差异来合理施加支链间的约束,最终获得具有闭环支链结构的目标机构构型。需要注意的是,目标机构的自由度空间需是过渡机构的自由度空间的子集。基于上述耦合策略的线几何图谱化高速并联机器人构型综合方法的流程如图 2.2 所示,方法的具体实施细节将在后续构型综合案例中予以呈现。

2.2.2　基于平台间耦合策略的双动平台型高速并联机器人构型综合

双动平台型高速并联机器人的动平台不再是传统意义上的单一刚体,而是具有相对运动的机械部件。若将动平台内部可以输出机构目标自由度的某一刚体作为主平台,则剩余的刚体被统称为副平台。平台和平台之间通过运动副连接,可以生成确定的相对运动。机械装备中,最常见的两类运动副为转动副 R 和移动副 P。采用这两类运动副作为平台之间的连接形式,可以得到动平台结构示意,如图 2.3 所示。

转动副 R 和移动副 P 分别具有 1 个转动自由度和 1 个移动自由度,根据 Blanding 法则可得到如表 2.4 所示的约束空间线图。该约束线图即为连接于运动副的两平台之间的耦合约束,也就是说,平台间可以通过运动副实现约束共享。

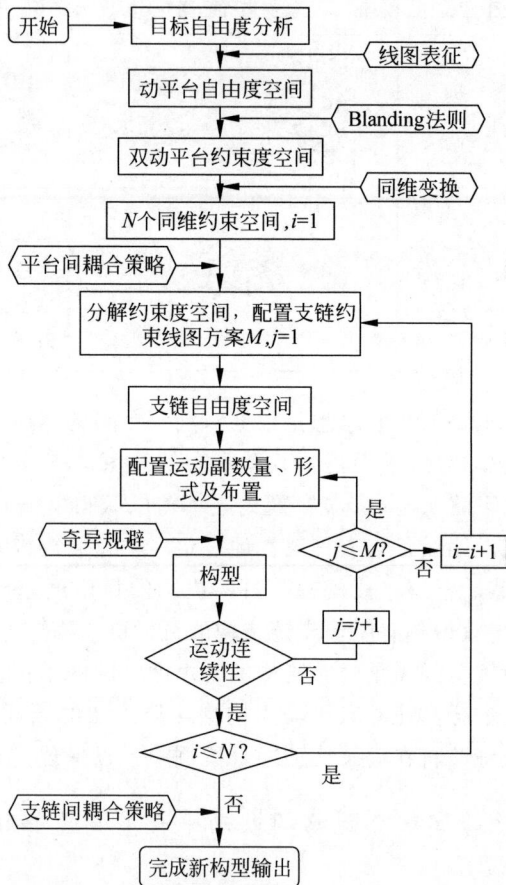

图 2.2　基于耦合策略的线几何图谱化并联机器人构型综合方法流程

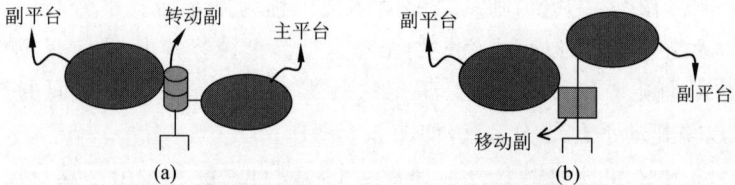

图 2.3　两类典型的双动平台结构示意

（a）转动副相连；（b）移动副相连

表 2.4 常见的平台间运动副及其耦合约束

平台间运动副	自由度空间 （平台间相对运动）	约束空间 （平台间耦合约束）
转动副 R	一维转动	二维力偶和三维力约束
移动副 P	一维移动	三维力偶和二维力约束

以图 2.3(a)所示的采用转动副 R 相连的动平台为例,主平台需实现 3T1R 运动,副平台只需实现 3T 运动。根据 Blanding 法则可得到如图 2.4(a) 所示的主平台和副平台的约束空间线图集,其中副平台为三维力偶约束,主平台为二维力偶约束。由表 2.4 可知,连接于转动副的动平台可共享二维力偶约束。在连接于副平台的支链约束空间为三维力偶的情况下,连接于主平台的支链可以不提供约束,由此可以获得如图 2.4(b)所示的连接于平台的支链约束空间线图集;在连接于副平台的支链约束空间为三维力偶的情况下,连接于主平台的支链约束空间可以为二维力偶,由此可以获得如图 2.4(c)所示的连接于平台的支链约束空间线图集。

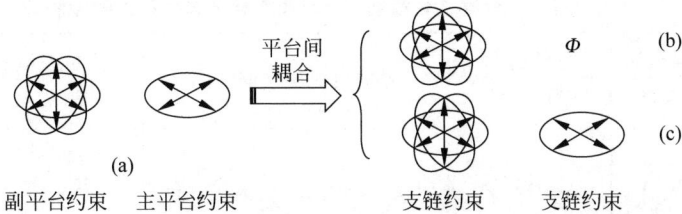

图 2.4 平台间耦合策略将平台约束空间线图集转化为支链约束空间线图集

本节继续以图 2.3(b)所示的采用移动副相连的动平台为例,设定两个副平台,且均需实现 3T 运动,主平台运动由两个副平台相对运动生成。根据

Blanding 法则可得到如图 2.5(a)所示的副平台的约束空间线图集,即均为三维力偶约束。由表 2.4 可知,连接于移动副的动平台可共享三维力偶约束。在连接于一个副平台的支链约束空间为三维力偶的情况下,连接于另一个副平台的支链约束空间可以为一维力偶,由此可以获得如图 2.5(b)所示的连接于平台的支链约束空间线图集;连接于两个副平台的支链约束空间还可以均为二维力偶约束,由此可以获得如图 2.5(c)所示的连接于平台的支链约束空间线图集。此时,两个约束空间共同张成一个三维力偶约束空间。

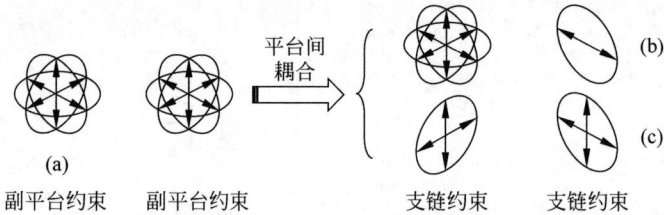

图 2.5　平台间耦合策略将平台约束空间线图集转化为支链约束空间线图集

对于如图 2.4(b)所示的连接于平台的支链约束集,可按照如表 2.5 所示方式对其进行支链约束空间线图分配。其中第 1 支链、第 2 支链和第 3 支链连接于一个平台且均提供一维力偶约束,根据 Blanding 法则可得到第 1 支链、第 2 支链和第 3 支链均为二维转动和三维移动的支链自由度空间线图,满足要求的支链可以是 RPa* 形式。第 4 支链连接于另一个平台且无约束,根据 Blanding 法则可得到第 4 支链为三维转动和三维移动的支链自由度空间线图,满足要求的支链可以是 RUPUR 形式。将 4 条支链与动平台进行组合可以得到如表 2.5 所示的 Delta 机器人机构,该机构为高速并联机器人的经典构型,具有 3T1R 运动连续性。

表 2.5　基于平台间耦合策略的 3T1R 高速并联机器人构型综合

连接于平台的支链约束集	支链约束空间线图	支链自由度空间线图	支链模型及运动副空间布局
三维力偶约束	一维力偶约束	二维转动和三维移动	第 1 支链 RPa*

连接于平台的支链约束集	支链约束空间线图	支链自由度空间线图	支链模型及运动副空间布局
 三维力偶约束	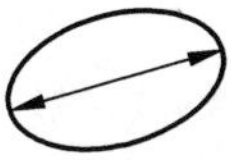 一维力偶约束	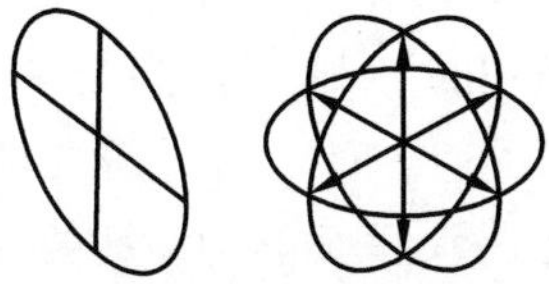 二维转动和三维移动	第 2 支链 RPa* 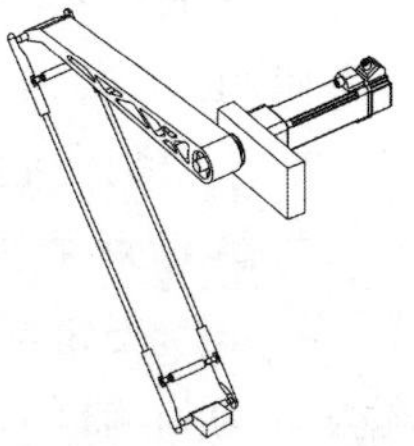
	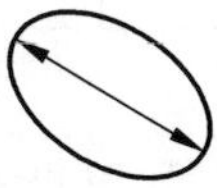 一维力偶约束	 二维转动和三维移动	第 3 支链 RPa* 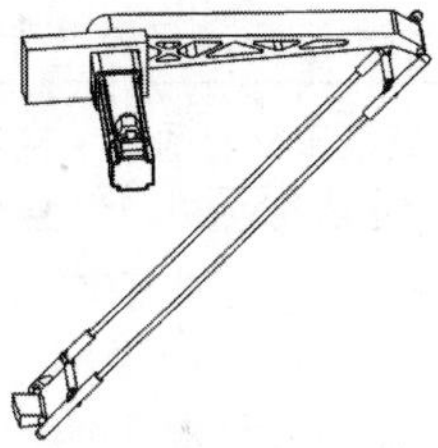
Φ 无约束	Φ 无约束	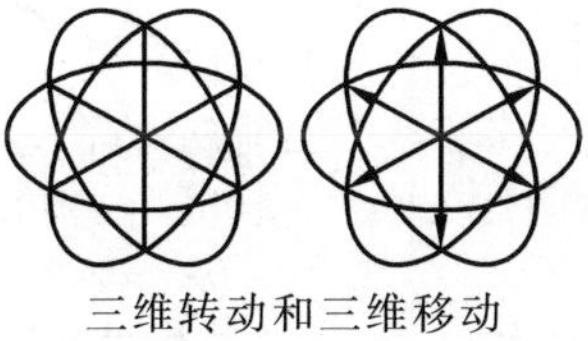 三维转动和三维移动	第 4 支链 RUPUR 
构型综合结果		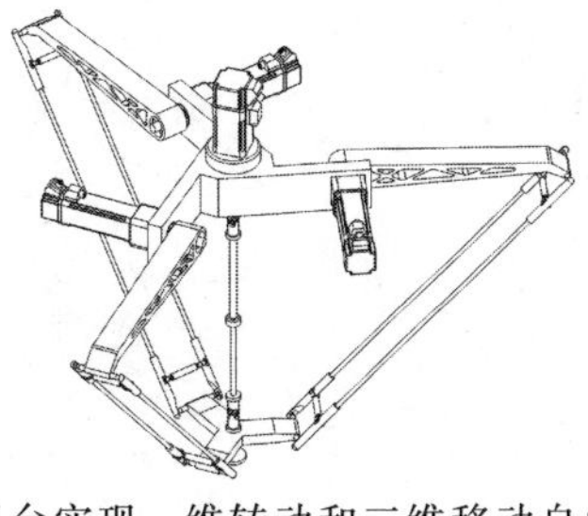 动平台实现一维转动和三维移动自由度	

对于如图 2.4(c)所示的连接于平台的支链约束集,可按照如表 2.6 所示方式对其进行支链约束空间线图分配。其中第 1 支链和第 2 支链连接于副平台且均提供二维力偶约束,根据 Blanding 法则可得到第 1 支链和第 2 支链为一维转动和三维移动的支链自由度空间线图,满足要求的支链可以是 RRPaR 形式。第 3 支链和第 4 支链连接于主平台且均提供一维力偶约束,根据 Blanding 法则可得到第 3 支链和第 4 支链为二维转动和三维移动的支链自由度空间线图。需要注意的是,第 3 支链和第 4 支链的力偶约束须限定在水平面内,满足要求的支链可以是 RRPaRR 形式。将 4 条支链与动平台进行组合可以得到如表 2.6 所示的新构型,以该构型为基础的并联机器人可实现 3T1R 运动,具备较优的运动学性能[215-216]。

表 2.6　基于平台间耦合策略的 3T1R 高速并联机器人构型综合

连接于平台的支链约束集	支链约束空间线图	支链自由度空间线图	支链模型及运动副空间布局
 二维力偶约束	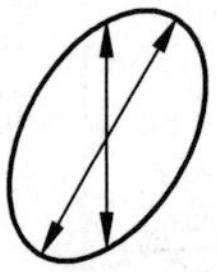 二维力偶约束	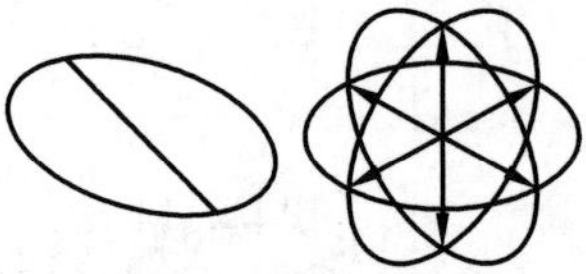 一维转动和三维移动	第 1 支链 RRPaR 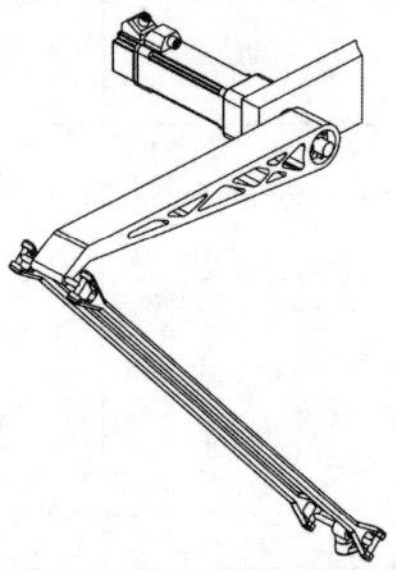
	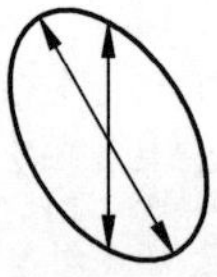 二维力偶约束	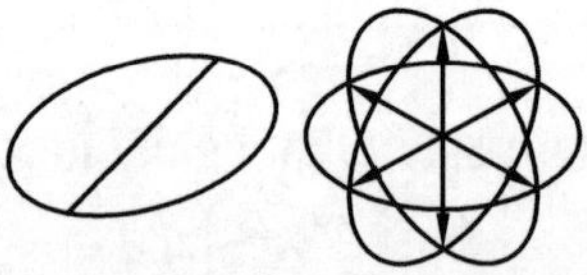 一维转动和三维移动	第 2 支链 RRPaR 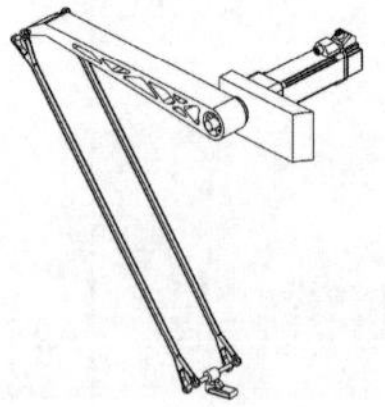

续表

连接于平台的 支链约束集	支链约束 空间线图	支链自由度空间线图	支链模型及运动 副空间布局
二维力偶约束	一维力偶约束 二维转动和三维移动		第 3 支链 RRPaRR
	一维力偶约束 二维转动和三维移动		第 4 支链 RRPaRR
构型综合结果	动平台实现一维转动和三维移动自由度		

　　需要指出的是,以移动副作为连接副的两个平台间还需配置运动转换机构,即将副平台间的相对移动转换成主平台的绕固定轴的转动。本节现

以丝杠螺母机构作为运动转换机构进行 3T1R 高速并联机器人的构型综合。对于如图 2.5(b)所示的连接于平台的支链约束集,可按照如表 2.7 所示方式对其进行支链约束空间线图分配。其中第 1 支链、第 2 支链和第 3 支链连接于一个平台且均提供一维力偶约束,根据 Blanding 法则可得到 3 个二维转动和三维移动的支链自由度空间线图,满足要求的支链可以是 RPa* 形式;第 4 支链连接于另一个平台且提供一维力偶约束,根据 Blanding 法则可得到二维转动和三维移动的支链自由度空间线图,满足要求的支链同样可以是 RPa* 形式。将 4 条支链与动平台进行组合可以得到如表 2.7 所示的构型。

表 2.7　基于平台间耦合策略的 3T1R 高速并联机器人构型综合

连接于平台的支链约束集	支链约束空间线图	支链自由度空间线图	支链模型及运动副空间布局
三维力偶约束	 一维力偶约束	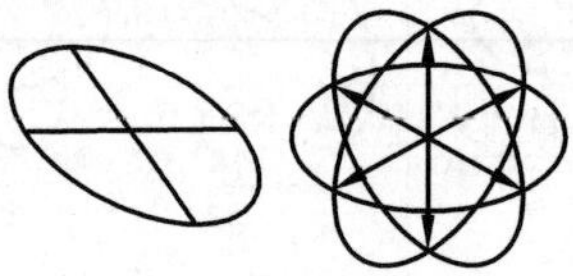 二维转动和三维移动	第 1 支链 RPa* 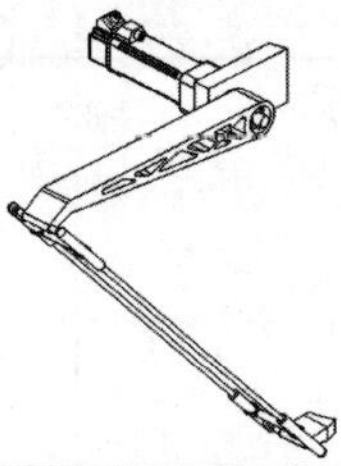
	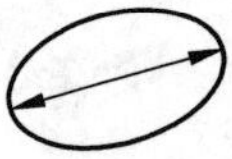 一维力偶约束	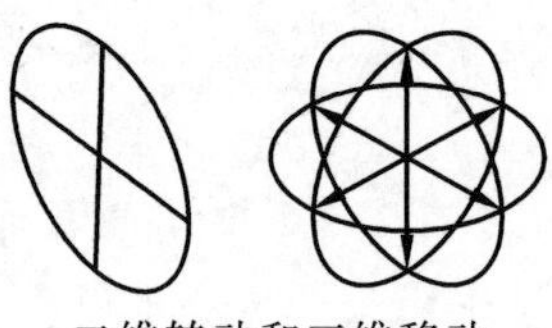 二维转动和三维移动	第 2 支链 RPa* 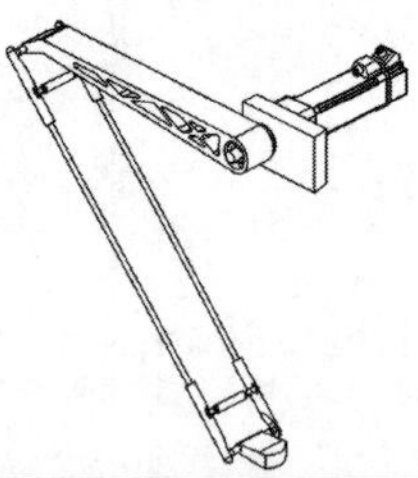
	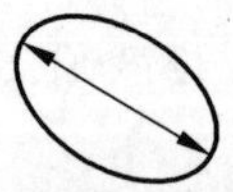 一维力偶约束	 二维转动和三维移动	第 3 支链 RPa* 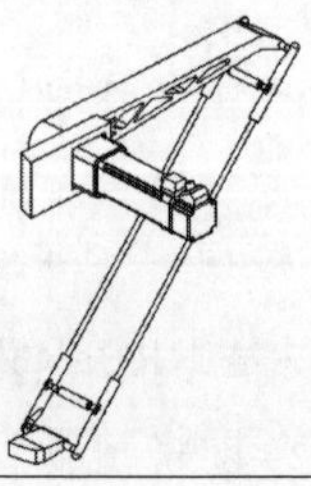

连接于平台的支链约束集	支链约束空间线图	支链自由度空间线图	支链模型及运动副空间布局
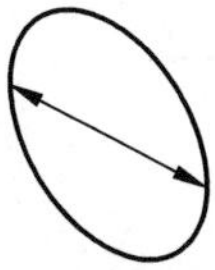 一维力偶约束	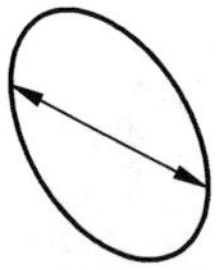 一维力偶约束	 三维转动和三维移动	第 4 支链 RPa* 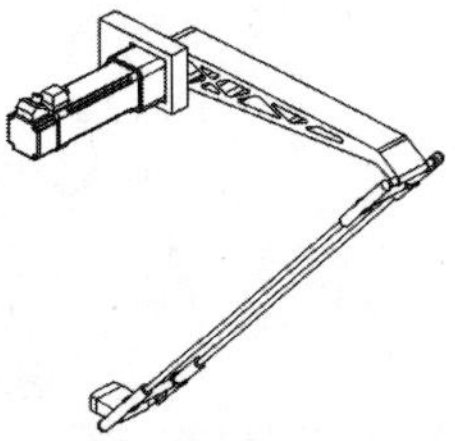
构型综合结果	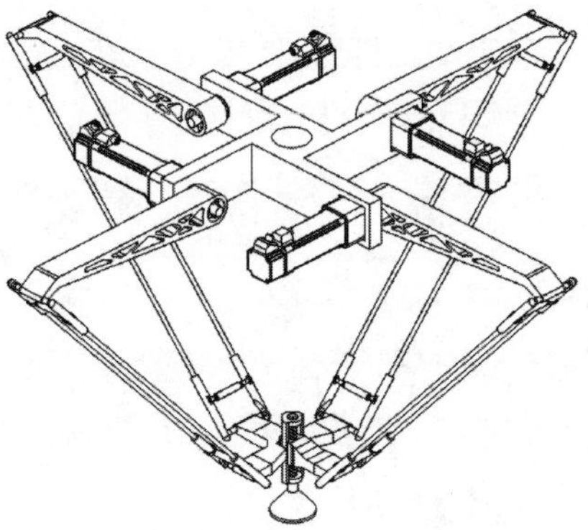 主平台实现一维转动和三维移动自由度		

上述构型综合实例中,支链模型及运动副空间布局并不是唯一的方案。例如,满足支链约束空间线图集的第四支链还可以是 RUU、PUU、PaUU、PPa* 等结构形式。图 2.6(a)示意了第 1 支链、第 2 支链和第 3 支链为 RPa* 形式时,第 4 支链是 RUU 的构型综合结果。此外,连接于另一个平台的支链约束集还可以是二维力偶约束,满足要求的第 4 支链可以是 RRPaR 和 PRPaR 等形式。图 2.6(b)示意了第 1 支链、第 2 支链和第 3 支链为 RPa* 形式时,第 4 支链是 RRPaR 的构型综合结果。

表 2.7 中的支链约束空间线图也不是唯一的方案。例如,第 1 支链、第 2 支链和第 3 支链的约束空间线图可以是二维力偶约束,满足要求的支链可以是 RRPaR 和 PRPaR 等形式。图 2.7(a)示意了第 1 支链、第 2 支链和第 3 支链为 RRPaR 形式时,第 4 支链是 RPa* 的构型综合结果。图 2.7(b)

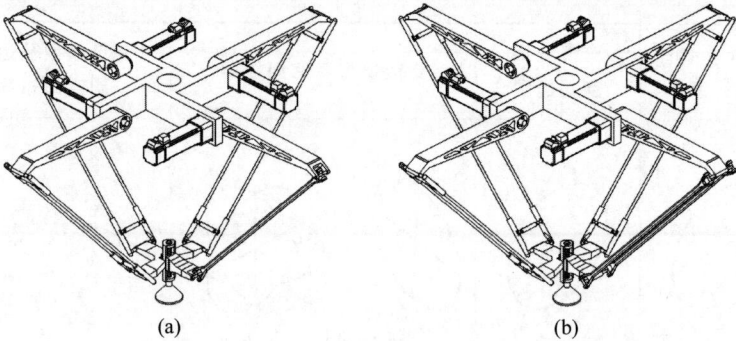

图 2.6　基于耦合策略的线几何图谱化并联机器人构型综合流程

(a) 3-RPa*/1-RUU|HR；(b) 3-RPa*/1-RRPaR|HR

示意了第 1 支链、第 2 支链、第 3 支链和第 4 支链均是 RRPaR 的构型综合结果。

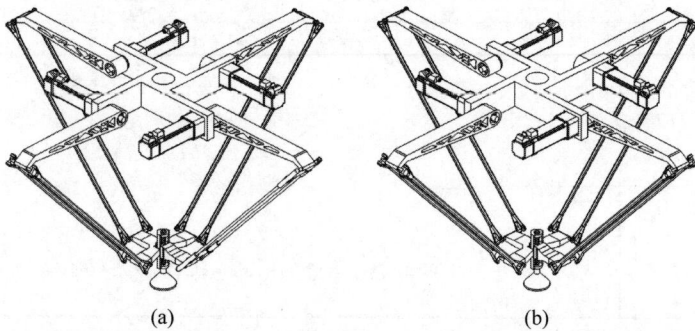

图 2.7　基于耦合策略的线几何图谱化并联机器人构型综合流程

(a) 3-RRPaR/1-RPa*|HR；(b) 3-RRPaR/1-RRPaR|HR

　　两个副平台间的运动转换机构还可以配置成摇杆滑块机构,现以摇杆滑块机构作为运动转换机构进行 3T1R 高速并联机器人的构型综合。对于如图 2.5(c)所示的连接于平台的支链约束集,可按照表 2.8 所示方式对其进行支链约束空间线图分配。其中第 1 支链和第 3 支链连接于一个平台且均提供一维力偶约束,第 2 支链和第 4 支链连接于另一个平台且均提供一维力偶约束,根据 Blanding 法则可得到 4 条支链均为二维转动和三维移动的支链自由度空间线图,满足要求的支链可以是 RPa* 形式。将 4 条支链与动平台进行组合可以得到如表 2.8 所示的新构型[217-218]。

表 2.8　基于平台间耦合策略的 3T1R 高速并联机器人构型综合

连接于平台的支链约束集	支链约束空间线图	支链自由度空间线图	支链模型及运动副空间布局
二维力偶约束	一维力偶约束	二维转动和三维移动	第 1 支链 RPa*
	一维力偶约束	二维转动和三维移动	第 3 支链 RPa*
二维力偶约束	一维力偶约束	二维转动和三维移动	第 2 支链 RPa*
	一维力偶约束	二维转动和三维移动	第 4 支链 RPa*

续表

连接于平台的 支链约束集	支链约束 空间线图	支链自由度空间线图	支链模型及运动 副空间布局
构型综合结果	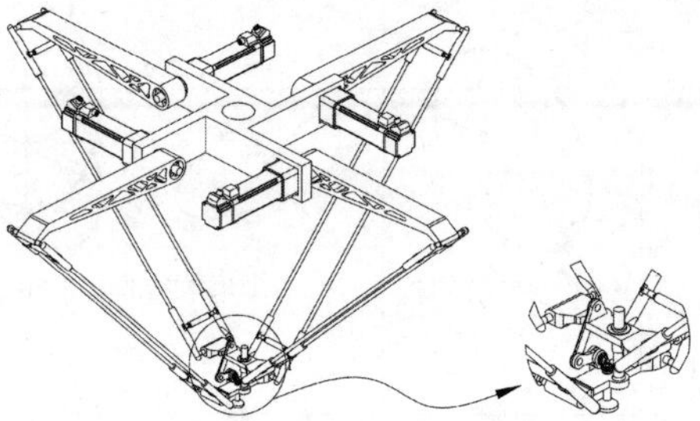	 主平台实现一维转动和三维移动自由度	

当然,上述构型综合过程中,根据动平台间耦合策略所求得的连接于平台的支链约束集、支链约束空间线图分配及支链结构形式并不唯一,本节给出的构型综合结果仅是部分设计方案。

2.2.3 基于支链间耦合策略的闭环支链型高速并联机器人构型综合

闭环支链型高速并联机器人的支链不再是传统意义上的开环运动链,而是具有环路特征的闭合运动链。这类机器人的构型综合可以通过向机器人机构的开环运动链添加耦合特征来实现,其核心思想是通过支链间耦合策略将支链的内力转化成动平台的约束力。根据转化后的动平台约束力对动平台自由度空间维度变化的影响,本书将构型综合过程分为如下两种思路:①同维设计,即转化后的动平台约束力对动平台约束空间不产生影响,此时动平台自由度空间的维度保持不变;②降维设计,即转化后的动平台约束力增加了动平台约束空间的维度,此时动平台自由度空间的维度降低。

图2.8给出了通过向空间任意两条支链添加耦合特征,支链内力可能产生的两类动平台约束力情况。采用支链间耦合策略后,根据空间线矢量和偶量的相关性判断准则可以得到等效的约束空间,然后进行约束提取。本节结合两个典型的并联机器人支链间耦合实例进行说明。

本节以两条RSS支链为例实施支链间耦合策略,如图2.9所示,对两条支链RSS支链添加耦合特征,即令SS被动链平行且等长布置,获得共面

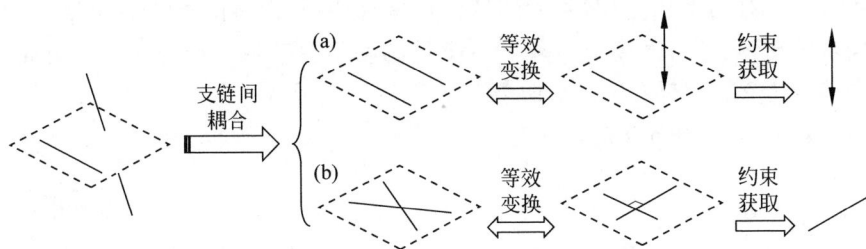

图 2.8　支链耦合策略产生的动平台约束力情况

且平行的二维力约束空间。通过等效变换,可进一步获得一维力和一维力偶约束空间,然后继续添加耦合特征,即将两条 RSS 支链进行同步驱动,便可为连接于两条 RSS 支链的动平台获取一维力偶约束。至此,本节通过支链间耦合策略将两条 RSS 支链等效成为一条 RPa* 支链。

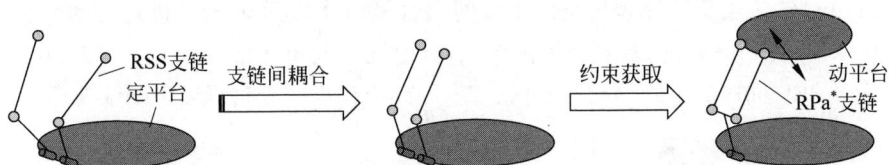

图 2.9　RSS 支链间耦合获得动平台一维力偶约束

若将 6-RSS 六自由度并联机构的支链分为 3 组,分别实施上述支链间耦合策略,则可以获得 3-RPa* 并联机构(见图 2.10)。该机构是著名的 Delta 机器人的主体构型。支链间耦合策略实施后,6-RSS 机构的动平台约束空间从无约束增加到三维力偶约束,自由度空间由三维移动和三维转动变为 3-RPa* 机构的三维移动,因此该构型综合过程属于降维设计。

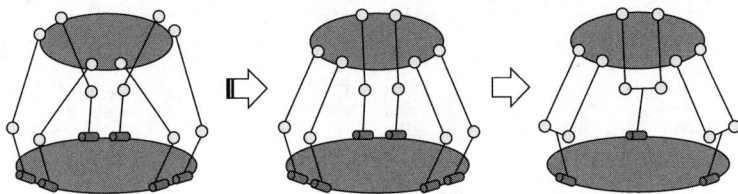

图 2.10　3-RPa* 并联机构构型综合

本节接下来以两条 PSS 支链为例实施支链间耦合策略,如图 2.11 所示,对两条支链 PSS 支链添加耦合特征,即令 SS 被动链交于一点且等长布置,获得共面且相交的二维力约束空间。通过等效变换可进一步获得相互垂直的二维力约束空间,然后继续添加耦合特征,即将两条 PSS 支链进行同步驱动,便可为连接于两条 PSS 支链的动平台获取一维力约束。至此,本节通过支链间耦合策略将两条 PSS 支链等效成为一条 P(SS)S 支链,进而等效成一条 PRS 支链。

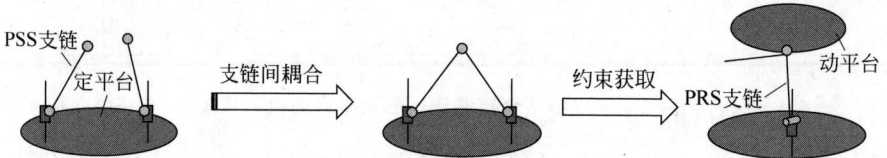

图 2.11　PSS 支链间耦合获得动平台一维力约束

若将 6-PSS 六自由度并联机构的支链分为 3 组,分别实施上述支链间耦合策略,则可以获得 3-PRS 并联机构(见图 2.12)。该机构是著名的 Sprint Z3 主轴头的原理构型。支链间耦合策略实施后,6-PSS 机构的动平台约束空间从无约束增加到三维力约束,自由度空间由三维移动和三维转动变为 3-PRS 机构的一维移动和两维转动,因此该构型综合过程属于降维设计。

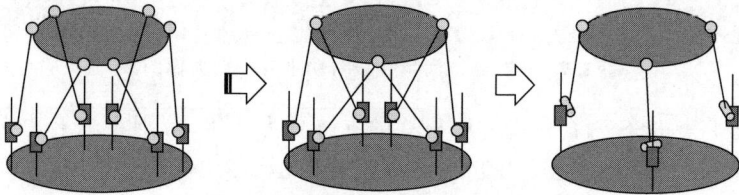

图 2.12　3-PRS 并联机构构型综合

在以上两个案例中,6-RSS 机构和 6-PSS 机构被称为过渡机构,3-RPa* 机构和 3-PRS 机构被称为目标机构。根据过渡机构与目标机构的自由度差异来合理施加支链间的约束,最终可以获得具有闭环支链结构的目标机构构型。本节接下来以具有 2T 自由度的闭环支链型高速并联机器人机构为目标机构,采用降维设计思路,将 3T 自由度的并联机构作为过渡机构进行构型综合。

对于如图 2.13 所示的连接于动平台的支链约束集,可按照表 2.9 所示方式对其进行支链约束空间线图分配。其中第 1 支链、第 2 支链和第 3 支链连接于一个平台且均提供一维力偶约束,根据 Blanding 法则可得到第 1 支链、第 2 支链和第 3 支链均为二维转动和三维移动的支链自由度空间线图,满足要求的支链可以是 PaUU 形式。将 3 条支链与动平台进行组合可

以得到如表 2.9 所示的具有 3T 自由度的
3-PaUU 过渡机构。

　将第 2 支链和第 3 支链实施支链间
耦合策略,即令 UU 被动链交于一点且等
长布置,可获得共面且相交的二维力约束
空间。通过等效变换可进一步获得相互

图 2.13　3T 并联机器人自由度
空间和约束空间线图

垂直的二维力约束空间,然后继续添加耦合特征,即将两条 PaUU 支链进
行同步驱动,即可为动平台获取一维力约束。至此,本节通过支链间耦合策
略将两条 PaUU 支链等效成一条 PaU^2U^2 支链,最终获得如表 2.9 所示的
具有 2T 自由度的闭环支链型高速并联机器人机构 $1\text{-}PaUU/1\text{-}PaU^2U^2$。
如果将过渡机构设置成具有同样的 3T 自由度特性 4-PaUU 冗余驱动并联
机构,并将 4-PaUU 机构的 4 条运动链分为两组实施上述支链间耦合策略,
则可以得到如图 2.14(a) 所示的高速并联机器人机构 $2\text{-}PaU^2U^2$。以该构
型为基础的并联机器人 IRSBot-2 可实现 2T 运动,能够完成高速拾取和放
置任务[219-220]。

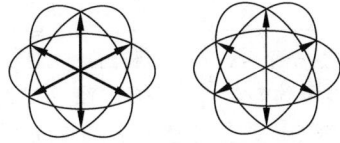

表 2.9　基于支链间耦合策略的 2T 高速并联机器人构型综合

连接于平台的支链约束集	支链约束空间线图	支链自由度空间线图	支链模型及运动副空间布局
 二维力偶约束	 一维力偶约束	 二维转动和三维移动	第 1 支链 PaUU
	 一维力偶约束	 二维转动和三维移动	第 2 支链 PaUU

连接于平台的支链约束集	支链约束空间线图	支链自由度空间线图	支链模型及运动副空间布局
			第 3 支链 PaUU
 二维力偶约束	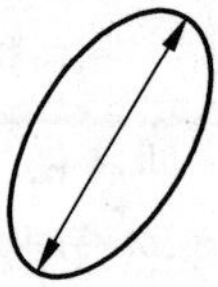 一维力偶约束	 二维转动和三维移动	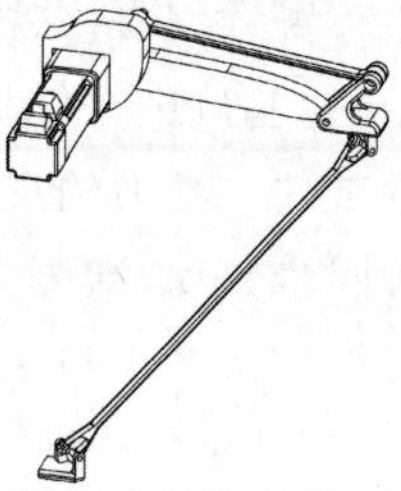
过渡机构的构型综合结果	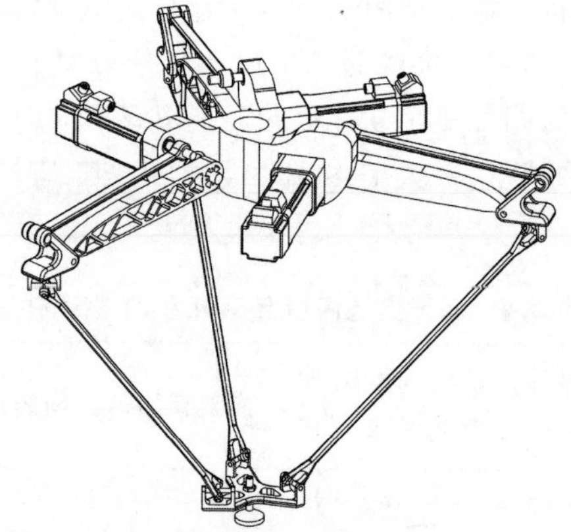 动平台实现三维移动自由度		
基于支链间耦合策略的构型综合结果	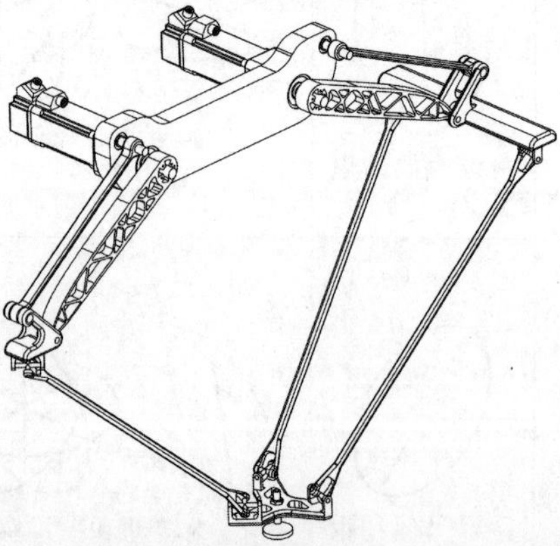 动平台实现二维移动自由度		

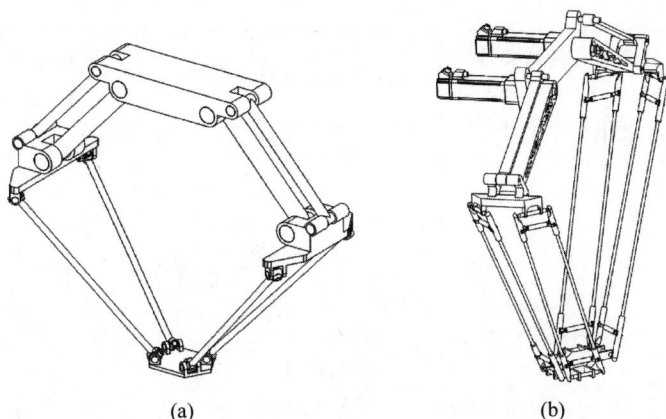

图 2.14　部分 2T 高速并联机器人构型综合结果

(a) IRSBot-2[220]；(b) V2-R

满足上述具备二维转动和三维移动要求的支链还可以是 RPa* 和 PaPa* 形式。将一条 RPa* 和两条 PaPa* 支链与动平台进行组合可以得到如表 2.10 所示的具有 3T 自由度的 1-RPa*/3-PaPa* 过渡机构。将第 2 支链和第 3 支链实施支链间耦合策略可获得一条 Pa(Pa*)² 支链，最终可获得具有 2T 自由度的闭环支链型高速并联机器人机构 1-RPa*/1-Pa(Pa*)²。如果将过渡机构设置成具有同样的 3T 自由度特性 4-PaPa* 冗余驱动并联机构，并将 4-PaPa* 机构的 4 条运动链分为两组实施上述支链间耦合策略，则可以得到如图 2.14(b) 所示的高速并联机器人机构 2-Pa(Pa*)²。

表 2.10　基于支链间耦合策略的 2T 高速并联机器人构型综合

连接于平台的支链约束集	支链约束空间线图	支链自由度空间线图	支链模型及运动副空间布局
			第 1 支链 RPa*
三维力偶约束	一维力偶约束	二维转动和三维移动	

连接于平台的支链约束集	支链约束空间线图	支链自由度空间线图	支链模型及运动副空间布局
 三维力偶约束	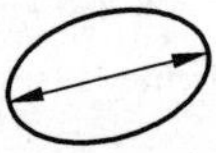 一维力偶约束	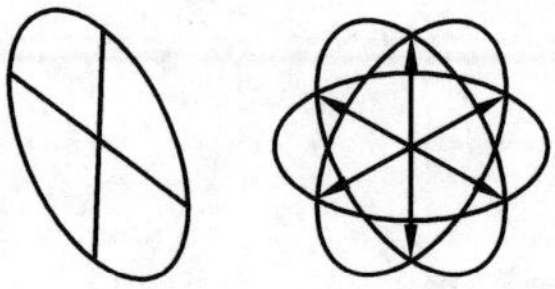 二维转动和三维移动	第 2 支链 PaPa* 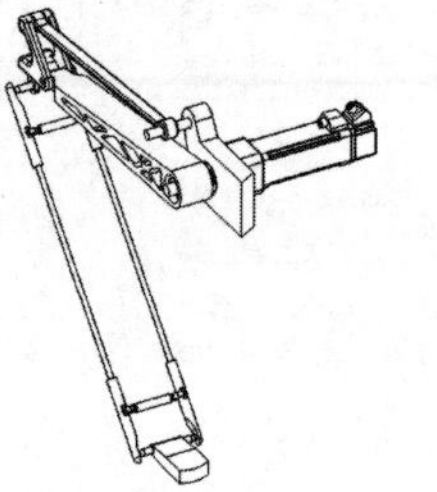
	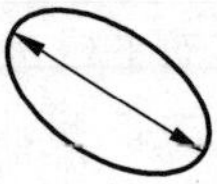 一维力偶约束	 二维转动和三维移动	第 3 支链 PaPa* 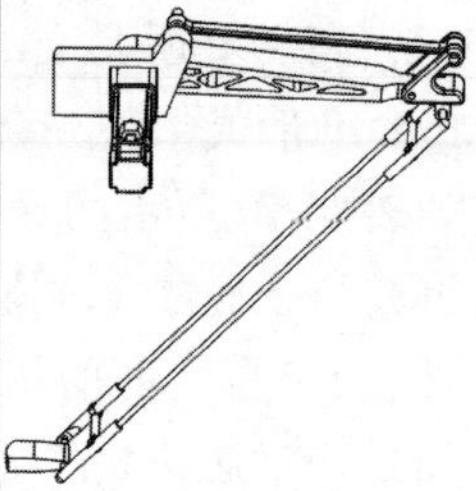
过渡机构的构型综合结果	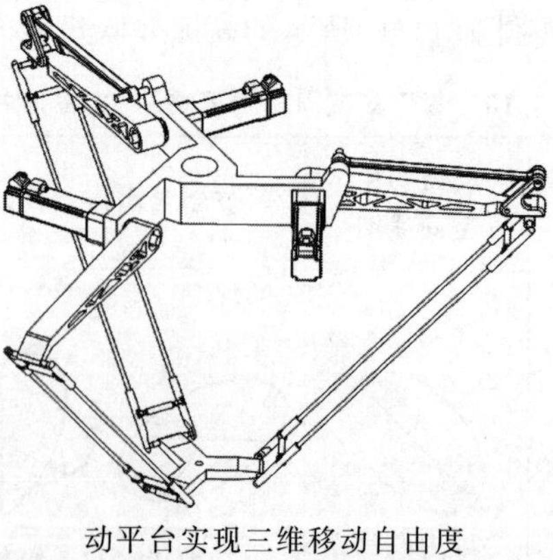		动平台实现三维移动自由度

续表

连接于平台的 支链约束集	支链约束 空间线图	支链自由度空间线图	支链模型及运动 副空间布局
基于支链间耦 合策略的构型 综合结果		 动平台实现二维移动自由度	

本节接下来以具有 2T 自由度的闭环支链型高速并联机器人机构为目标机构,采用同维设计思路,将 2T 自由度的并联机构作为过渡机构进行构型综合。

对于如图 2.15 所示的约束空间线图,可以按照表 2.11 所示方式进行支链约束空间线图分配。第 1 支链提供一维力偶约束,根据 Blanding 法则可得到第 1 支链为二维转动和三维移动的支链自由度空间线图,满足要求的支链可以是 PaUU 形式。第 2 支链提供二维力偶和一维力约束,根据 Blanding 法则可得到第 2 支链为一维转动和二维移动的支链自由度空间线图,满足要求的支链可以是 PaRR 形式。将两条支链与动平台进行组合可以得到如表 2.11 所示的具有 2T 自由度的 1-PaUU/1-PaRR 过渡机构。

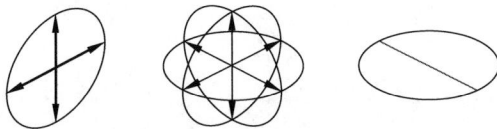

图 2.15　2T 并联机器人自由度空间和约束空间线图

本节现设置两个过渡机构(1)和(2),分别对两个过渡机构的第 1 支链和第 2 支链、第 2 支链和第 1 支链实施支链间耦合策略。以两个过渡机构的第 1 支链和第 2 支链为例,对过渡机构(1)的第 1 支链和过渡机构(2)的第 2 支链添加耦合特征,令 UU 和 RR 被动链平行且等长布置,可获得共面且平行的二维力约束空间。通过等效变换可进一步获得一维力和一维力偶约束空间,然后继续添加耦合特征,即将 PaUU 和 PaRR 两条支链进行同步驱动,便可为连接于 PaUU 和 PaRR 两条支链的动平台获取一维力偶约束。至此,本节通过支链间耦合策略将 PaUU 和 PaRR 两条支链等效成一条支链。最终可获得如表 2.11 所示的具有 2T 自由度的闭环支链型高速并联机器人机构。

表 2.11　基于支链间耦合策略的 2T 高速并联机器人构型综合

连接于平台的支链约束集	支链约束空间线图	支链自由度空间线图	支链模型及运动副空间布局
			第 1 支链 PaUU
	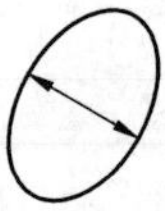 一维力偶约束	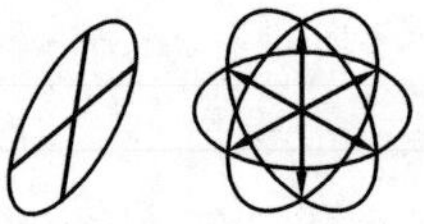 二维转动和三维移动	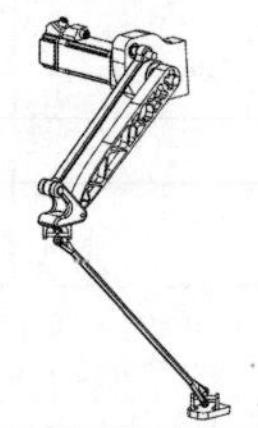
二维力偶约束			第 2 支链 PaRR
	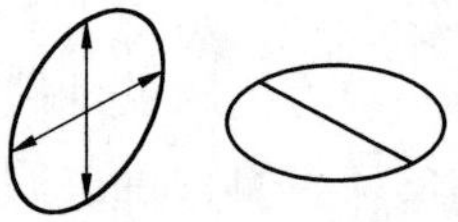 二维力偶和一维力约束	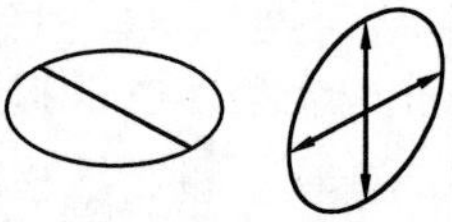 一维转动和二维移动	
过渡机构的构型综合结果	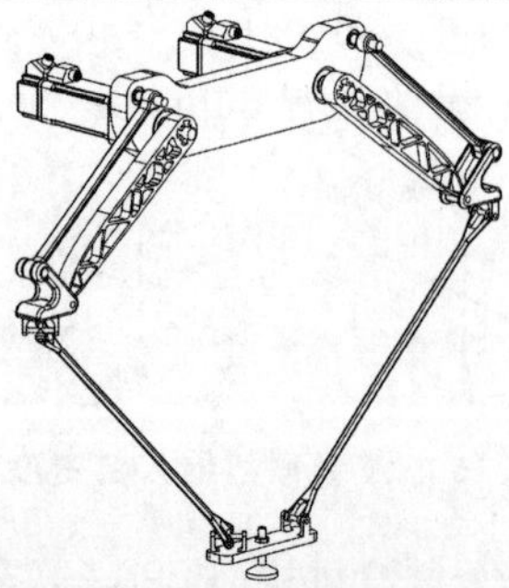 动平台实现二维移动自由度		

续表

连接于平台的 支链约束集	支链约束空间线图	支链自由度空间线图	支链模型及运动 副空间布局
基于支链间耦 合策略的构型 综合结果	动平台实现二维移动自由度		

2.2.4　无耦合与双耦合策略下的高速并联机器人构型综合

图 2.2 给出的构型综合流程中,平台间耦合策略和支链间耦合策略均是可选项。因此,使用该方法进行构型综合时存在 4 种工作模式:①不考虑耦合策略的构型综合;②仅考虑平台间耦合策略的构型综合;③仅考虑支链间耦合策略的构型综合;④既考虑平台间耦合策略又考虑支链间耦合策略的构型综合。工作模式②和③在 2.2.2 节和 2.2.3 节中进行了介绍,本节将介绍工作模式①和④,即不考虑耦合策略和既考虑平台间耦合策略又考虑支链间耦合策略的高速并联机器人构型综合。

本节首先介绍不考虑耦合策略的高速并联机器人构型综合。对于 3T1R 高速并联机器人机构,其动平台的自由度空间和约束空间线图如图 2.16 所示,可按照如表 2.12 所示方式进行支链约束空间线图分配。其中 4 条支链均提供一维力偶约束,根据 Blanding 法则可得到二维转动和三维移动的支链自由度空间线图,满足要求的支链可以是 PaUU 形式。将 4 条支链与动平台进行组合可以得到如表 2.12 所示的构型。

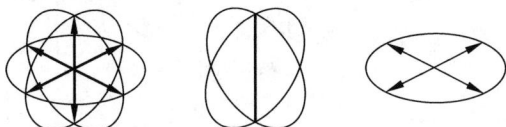

图 2.16　3T1R 高速并联机器人动平台自由度空间和约束空间线图

表 2.12 无耦合策略的 3T1R 高速并联机器人构型综合

连接于平台的支链约束集	支链约束空间线图	支链自由度空间线图	支链模型及运动副空间布局
 二维力偶约束	 一维力偶约束	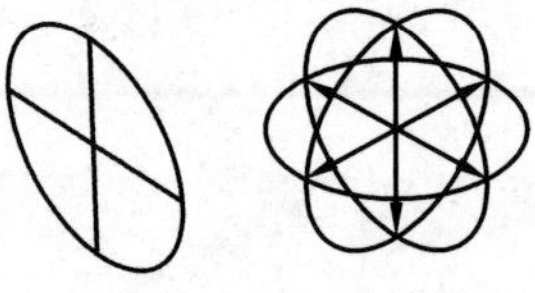 二维转动和三维移动	第 1 支链 PaUU 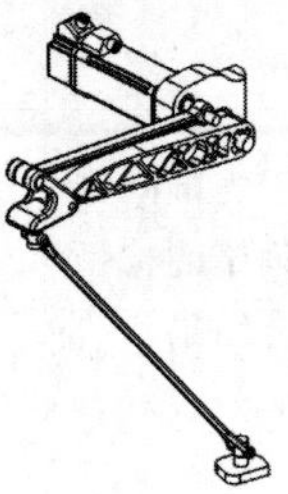
	 一维力偶约束	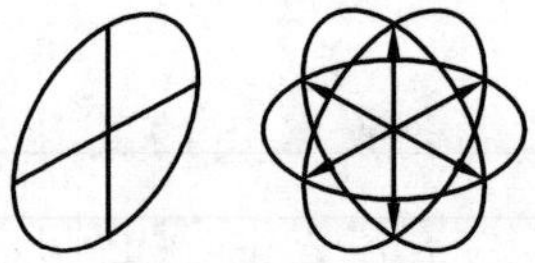 二维转动和三维移动	第 2 支链 PaUU 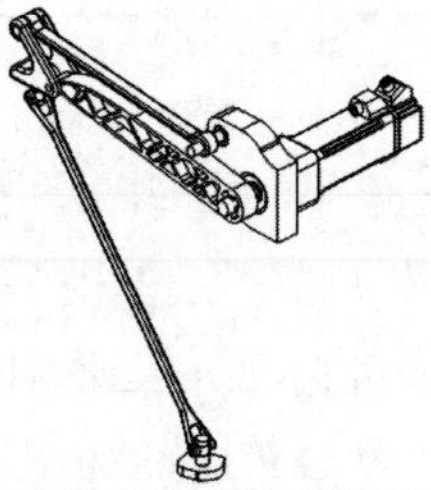
 二维力偶约束	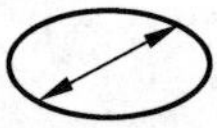 一维力偶约束	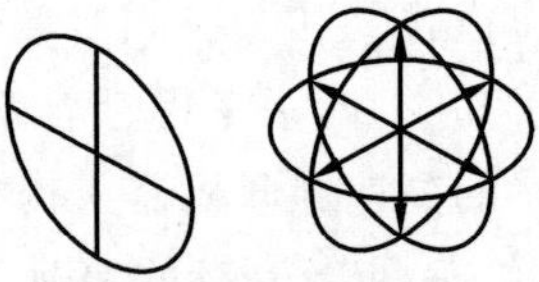 二维转动和三维移动	第 3 支链 PaUU 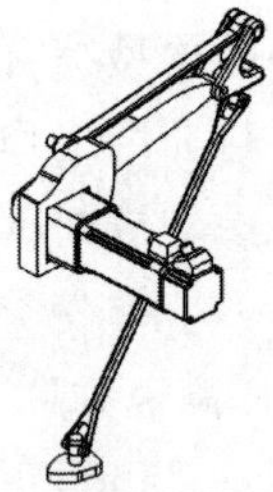
	 一维力偶约束	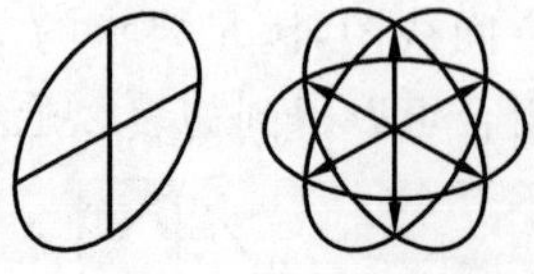 二维转动和三维移动	第 4 支链 PaUU 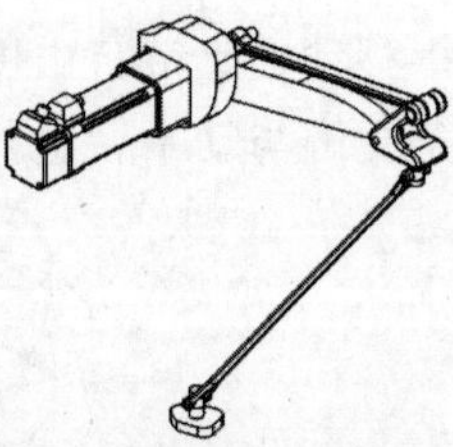

续表

连接于平台的 支链约束集	支链约束 空间线图	支链自由度空间线图	支链模型及运动 副空间布局
无耦合策略的 构型综合结果		 动平台实现一维转动和三维移动自由度	

　　满足上述二维转动和三维移动的支链自由度空间线图的支链形式还可以是 PaPa*、PaUU*、RPa*、RUU 等结构形式。图 2.17(a)示意了第 1 支链和第 4 支链是 RPa* 形式、第 2 支链和第 3 支链是 PaPa* 形式的构型综合结果。图 2.17(b)示意了第 1 支链和第 4 支链是 RUU 形式、第 2 支链和第 3 支链是 PaUU 形式的构型综合结果。图 2.17(c)示意了 4 条支链均是 RPa* 形式的构型综合结果。图 2.17(d)示意了 4 条支链均是 RUU 形式的构型综合结果。

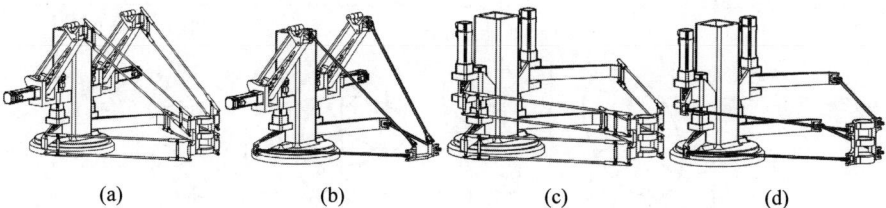

(a)　　　　　　　(b)　　　　　　　(c)　　　　　　　(d)

图 2.17　部分 3T1R 高速并联机器人构型综合结果

(a) 2-PaPa*/2-RPa*；(b) 2-PaUU/2-RUU；(c) 4-RPa*；(d) 4-RUU

　　本节接下来介绍既考虑平台间耦合策略又考虑支链间耦合策略的高速并联机器人构型综合。以具有 3T1R 自由度的高速并联机器人机构为目标机构,采用同维设计思路,将 3T1R 自由度的双动平台型并联机构作为过渡机构进行构型综合。

　　将两个平台间的运动转换机构设置成丝杠螺母机构进行 3T1R 高速并联机器人的构型综合,对于如图 2.5(c)所示的连接于平台的支链约束集可

按照如表 2.13 所示方式进行支链约束空间线图分配。其中第 1 支链和第 3 支链连接于一个平台且均提供一维力偶约束,第 2 支链和第 4 支链连接于另一个平台且均提供一维力偶约束,根据 Blanding 法则可得到 4 条支链均为二维转动和三维移动的支链自由度空间线图,满足要求的支链可以是 RUU 形式。将 4 条支链与动平台进行组合可以得到如表 2.13 所示的具有 3T1R 自由度的过渡机构 2-RUU/2-RUU|HR。

现设置两个过渡机构(1)和(2),分别对两个过渡机构所对应的第 1 支链组、第 2 支链组、第 3 支链组和第 4 支链组实施支链间耦合策略。以两个过渡机构的第 1 支链为例,对过渡机构(1)的第 1 支链和过渡机构(2)的第 1 支链添加耦合特征,令 UU 被动链平行且等长布置,可获得共面且平行的两维力约束空间。通过等效变换可进一步获得一维力和一维力偶约束空间,然后继续添加耦合特征,即将两条 RUU 支链进行同步驱动,即可为连接于两条 RUU 支链的副动平台获取一维力偶约束。至此,通过支链间耦合策略将两条 RUU 支链等效成一条 RU^2U^2 支链。最终可获得如表 2.13 所示的具有 3T1R 自由度的闭环支链型高速并联机器人机构 2-RU^2U^2/2-RU^2U^2|HR。

表 2.13　基于平台间和支链间耦合策略的 3T1R 高速并联机器人构型综合

连接于平台的支链约束集	支链约束空间线图	支链自由度空间线图	支链模型及运动副空间布局
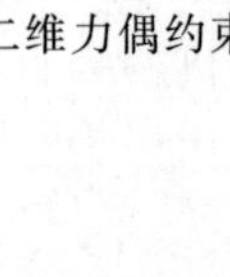 二维力偶约束	 一维力偶约束	 二维转动和三维移动	第 1 支链 RUU 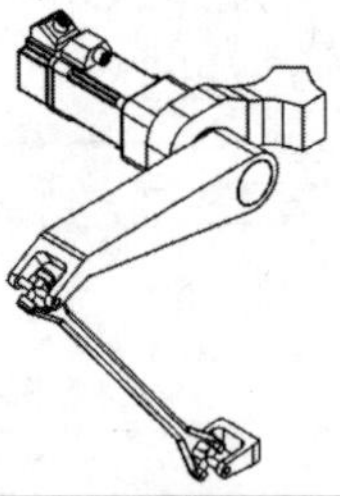
	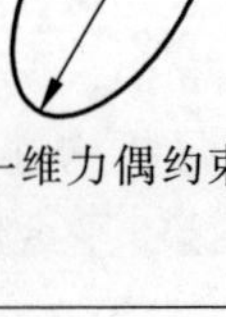 一维力偶约束	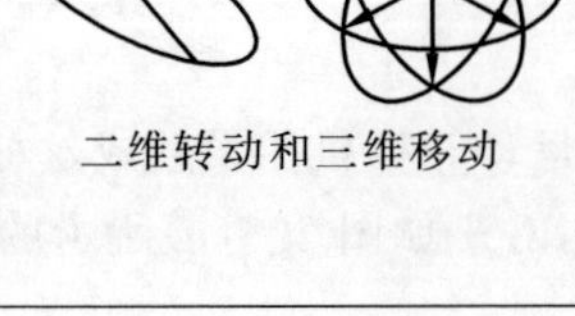 二维转动和三维移动	第 3 支链 RUU 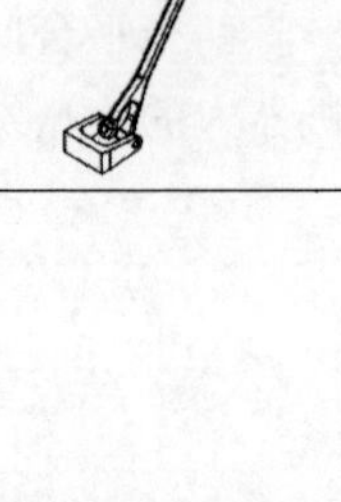

连接于平台的支链约束集	支链约束空间线图	支链自由度空间线图	支链模型及运动副空间布局
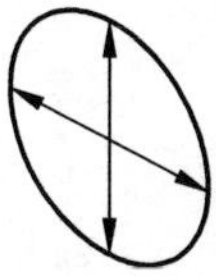		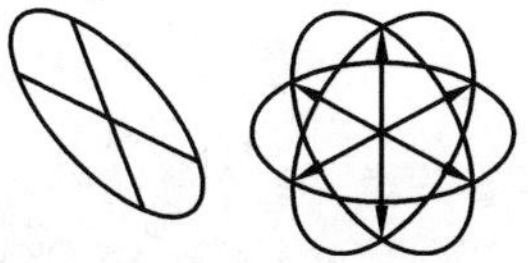	第 2 支链 RUU 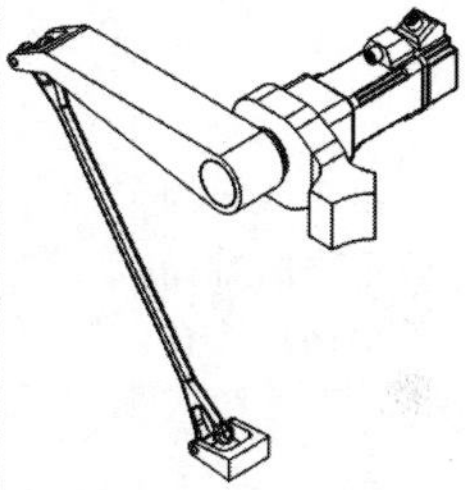
	一维力偶约束	二维转动和三维移动	
二维力偶约束			第 4 支链 RUU
	一维力偶约束	二维转动和三维移动	
基于平台间耦合策略的过渡机构构型综合结果	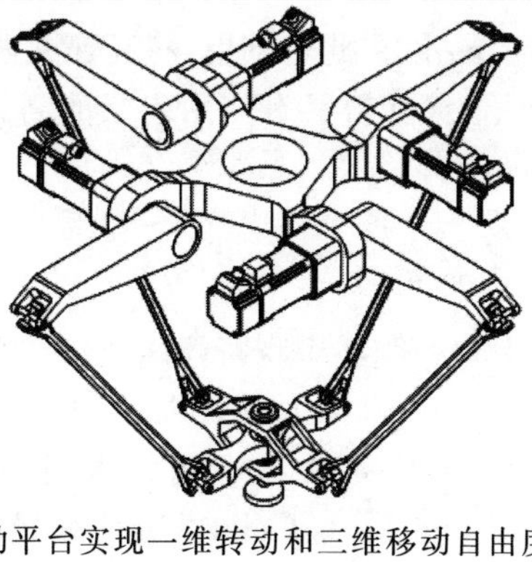 动平台实现一维转动和三维移动自由度		

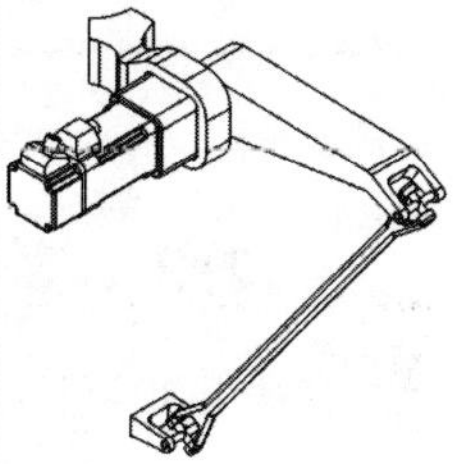

连接于平台的支链约束集	支链约束空间线图	支链自由度空间线图	支链模型及运动副空间布局
基于支链间耦合策略的目标机构构型综合结果	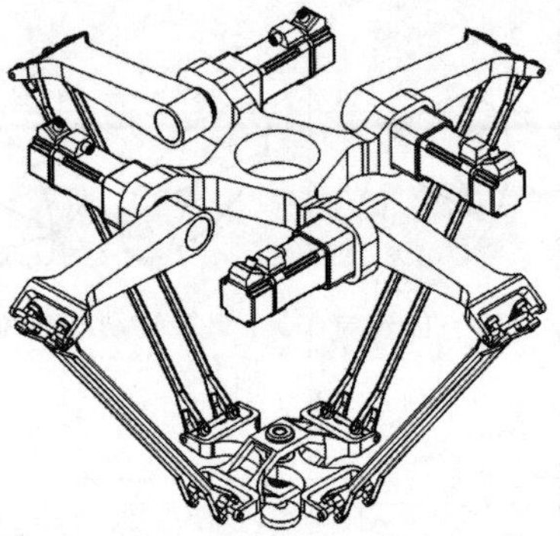		

动平台实现一维转动和三维移动自由度

2.3　高速并联机器人需求分析和方案设计

高速并联机器人承担着为生产线产品提供持续稳定的快速作业的任务。在人们的生产生活方式快速发展的环境下,食品、医药、电子、日化和新能源等行业对高速无污染操作存在迫切需求。本节现以相关行业的典型应用需求为例进行分析,在此基础上,将高速并联机器人构型综合结果与典型需求进行匹配。最终获得具有应用前景的高速并联机器人原理构型,实现机器人的方案设计。

2.3.1　高速并联机器人需求分析

按照工程实践经验,本节现将高速并联机器人典型的应用工况如图 2.18 所示进行划分。其中,机器人的速度分别以 120 次/min(执行标准轨迹的周期)和 200 次/min 为界限,共分为低速、中速和高速 3 个区段;机器人的载荷分别以 1 kg 和 6 kg 为界限,共分为超轻载、轻载和重载 3 个区段;机器人的精度分别以 0.5 mm 为界限,共分为高精度和低精度两个区段。需要指出的是,上述工况的划分条件仅是为了便于进行需求分析而按照工程经验给定的。这里的低速是高速并联机器人应用领域中的相对低速的概念,一般指分拣周期大于 20~30 次/min 的应用工况。

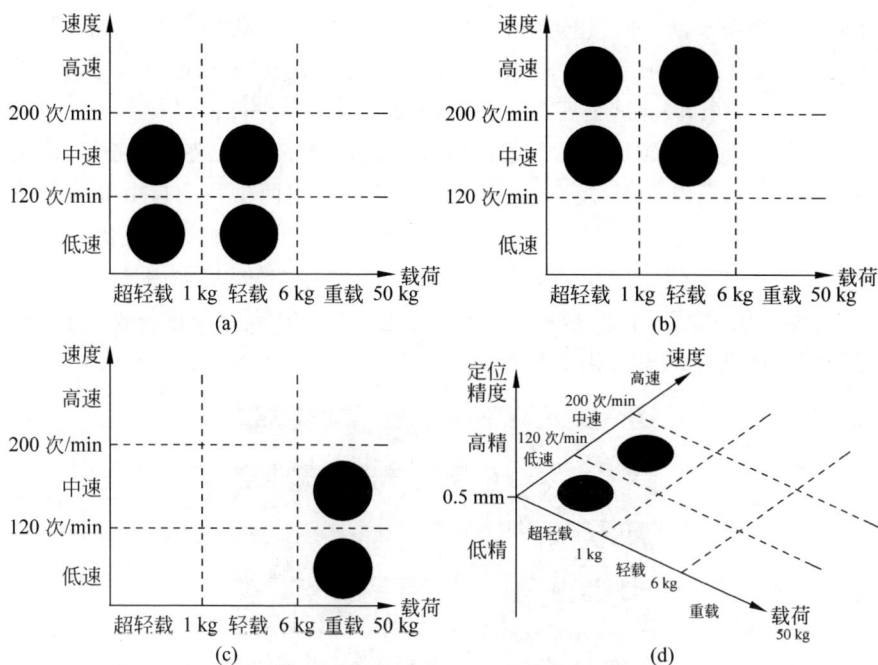

图 2.18 高速并联机器人需求分析

(a) 典型应用工况；(b) 高速高加速应用工况；
(c) 高速高负载应用工况；(d) 高速高精度应用工况

目前,以 Delta 并联机器人为代表的高速机器人产品普遍适用于"低、中速-轻载"工况,如图 2.18(a)所示,此类产品性能可覆盖同速度条件下的超轻载工况。此类需求仍是高速并联机器人的典型应用工况(见图 2.19),占据市场主导地位。此外,在食品和医药等领域,大量的生产任务对更高的操作速

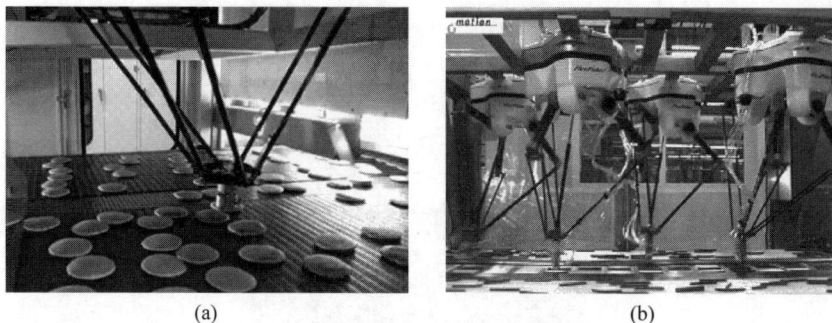

图 2.19 高速并联机器人典型应用工况

(a) 面包分拣；(b) 香肠装盒

度有着迫切需求,如图 2.18(b)所示,应用于"中、高速-轻载"工况的高速并联机器人仍然具有广阔的应用前景和市场空间。更高的速度要求使得机器人通常具备高加速品质,因此这类机器人也可称作高速高加速并联机器人。

食品和化工等领域存在大载荷桶装或袋装产品搬运、装箱任务需求(见图 2.20)。此类应用中,规则、有序的物料一般仅需两个移动自由度即可完成操作任务,大大降低了机器人自由度要求,然而却对负载能力提出了新的挑战。面向这类应用的高速高负载机器人仍然存在缺口,如图 2.18(c)所示,研发应用于"低、中速-重载"工况的高速并联机器人有望填补这一空缺,提升相关产业链的自动化水平和运行效率。

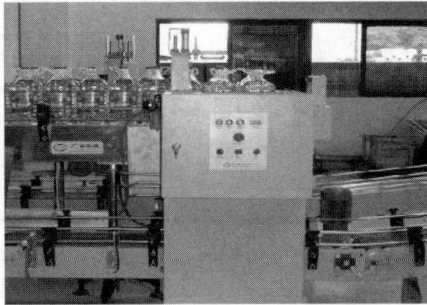

图 2.20 食品行业中大载荷产品操作

在精密电子行业等高端制造领域,高速并联机器人的发展尚属空白,例如,针对如图 2.21 所示的正反随机来料,需要进行大角度姿态调节的高精度入模装配。研发定位精度优于 0.5 mm 的"中速-超轻载-高精"机器人以满足上述应用需求具有重要的理论价值和工程意义。因为具备更高的精度水平,所以这类机器人也可称作高速高精度并联机器人。

图 2.21 电子行业中高精度入模装配

综上所述,高速并联机器人虽然已经取得了长足的发展,但相关产业仍然存在着有迫切需求的典型工况。在高速高加速、高速高负载和高速高精度领域,高速并联机器人存在着巨大的应用需求空间,同时也存在相应的关键技术创新空间。

2.3.2　高速并联机器人方案设计

在机器人设计领域,给定性能要求的情况下如何实现机器人的方案设计目前仍是一项十分艰巨的挑战。本书仅从高速并联机器人的机构特性出发,从定性分析的角度来匹配高速并联机器人的机构和实际应用需求。本节分别以高速高加速、高速高负载和高速高精度为目标,发掘有潜力的高速并联机器人机构。

1. 高速高加速并联机器人

如前文所述,Delta 构型和常见的并联机器人构型的显著区别在于其开放式球铰和轻质杆件所构成的闭环被动臂设计方案。开放式球铰具有结构简单和易装配特性,简单的结构也为对其进行轻量化设计提供了可能。经过长期的应用发展,开放式球铰和轻质杆件已经具有轻量化的特点,这也在一定程度上为 Delta 机器人的高速特性奠定了结构基础。然而,Delta 的 RUPUR 支链限制了速度的进一步提升。因此,在保留开放式球铰和轻质杆件设计方案的基础上,有效避免 RUPUR 支链带来的劣势有望为设计更高速度要求的高速并联机器人提供思路。

Delta 的 RUPUR 支链本质上是为动平台提供大的摆角能力。双动平台型高速并联机器人不仅可以实现大摆角输出,而且由前文构型综合结果(见表 2.7 和表 2.8)可知,其 4 条支链均可采用开放式球铰和轻质杆件设计方案。因此,这类双动平台型高速并联机器人兼具轻量化和大摆角输出的潜力,可以作为高速高加速并联机器人的备选构型。考虑到动平台结构的对称性对机器人工作空间的对称性有显著影响,本书选取如表 2.8 所示的动平台结构更加对称的构型综合结果,并据此开发高速高加速并联机器人。

将表 2.8 所示的双动平台型高速并联机器人进行概念设计,可得如图 2.22 所示的设计方案。因为该方案为 3T1R 四自由度高速并联机器人机构,而且其区别于其他双动平台型并联机器人的典型特征在于动平台内部的滑块摇杆机构(slider-rocker mechanism),所以该方案又被称作 SR4

高速高加速并联机器人。

图 2.22　高速高加速并联机器人 TH-SR4 设计方案（见文前彩图）
(a) 视图一；(b) 视图二

2. 高速高精度并联机器人

如前文所述，精密电子行业往往需要对不规则来料进行大角度姿态调整的高精度入模装配，此类操作虽仍需实现 3T1R 运动，但对机器人的精度水平提出了更高要求。以 Delta 和 Quattro 为代表可实现 3T1R 运动的高速并联机器人多应用于小型、轻质物品的分拣操作，其定位精度要求一般不高。本节尝试从机构本质出发，探讨高速并联机器人当前精度现状的主导因素，并从机器人机构设计层面发掘具有高精度潜质的高速并联机器人方案。

开放式球铰和轻质杆件所构成的闭环被动臂设计方案是当前主流的高速并联机器人 Delta 和 Quattro 的共同结构特征。以 Delta 机器人为例，如图 2.23 所示，为保证开放式球铰的有效性，通常要将连接球窝结构的轻质杆件用弹簧进行预紧连接，这一安装方式为 Delta 机器人的装配和维护带来了极大的便利，然而弹簧的横向预紧力却不可避免地带来了轻质杆件的弹性变形。假设被动臂的原始尺寸为 L，当弹簧施加横向预紧力的，后被动臂的实际尺寸则变为 L'。也就是说，该方案从机构本质层面为 Delta 机器人的被动臂尺寸带来了 ΔL 的系统误差。该误差将随着机器人尺度的增大而增大。此外，被动臂尺寸系统误差 ΔL 并不恒定，其数值可能随着机器人的位置变化而发生改变，这将为机器人的误差补偿带来挑战。

针对上述分析，如何避免 Delta 机器人由弹簧预紧力产生的被动臂尺寸系统误差是提升高速并联机器人精度的关键因素之一。如表 2.13 所示

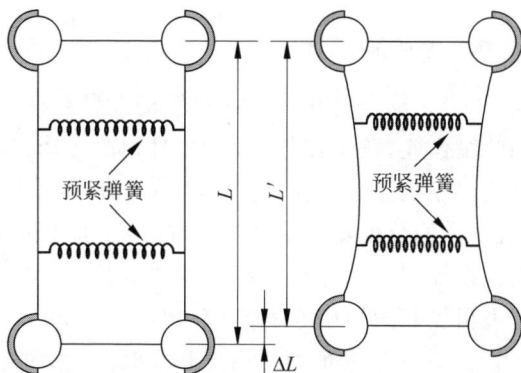

图 2.23　Delta 高速并联机器人被动臂设计方案的系统误差分析

的构型综合结果提供了一种闭合式铰链结构的被动臂设计方案。具有该被动臂设计方案的高速并联机器人构型有效避免了开放式球铰设计方案中弹簧预紧力带来的系统误差问题，具备更高精度的潜质。因此，本节选取如表 2.13 所示的构型综合结果，并据此开发高速高精度并联机器人。

　　将表 2.13 所示的双动平台型高速并联机器人进行概念设计，可得如图 2.24 所示的设计方案。因为该方案为 3T1R 四自由度高速并联机器人机构，而且其区别于其他双动平台型并联机器人的典型特征在于动平台内部的滚珠丝杠机构，具体而言，与动平台连接的运动副分别是螺旋副(helical pair)和转动副(revolute pair)，所以该方案又被称作 HR4 高速高精度并联机器人。

(a)　　　　　　　　　　　　　　　　(b)

图 2.24　高速高精度并联机器人 TH-HR4 设计方案(见文前彩图)

(a) 视图一；(b) 视图二

3. 高速高负载并联机器人

如前文所述,相当一部分食品和日化领域仍大量存在大载荷桶装或袋装产品的搬运和装箱作业,该工作任务量大,对相关自动化装备需求迫切。此类应用中,规则、有序的重物一般仅需 2 个移动自由度即可实现操作需求,大大降低了机器人的自由度要求,但对于机器人负载能力提出了新的挑战。闭环式被动臂设计方案具有约束特性强和承载能力高等特点,有望为高负载并联机器人提供新的构型方案。

表 2.10 和图 2.14(b)所示的两自由度并联机器人由 Delta 机器人及其冗余构型通过支链间耦合策略构型综合得到,它们继承了开放式球铰和轻质杆件的结构特点。因此这类高速并联机器人更侧重高速高加速能力。表 2.9 和图 2.14(a)所示的两自由度并联机器人均采用了闭合铰链和闭环式被动臂方案,可以有效增大机器人自由度平面的法向刚度和承载能力。然而,数量众多的虎克铰设计增加了制造和装配难度。因此,在保留闭合铰链设计方案的基础上,有效避免虎克铰过多而带来的劣势为高速高负载并联机器人提供了设计思路。如表 2.11 所示的构型综合结果提供了一种闭合式铰链和闭环式被动臂设计方案。该构型综合结果相比于如图 2.14(a)所示的 IRSBot-2 机器人构型减少了 4 个虎克铰,有效降低了机器人的制造和装配难度。因此,本节选取如表 2.11 所示的构型综合结果,并据此开发高速高负载并联机器人。

将表 2.11 所示的闭环支链型高速并联机器人进行概念设计,可得如图 2.25 所示的两种机器人设计方案。因为这两种方案为 2T 二自由度高

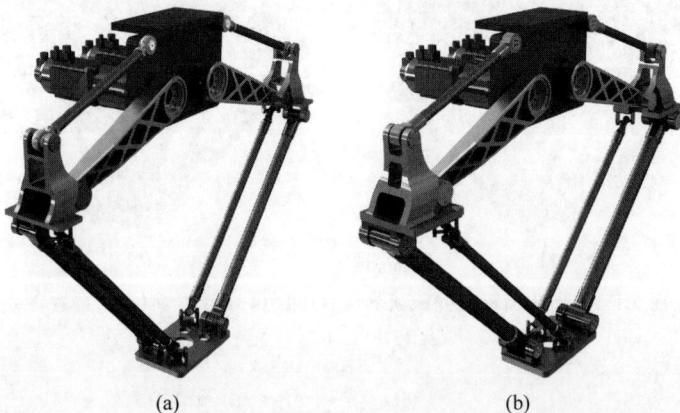

(a)　　　　　　　　　　　　　　(b)

图 2.25　高速高负载并联机器人 TH-UR2 设计方案(见文前彩图)

(a) 方案一;(b) 方案二

速并联机器人机构,而且其区别于其他闭环支链型并联机器人的典型特征在于被动臂设计方案中的 UU 支链和 RR 支链,所以两种方案又被称作 UR2 高速高负载并联机器人。

2.4 本章小结

本章从高速并联机器人的发展源头和应用需求出发,总结了高速并联机器人的优势特征,由此确定了构型综合目标;提出了平台间耦合策略和支链间耦合策略,结合 Grassmann 线几何图谱理论进行了双动平台型高速并联机器人和闭环支链型高速并联机器人构型综合,进而提出了若干高速并联机器人的原理新构型;在分析了工程应用领域对高速并联机器人的典型需求的情况下,进一步发掘出三类分别具有高速高加速、高速高精度和高速高负载潜质的高速并联机器人机构。本章提出的三种高速并联机器人机构为本书后续的高速并联机器人研发奠定了原理构型基础,总结如下:

(1) 闭环被动臂和铰接式动平台设计方案在高速并联机器人领域具有显著优势,研究设计具备此类优势特征的机器人构型将有助于从构型源头提升本土化高速并联机器人的性能和竞争力,具有重要的理论意义和工程价值;

(2) 结合平台间耦合策略、支链间耦合策略和 Grassmann 线几何图谱理论,提出了基于耦合策略的线几何图谱化高速并联机器人构型综合方法,并据此综合出若干双动平台型高速并联机器人和闭环支链型高速并联机器人原理构型;

(3) 将高速并联机器人的典型应用工况按照工程实践经验进行划分和分析,高速并联机器人虽然已经取得了长足的发展,但相关产业仍然存在着有迫切需求的典型工况,尤其是在高速高加速、高速高负载和高速高精度领域,高速并联机器人存在着巨大的应用需求空间,同时也存在相应的关键技术创新空间;

(4) 以所提出的并联机器人原理构型对上述三类典型的应用需求进行方案匹配,发掘出三种分别具备高速高加速、高速高负载和高速高精度潜质的高速并联机器人原理新构型,在此基础上实现了三类高速并联机器人的概念设计,为后续高性能高速并联机器人的研发奠定了构型基础。

第 3 章　双动平台型高速并联机器人运动和力传递特性研究

3.1　本章引论

　　并联机器人的本质功能之一在于其能够将所需的运动和力从机器人的输入端传递到机器人的输出端，进而实现给定工况下的操作任务。高速并联机器人的运动和力的高效传递无疑是此类并联机器人发挥性能优势的关键。迄今，并联机器人相关领域已建立起体系完善的运动和力传递特性评价方法，所定义的指标反映了传递力旋量对主动关节的输入运动旋量和末端执行器的输出运动旋量的做功有效性，多用于单动平台型并联机器人的运动学性能分析与优化设计。

　　双动平台型高速并联机器人的输出转角大，在高速、大转角分拣领域具有广阔的应用前景，但研究人员对其运动和力的传递特性关注较少。与单动平台型并联机器人不同，双动平台型高速并联机器人的传递力旋量直接作用于副平台，如何将传递力旋量对副平台的影响映射到末端执行器是研究此类高速并联机器人的运动和力传递特性的一个关键问题。此外，双动平台型高速并联机器人整机在实现运动和力传递的过程中，其动平台内部也同时伴随着运动和力的传递，其作用效果会对机器人的整体性能产生影响。如何考虑平台内部的运动和力作用效果是双动平台型高速并联机器人的运动和力传递特性研究的另一个关键问题。上述问题的探讨不仅有利于现有运动和力传递理论体系的推广应用，也能更好地帮助我们理解双动平台型高速并联机器人的运动和力传递特性这一本质属性。

　　本章将回顾旋量理论和目前已有的并联机器人运动和力传递特性分析与评价方法，在此基础上研究双动平台型高速并联机器人的运动发生机理，进而提出性能评价指标，将运动和力的传递特性分析与评价方法推广到双动平台型高速并联机器人领域。本章剩余部分按照如下方式组织：3.2 节介绍本章研究内容的数理基础，即旋量理论和该理论框架下的并联机器人运动和力传递与约束特性指标体系；3.3 节探讨双动平台型高速并联机器人的运动发生机理,据此提出等效传递力旋量概念并定义修正的输出传递指标,进一步提出中间传递指标并揭示其物理意义,综合输入传递指标、修正的输出传递指标和中间传递指标定义双动平台型高速并联机器人运动和力的局域传递指标；3.4 节将所提出的运动和力传递指标应用于典型双动平台型高速并联机器人 Heli4 和 Par4 的性能分析；3.5 节进行本章总结。

3.2　数理基础——旋量框架下的运动和力传递与约束特性指标体系

现代数学对机构学的发展起到了重要的推动作用[221]。典型的数学工具包括线性代数、线几何理论,拓扑学、图论、微分几何、旋量理论等,均在机构学中获得应用。当前机构学研究中最活跃的数学方法当数旋量理论、李群李代数与微分流形。在丰富的数学分支中,旋量理论以其物理意义明确、描述简洁和统一等优势备受机构学领域学者的青睐,也是本章研究内容的数学基础。本节将简要介绍旋量理论的基本概念和运算法则,并在旋量框架下探讨并联机器人运动和力的作用机理,给出并联机器人运动和力的作用特性评价指标。

3.2.1　旋量基本概念

旋量理论[222,225]的相关研究可追溯至 18 世纪意大利数学家 Giulio Mozzi[226]的刚体瞬时运动理论。随后法国数学家 Louis Poinsot[227]和 Michel Floreal Chasles[228]分别提出合力的中心轴定理和刚体位移理论,为空间刚体的运动和受力的统一化旋量描述奠定了理论基础。旋量理论目前已发展成为机构学与机器人领域内的重要数学工具之一,被广泛应用于并联机构的自由度求解、奇异性分析、构型综合等领域。

空间中的一条直线包含方向信息和位置信息,如图 3.1 所示,其方向信息可以由单位向量 $s=(l,m,n)$ 表示。若用 r_1 表示坐标系原点到直线上任意一点的向量,用 r_2 表示坐标系原点到直线上另一点的向量,则由 r_1-r_2 与直线共线可得该直线的矢量方程：

$$(r_1-r_2)\times s=0 \tag{3-1}$$

进一步可得

$$r_1 \times s = r_2 \times s = s_0 \qquad (3\text{-}2)$$

令 $s_0 = r_1 \times s$，可知 s_0 的大小与直线上的选取点无关，即对于在直线上移动的任意点，s_0 始终保持不变，因此，向量 $s_0 = (p^*, q^*, t^*)$ 提供了直线的位置信息。综合直线的方向信息和位置信息，定义

$$\boldsymbol{S}_{\mathrm{line}} = (s; s_0) \qquad (3\text{-}3)$$

实现该直线的 Plücker 坐标描述。s 称为原部，s_0 称为偶部，显然 s 和 s_0 是相互正交的，即 $s \cdot s_0 = 0$。直线 $\boldsymbol{S}_{\mathrm{line}} = (s; s_0)$ 也被称为线矢量，是旋量的一类特殊情况。

一般地，旋量的原部与偶部并不满足正交条件，通常单位旋量表示成

$$\boldsymbol{S} = (s; s^0) = (l, m, n; p, q, t) \qquad (3\text{-}4)$$

或者记为

$$\boldsymbol{S} = s + \in s^0 \qquad (3\text{-}5)$$

其中，$\in$ 是对偶标记。值得指出的是，旋量并不是两个向量的简单组合，而是一类具有丰富的几何与代数内涵的结构体。如图 3.2 所示，单位旋量可以用图中所示元素进一步表示成

$$\boldsymbol{S} = (s; s^0) = (s; r \times s + hs) \qquad (3\text{-}6)$$

式(3-6)中涉及的符号及所对应的意义见表 3.1。

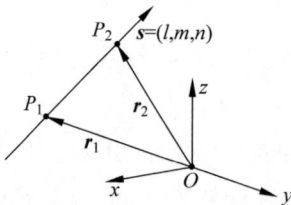

图 3.1　空间直线及其表征　　图 3.2　空间旋量及其表征

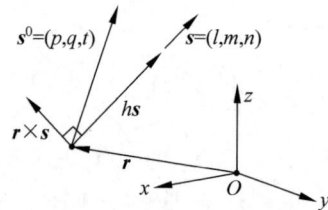

表 3.1　单位旋量的各元素物理意义

符号	意义及说明
s	旋量的原部(也称主部)，代表旋量轴线的单位向量
s^0	旋量的偶部(也称副部)，包含旋量位置和节距信息
r	旋量的位置向量，可以是旋量轴线上任意点的位置向量
h	旋量的节距，即偶部在原部上的投影，其数值大小等于 $s \cdot s^0 / s \cdot s$

与空间直线不同，旋量除方向信息和位置信息外还包含大小信息，旋量的大小用常数 ρ 来表征。空间旋量可以写为

$$\boldsymbol{S} = \rho \boldsymbol{S} = \rho(s\,;\,s^0) = \rho(l,m,n\,;\,p,q,t) = (L,M,N\,;\,P,Q,T) \quad (3\text{-}7)$$

其中，$\rho = \sqrt{L^2 + M^2 + N^2}$。

给定参考系下，空间刚体所受的广义外力可以表示成如下旋量形式，即力旋量：

$$\boldsymbol{S}_\text{W} = f(s\,;\,s^0) = f(s\,;\,r \times s + hs) \quad (3\text{-}8)$$

其中，f 是标量，表征该力旋量的大小；s 是单位向量，表征该力旋量的轴线方向。特殊地，当 $h = 0$ 时，力旋量退化成 $f(s\,;\,r \times s)$，表征纯力矢；当 $h \to \infty$ 时，力旋量则退化成 $\tau(\mathbf{0}\,;\,s^0)$，表征纯力偶，其中 τ 是标量，表征力偶的大小，s^0 是单位向量，表征力偶的方向。

类似地，刚体的瞬时运动可以表示成如下旋量形式，即运动旋量：

$$\boldsymbol{S}_\text{T} = \omega(s\,;\,s^0) = \omega(s\,;\,r \times s + hs) \quad (3\text{-}9)$$

其中，ω 是标量，表征该运动旋量的大小；s 是单位向量，表征该运动旋量的轴线方向。特殊地，当 $h = 0$ 时，运动旋量退化成 $\omega(s\,;\,r \times s)$，表征纯转动；当 $h \to \infty$ 时，运动旋量则退化成 $\nu(0\,;\,s^0)$，表征纯移动，其中 ν 是标量，表征移动速度的大小，s^0 是单位向量，表征移动的方向。

3.2.2　旋量运算及其性质

1. 旋量的代数和

旋量的代数和即旋量的加法，对于给定的两个旋量 $\boldsymbol{S}_1$ 和 $\boldsymbol{S}_2$，它们之间的代数和仍是一个旋量，定义为

$$\begin{aligned}\boldsymbol{S}_\text{sum} &= \boldsymbol{S}_1 + \boldsymbol{S}_2 = (s_1\,;\,s_1^0) + (s_2\,;\,s_2^0) \\ &= (s_1 + s_2\,;\,s_1^0 + s_2^0)\end{aligned} \quad (3\text{-}10)$$

其中，$\boldsymbol{S}_\text{sum}$ 的原部和偶部分别为加旋量 $\boldsymbol{S}_1$ 与被加旋量 $\boldsymbol{S}_2$ 的原部和偶部之和。

2. 旋量的互易积

旋量的互易积表示两旋量的原部矢量和对方的偶部矢量点积之和，对于给定的两个旋量 $\boldsymbol{S}_1$ 和 $\boldsymbol{S}_2$，它们之间的互易积是一个标量，定义为

$$\rho_\text{rec} = \boldsymbol{S}_1 \circ \boldsymbol{S}_2 = (s_1\,;\,s_1^0) \circ (s_2\,;\,s_2^0) = s_1 \cdot s_2^0 + s_2 \cdot s_1^0 \quad (3\text{-}11)$$

其中，ρ_rec 的大小仅与参与运算的两旋量本身有关，而与参考坐标系的选取无关。

赋予进行互易积运算的两个旋量力和速度信息后，由式(3-11)可获得

力旋量 $\boldsymbol{S}_{\mathrm{W}}$ 和运动旋量 $\boldsymbol{S}_{\mathrm{T}}$ 的互易积,表示为

$$
\begin{aligned}
\rho_{\mathrm{vir}} &= \boldsymbol{S}_{\mathrm{W}} \circ \boldsymbol{S}_{\mathrm{T}} = f(\boldsymbol{s}_{\mathrm{W}};\, \boldsymbol{r}_{\mathrm{W}} \times \boldsymbol{s}_{\mathrm{W}} + h_{\mathrm{W}} \boldsymbol{s}_{\mathrm{W}}) \circ \omega(\boldsymbol{s}_{\mathrm{T}};\, \boldsymbol{r}_{\mathrm{T}} \times \boldsymbol{s}_{\mathrm{T}} + h_{\mathrm{T}} \boldsymbol{s}_{\mathrm{T}}) \\
&= f\omega(h_{\mathrm{W}} + h_{\mathrm{T}})(\boldsymbol{s}_{\mathrm{W}} \cdot \boldsymbol{s}_{\mathrm{T}}) + f\omega(\boldsymbol{s}_{\mathrm{T}} - \boldsymbol{s}_{\mathrm{W}}) \cdot (\boldsymbol{s}_{\mathrm{T}} \times \boldsymbol{s}_{\mathrm{W}}) \\
&= f\omega[(h_{\mathrm{W}} + h_{\mathrm{T}})\cos\theta - d\sin\theta]
\end{aligned}
\tag{3-12}
$$

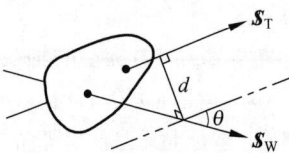

图 3.3   力旋量和运动旋量互易积求解模型

其中,d 和 θ 分别表示力旋量 $\boldsymbol{S}_{\mathrm{W}}$ 和运动旋量 $\boldsymbol{S}_{\mathrm{T}}$ 轴线间的距离和夹角,如图 3.3 所示。力旋量 $\boldsymbol{S}_{\mathrm{W}}$ 和运动旋量 $\boldsymbol{S}_{\mathrm{T}}$ 的互易积 ρ_{vir} 的物理意义可理解为力旋量 $\boldsymbol{S}_{\mathrm{W}}$ 和运动旋量 $\boldsymbol{S}_{\mathrm{T}}$ 做功的瞬时功率,该瞬时功率也被称为虚拟系数。虚拟系数越大表示力旋量 $\boldsymbol{S}_{\mathrm{W}}$ 和运动旋量 $\boldsymbol{S}_{\mathrm{T}}$ 做功的瞬时功率越大。

3.2.3   并联机构运动和力的耦合机理与作用机制

采用旋量互易性和对偶性来表征力旋量与运动旋量的贡献有效性,研究[229-230]揭示了并联机构的传递力、许让运动、约束力和受限运动之间的耦合机理。一般而言,n 自由度刚体在欧氏空间内存在自由度和约束度两个空间维度。机构在自由度方向上允许发生的运动称为许让运动,机构系统中许让运动旋量集合张成 $n(0 \leqslant n \leqslant 6)$ 维许让运动子空间。机构在约束度方向上限制发生的运动称为受限运动,受限运动旋量集合张成 $(6-n)$ 维受限运动子空间。由机构系统内约束单元产生的力旋量称为约束力旋量,所有约束力旋量集合构成 $(6-n)$ 维约束力子空间。由机构系统内所有运动单元所产生的力旋量称为驱动力旋量,所有驱动力旋量集合构成 n 维驱动力子空间基底。其中,驱动力子空间基底中力旋量和受限运动子空间基底的运动旋量互易,约束力子空间基底中力旋量和许让运动子空间基底的运动旋量互易;驱动力子空间和许让运动子空间存在对偶关系,约束力子空间和受限运动子空间存在对偶关系,另外所述的两个运动旋量子空间(或两个力旋量子空间)之间满足线性无关条件。上述耦合机理解决了并联机器人机构运动和力的辨识难题。

在上述耦合机理的基础上,研究[110]进一步提出传递力对许让运动做功、约束力对受限运动做虚功的概念,并用旋量的互易积建立如下范式:

$$
\begin{aligned}
P_{\mathrm{I}} &= |\boldsymbol{S}_{\mathrm{T}} \circ \boldsymbol{S}_{\mathrm{I}}|, \quad P_{\mathrm{O}} = |\boldsymbol{S}_{\mathrm{T}} \circ \boldsymbol{S}_{\mathrm{O}}|, \\
P_{\mathrm{R}} &= |\boldsymbol{S}_{\mathrm{C}} \circ \boldsymbol{S}_{\mathrm{R}}|, \quad \Delta P_{\mathrm{O}} = |\boldsymbol{S}_{\mathrm{C}} \circ \Delta \boldsymbol{S}_{\mathrm{O}}|
\end{aligned}
\tag{3-13}
$$

其中,P_I 和 P_O 分别表征传递力 $\boldsymbol{S}_T$ 对输入端许让运动 $\boldsymbol{S}_I$ 和对输出端许让运动 $\boldsymbol{S}_O$ 做功的瞬时功率,揭示了传递力对许让运动的传递机制;P_R 和 ΔP_O 分别表征约束力 $\boldsymbol{S}_C$ 对输入端受限运动 $\boldsymbol{S}_R$ 和对输出端受限运动 $\Delta\boldsymbol{S}_O$ 做虚功的瞬时功率,揭示了约束力和受限运动的约束机制。

3.2.4　并联机器人的运动和力传递与约束特性评价指标

式(3-12)中,ρ_{vir} 的值域范围为 $[-\infty,+\infty]$。为了获得一个有限参数来表征力旋量 $\boldsymbol{S}_W$ 和运动旋量 $\boldsymbol{S}_T$ 的做功效果,定义标准化虚拟系数

$$\lambda = \frac{|\boldsymbol{S}_W \circ \boldsymbol{S}_T|}{|\boldsymbol{S}_W \circ \boldsymbol{S}_T|_{max}} \tag{3-14}$$

其中,分母为最大虚拟系数,可写为

$$|\boldsymbol{S}_W \circ \boldsymbol{S}_T|_{max} = f\omega[(h_W + h_T)\cos\theta - d\sin\theta]_{max} \tag{3-15}$$

为求解最大虚拟系数,构造直角边为 $h_W + h_T$ 和 d 的直角三角形,如图 3.4(a) 所示,可得如下关系:

$$h_W + h_T = \sqrt{(h_W + h_T)^2 + d^2}\cos\beta \quad 和 \quad d - \sqrt{(h_W + h_T)^2 + d^2}\sin\beta \tag{3-16}$$

将式(3-16)代入式(3-15)可得

$$|\boldsymbol{S}_W \circ \boldsymbol{S}_T|_{max} = f\omega\left|\sqrt{(h_W + h_T)^2 + d^2}(\cos\beta\cos\theta - \sin\beta\sin\theta)\right|_{max}$$
$$= f\omega\left|\sqrt{(h_W + h_T)^2 + d^2}\cos(\beta + \theta)\right|_{max} \tag{3-17}$$

其中,h_W 和 h_T 为力旋量 $\boldsymbol{S}_W$ 和运动旋量 $\boldsymbol{S}_T$ 的节距,为旋量固有参数,视为不变量。因此可得

$$|\boldsymbol{S}_W \circ \boldsymbol{S}_T|_{max} = f\omega\sqrt{(h_W + h_T)^2 + d_{max}^2} \tag{3-18}$$

其中,d_{max} 代表力旋量 $\boldsymbol{S}_W$ 和运动旋量 $\boldsymbol{S}_T$ 轴线间的潜在最大距离。特殊地,当力旋量 $\boldsymbol{S}_W$ 的作用点位于刚体上的 C 点时,如图 3.4(b) 所示,d_{max} 等于 C 点到运动旋量 $\boldsymbol{S}_T$ 轴线的距离。

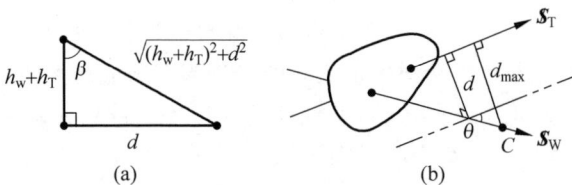

图 3.4　力旋量和运动旋量视在功率求解模型

(a) 三角函数求解准则;(b) 实际公垂线 d 和最大公垂线 d_{max}

在揭示并联机器人的传递力和许让运动之间的相互作用机理的基础上,研究[110]定义了旋量理论框架下的输入传递指标 γ_{I}(ITI),如式(3-19)所示,并将输入传递指标与输出传递指标 γ_{O}(OTI)的最小值 $\gamma = \min\{\gamma_{\mathrm{I}}, \gamma_{\mathrm{O}}\}$ 定义为局部传递指标(LTI),用以综合评价并联机构在给定位形下的运动和力传递特性。

$$\begin{cases} \gamma_{\mathrm{I}} = \min_i \{\lambda_i\} = \min_i \left\{ \dfrac{|\boldsymbol{S}_{\mathrm{T}i} \circ \boldsymbol{S}_{\mathrm{I}i}|}{|\boldsymbol{S}_{\mathrm{T}i} \circ \boldsymbol{S}_{\mathrm{I}i}|_{\max}} \right\} \\ \gamma_{\mathrm{O}} = \min_i \{\eta_i\} = \min_i \left\{ \dfrac{|\boldsymbol{S}_{\mathrm{T}i} \circ \boldsymbol{S}_{\mathrm{O}i}|}{|\boldsymbol{S}_{\mathrm{T}i} \circ \boldsymbol{S}_{\mathrm{O}i}|_{\max}} \right\} \end{cases} \tag{3-19}$$

在揭示并联机器人的约束力和受限运动之间的相互作用机理的基础上,研究[110]定义了旋量理论框架下的输入约束指标 κ_{I}(ICI)和输出约束指标 κ_{O}(OCI),如式(3-20)所示,并将输入约束指标与输出约束指标的最小值 $\kappa = \min\{\kappa_{\mathrm{I}}, \kappa_{\mathrm{O}}\}$ 定义为整体约束指标(TCI),用以综合评价并联机器人机构在给定位形下的运动和力的约束特性。

$$\begin{cases} \kappa_{\mathrm{I}} = \min_{i,j} \{\zeta_{ij}\} = \min_{i,j} \left\{ \dfrac{|\boldsymbol{S}_{\mathrm{C}ij} \circ \boldsymbol{S}_{\mathrm{R}ij}|}{|\boldsymbol{S}_{\mathrm{C}ij} \circ \boldsymbol{S}_{\mathrm{R}ij}|_{\max}} \right\} \\ \kappa_{\mathrm{O}} = \min_i \{\upsilon_i\} = \min_i \left\{ \dfrac{|\boldsymbol{S}_{\mathrm{C}i} \circ \Delta\boldsymbol{S}_{\mathrm{O}i}|}{|\boldsymbol{S}_{\mathrm{C}i} \circ \Delta\boldsymbol{S}_{\mathrm{O}i}|_{\max}} \right\} \end{cases} \tag{3-20}$$

综合并联机器人机构的运动和力传递与约束特性研究,建立了并联机器人机构的运动和力传递与约束特性评价指标体系。该方法体系具有严格的数学内涵和明确的物理意义,在统一的理论框架下,解决了并联机器人机构的性能评价难题。

3.3　双动平台型高速并联机器人的运动和力传递特性评价方法

相对于单平台型并联机器人而言,双动平台型并联机器人是一个更加复杂的机械系统。一般地,双动平台型并联机器人机构由定平台、广义动平台及连接于定平台和广义动平台之间的多条支链组成。不同于传统单动平台型并联机器人的动平台,双动平台型并联机器人的广义动平台不再是单一的刚体,其通常是由至少两个刚体和一个或多个连接于刚体间的运动副所组成的多体机构。广义动平台中的一个刚体被视为主平台(或称作末端执行器)用于输出机器人所需的运动和力,其余刚体均被视为副平台。

3.3.1　双动平台型并联机器人的运动发生机理

图 3.5 为具有 3T1R 自由度特性的双动平台型并联机器人机构的示意图。动平台的结构特性决定了双动平台型并联机器人的运动发生机理与单动平台型并联机器人有着显著差异：当机器人的主动臂驱动时，机器人各支链直接驱动或约束副平台的运动，副平台间的相对运动耦合生成末端执行器的输出运动。换言之，末端执行器的最终运动效果是由机器人各支链间接作用所产生的，而这一间接作用的关键在于副平台及连接于副平台上的运动副。

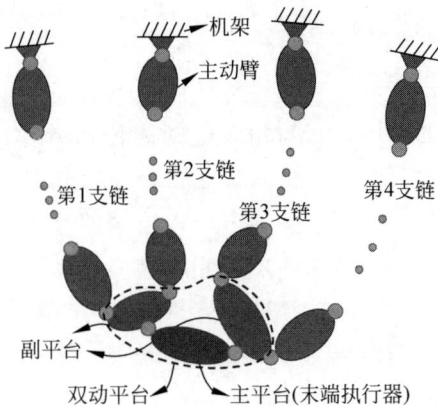

图 3.5　具有 3T1R 自由度特性的双动平台型并联机器人机构示意

以图 3.5 所示的机器人机构为例，不妨设 $\boldsymbol{S}_{j,i}$ 为第 i 支链中第 j 个运动副的运动旋量。末端执行器的瞬时运动旋量可以表示成

$$\boldsymbol{S}_{\mathrm{p}} = \sum \dot{\theta}_{j,i}\, \boldsymbol{S}_{j,i} + \dot{\theta}_{D_k} \boldsymbol{S}_{D_k} \tag{3-21}$$

其中，$D_k(k=1,2)$ 代表副平台与主平台之间的连接点；$\boldsymbol{S}_{D_k}(k=1,2)$ 表示连接点处运动副的运动旋量。在如图 3.5 所示的机器人机构中，当 $i=1,2$ 时，$k=1$；当 $i=3,4$ 时，$k=2$。$\sum \dot{\theta}_{j,i}\, \boldsymbol{S}_{j,i}$ 表示各支链末端运动，即副平台的瞬时运动旋量；$\dot{\theta}_{D_k}\boldsymbol{S}_{D_k}$ 为连接于副平台上的运动副所生成的瞬时运动旋量。$\boldsymbol{S}_{\mathrm{p}} = \sum \dot{\theta}_{j,i}\, \boldsymbol{S}_{j,i} + \dot{\theta}_{D_k}\boldsymbol{S}_{D_k}$ 即为支链和副平台共同作用下的末端执行器的瞬时运动旋量，揭示了双动平台型并联机器人的运动发生机理。

3.3.2　输入传递特性和指标定义

双动平台型并联机器人的特殊性在于动平台不再是单一刚体,但这种特殊性并不影响机器人支链内输入运动与传递力的作用关系。如图 3.6 所示,当双动平台型并联机器人的第 i 支链的主动臂驱动时,机器人在该支链的驱动单元处产生一个输入运动旋量(input twist screw, ITS)$^i\boldsymbol{S}_{\text{ITS}}$,与此同时,该支链内部会伴生出一个传递力旋量(transmission wrench screw, TWS)$^i\boldsymbol{S}_{\text{TWS}}$。定义传递力旋量 $^i\boldsymbol{S}_{\text{TWS}}$ 和输入运动旋量 $^i\boldsymbol{S}_{\text{ITS}}$ 间的能效系数为

$$\lambda_i = \frac{|^i\boldsymbol{S}_{\text{TWS}} \circ {}^i\boldsymbol{S}_{\text{ITS}}|}{|^i\boldsymbol{S}_{\text{TWS}} \circ {}^i\boldsymbol{S}_{\text{ITS}}|_{\max}} \qquad (3\text{-}22)$$

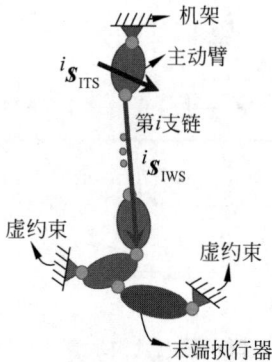

图 3.6　双动平台型并联机器人输入传递特性评价

来表征并联机器人第 i 支链内部的传递力与输入运动的传递效率,λ_i 也被称为支链输入传递指标。λ_i 值越大说明该支链的运动和力输入传递效率越高,或者说,该支链的运动和力输入传递特性越好。由旋量互异性原理可知,λ_i 的取值与坐标系的选取无关;由能效系数的定义可知,λ_i 的值域为 $[0,1]$。

为评价双动平台型并联机器人的整机性能,本节基于最差工况准则定义机器人各支链输入传递指标的最小值为机器人输入传递指标(input transmission index,ITI):

$$\gamma_{\text{I}} = \min_i \{\lambda_i\} = \min_i \left\{ \frac{|^i\boldsymbol{S}_{\text{TWS}} \circ {}^i\boldsymbol{S}_{\text{ITS}}|}{|^i\boldsymbol{S}_{\text{TWS}} \circ {}^i\boldsymbol{S}_{\text{ITS}}|_{\max}} \right\}, \quad i = 1,2,3,4 \quad (3\text{-}23)$$

来表征并联机器人的整体输入传递特性优劣。γ_{I} 值越大说明该机器人的运动和力的输入传递效率越高,或者说,该机器人的运动和力输入传递特性越好。同样,γ_{I} 的取值与坐标系的选取无关,其值域为 $[0,1]$。

3.3.3　输出传递特性和指标定义

为评价并联机器人的运动和力输出传递特性,本节需首先介绍其评价策略。为消除多自由度和复杂支链的影响,一般锁定并联机器人的 $(n-1)$ 条支链驱动单元,仅释放第 i 支链驱动单元。该策略将 n 自由度复杂并联

机器人转变成 n 个单自由度的简单机构。对第 i 个单自由度的简单机构而言,释放驱动单元后,支链内部产生一个传递力旋量 ${}^{i}\boldsymbol{S}_{\text{TWS}}$,动平台也将产生一个输出运动旋量(output twist screw,OTS) ${}^{i}\boldsymbol{S}_{\text{OTS}}$。单动平台并联机器人的支链与动平台直接相连,支链的传递力 ${}^{i}\boldsymbol{S}_{\text{TWS}}(i=1,2,\cdots,n)$ 和约束力 ${}^{m}\boldsymbol{S}_{\text{CWS}}(m=1,2,\cdots,6-n)$ 直接施加在动平台。输出运动旋量 ${}^{i}\boldsymbol{S}_{\text{OTS}}$ 可以通过与 ${}^{j}\boldsymbol{S}_{\text{TWS}}(j=1,2,\cdots,n;\ j\neq i)$ 和 ${}^{m}\boldsymbol{S}_{\text{CWS}}(m=1,2,\cdots,6-n)$ 互易求得。在此基础上,定义传递力旋量 ${}^{i}\boldsymbol{S}_{\text{TWS}}$ 和输出运动旋量 ${}^{i}\boldsymbol{S}_{\text{OTS}}$ 间的能效系数

$$\eta_i = \frac{|{}^{i}\boldsymbol{S}_{\text{TWS}} \circ {}^{i}\boldsymbol{S}_{\text{OTS}}|}{|{}^{i}\boldsymbol{S}_{\text{TWS}} \circ {}^{i}\boldsymbol{S}_{\text{OTS}}|_{\max}} \tag{3-24}$$

来表征并联机器人第 i 支链内部的传递力与输出运动的传递效率,η_i 也被称为支链输出传递指标。

　　双动平台型并联机器人的支链与动平台并非直连,如图 3.7 所示,支链直接作用于副平台,副平台进而作用于末端执行器。该结构特性使得双动平台型并联机器人的支链传递力 ${}^{i}\boldsymbol{S}_{\text{TWS}}$ 与末端执行器的输出运动旋量 ${}^{i}\boldsymbol{S}_{\text{OTS}}$ 间的关系更加复杂。因为副平台的存在,被驱动的支链对末端执行器输出运动的影响并不能直接通过传递力旋量 ${}^{i}\boldsymbol{S}_{\text{TWS}}$ 和输出运动旋量 ${}^{i}\boldsymbol{S}_{\text{OTS}}$ 间的能效系数来评估。

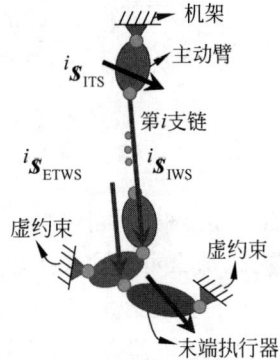

图 3.7　双动平台型并联机器人
输出传递特性评价

　　本节将提出的等效传递力旋量(equivalent transmission wrench screw,ETWS)的概念记为 ${}^{i}\boldsymbol{S}_{\text{ETWS}}$,并借助 $\boldsymbol{S}_{\text{ETWS}}$ 来实现双动平台型高速并联机器人输出传递特性的评价。根据双动平台型并联机器人的运动发生机理,具有 4 条五自由度支链的双动平台型并联机器人末端执行器的瞬时旋量运动可以表示成

$$\boldsymbol{S}_{\text{p}} = \sum_{j=1}^{5} \dot{\theta}_{j,i} \boldsymbol{S}_{j,i} + \dot{\theta}_{D_k} \boldsymbol{S}_{D_k}, \quad i=1,2,3,4;\ k=1,2 \tag{3-25}$$

其中,$D_k(k=1,2)$ 代表副平台与主平台之间的连接点;$\boldsymbol{S}_{D_k}(k=1,2)$ 表示连接点处运动副的运动旋量。对于具有 3T1R 自由度特性的双动平台型高速并联机器人而言,其副平台仅具有三维移动自由度。由该运动学特性可以建立如下约束方程:

$$\boldsymbol{S}_{\mathrm{L}} = \sum_{j=1}^{5} \dot{\theta}_{j,i} \boldsymbol{S}_{j,i} = \begin{pmatrix} \mathbf{0} \\ \boldsymbol{v}_{D_k} \end{pmatrix}, \quad i = 1,2,3,4 \tag{3-26}$$

其中，$\boldsymbol{v}_{D_k}$ 是第 k 个副平台的速度。令 $\boldsymbol{s}_{j,i}$ 和 $\boldsymbol{s}_{j,i}^{0}$ 分别为 $\boldsymbol{S}_{j,i}$ 的原部和偶部，将 $\boldsymbol{S}_{j,i}$ 代入式(3-25)可得

$$\sum_{j=1}^{5} \dot{\theta}_{j,i} \boldsymbol{s}_{j,i} = \mathbf{0} \tag{3-27}$$

此时将 $D_k(k=1,2)$ 作为等效点，式(3-27)中的 $\dot{\theta}_{j,i}$ 和 $\boldsymbol{s}_{j,i}$ 满足：

$$\sum_{j=1}^{5} \dot{\theta}_{j,i} \left[(\boldsymbol{d}_k - \boldsymbol{c}_i) \times \boldsymbol{s}_{j,i} \right] = \mathbf{0} \tag{3-28}$$

根据式(3-28)重写式(3-25)可得末端执行器的等效瞬时运动旋量：

$$\boldsymbol{S}_{\mathrm{p}} = \sum_{j=1}^{5} \dot{\theta}_{j,i} \boldsymbol{S}_{j,i}^{*} + \dot{\theta}_{D_k} \boldsymbol{S}_{D_k}, \quad i = 1,2,3,4 \tag{3-29}$$

其中，

$$\boldsymbol{S}_{j,i}^{*} = \begin{pmatrix} \boldsymbol{s}_{j,i} \\ \left[\boldsymbol{r}_{j,i} + (\boldsymbol{d}_k - \boldsymbol{c}_i) \right] \times \boldsymbol{s}_{j,i} + h\boldsymbol{s}_{j,i} \end{pmatrix} \tag{3-30}$$

既然机器人末端执行器的运动可以表示成如式(3-29)所示的瞬时运动旋量的形式，那么可将该式按照物理意义还原成由 $\boldsymbol{S}_{j,i}^{*}$ 和 $\boldsymbol{S}_{D_k}$ 表示的运动副组成的 4 条虚拟支链，进而获得由虚拟支链、动平台和定平台组成的等效单动平台型并联机器人。锁定输入运动旋量 $^{i}\boldsymbol{S}_{\mathrm{ITS}}^{*} = \boldsymbol{S}_{\xi,i}^{*}$ 后，虚拟支链内将多出一个与除 $^{i}\boldsymbol{S}_{\mathrm{ITS}}^{*}$ 外的所有运动副的运动旋量都互易的力旋量。该力旋量被定义为等效传递力旋量 $^{i}\boldsymbol{S}_{\mathrm{ETWS}}$，其辨识方程为

$$^{i}\boldsymbol{S}_{\mathrm{ETWS}} = \left\{ \boldsymbol{S} \mid \begin{array}{l} \boldsymbol{S} \in {}^{r}[\boldsymbol{S}_{t,i}^{*} \cup \boldsymbol{S}_{D_k}], \quad \boldsymbol{S} \notin {}^{r}[\boldsymbol{S}_{j,i}^{*} \cup \boldsymbol{S}_{D_k}] \\ t = 1,2,3,4,5, \quad t \neq \xi, \quad j = 1,2,3,4,5 \end{array} \right\} \tag{3-31}$$

定义等效传递力旋量 $\boldsymbol{S}_{\mathrm{ETWS}}$ 和输出运动旋量 $^{i}\boldsymbol{S}_{\mathrm{OTS}}$ 间的能效系数

$$\eta_i = \frac{\left| {}^{i}\boldsymbol{S}_{\mathrm{ETWS}} \circ {}^{i}\boldsymbol{S}_{\mathrm{OTS}} \right|}{\left| {}^{i}\boldsymbol{S}_{\mathrm{ETWS}} \circ {}^{i}\boldsymbol{S}_{\mathrm{OTS}} \right|_{\max}} \tag{3-32}$$

来表征并联机器人第 i 虚拟支链内部的传递力与输出运动的传递效率，η_i 也被称为支链输出传递指标。η_i 的值越大，说明该支链的运动和力输出传递效率越高，或者说，该支链的运动和力输出传递特性越好。由旋量互异性原理可知，η_i 的取值与坐标系的选取无关；由能效系数的定义可知，η_i 的值域为 $[0,1]$。

　　为评价双动平台型并联机器人的整机性能,基于最差工况准则定义机器人各支链输出传递指标的最小值为机器人输出传递指标(modified output transmission index,MOTI):

$$\gamma_O = \min_i \{\eta_i\} = \min_i \left\{ \frac{|^i\boldsymbol{S}_{\text{ETWS}} \circ {}^i\boldsymbol{S}_{\text{OTS}}|}{|^i\boldsymbol{S}_{\text{ETWS}} \circ {}^i\boldsymbol{S}_{\text{OTS}}|_{\max}} \right\}, \quad i = 1,2,3,4 \quad (3\text{-}33)$$

来表征并联机器人整体输出传递特性的优劣。γ_O 的值越大,说明该机器人的运动和力的输出传递效率越高,或者说,该机器人的运动和力输出传递特性越好。同样,γ_O 的取值与坐标系的选取无关,其值域为[0,1]。

3.3.4　中间传递特性和指标定义

　　假设双动平台型高速并联机器人各约束力旋量和各传递力旋量间均线性无关,末端执行器、第 1 副平台和第 2 副平台的约束力旋量系分别为

$$^C\boldsymbol{W}^e \in \boldsymbol{R}^{6\times(6-n)} \tag{3-34}$$

$$^C\boldsymbol{W}^1 \in \boldsymbol{R}^{6p} \tag{3-35}$$

$$^C\boldsymbol{W}^2 \subset \boldsymbol{R}^{6q} \tag{3-36}$$

其中,p 和 q 分别表示第 1 副平台旋量系和第 2 副平台旋量系中的旋量数量。

　　本节采用 3.3.2 节提到的输出传递指标评价策略,锁定双动平台型高速并联机器人除第 i 支链外的全部支链,如图 3.8 所示,i 取 2,此时机器人转变为单自由度机构。当释放第 i 支链的驱动单元时,如图 3.8 中的过程(1)所示,连接于该支链的第 1 副平台的力旋量系可表示成

$$^i\boldsymbol{W}^1_{\text{released}} = [^C\boldsymbol{W}^1, {}^1\boldsymbol{S}_{\text{TWS}}] \in \boldsymbol{R}^{6\times(p+1)} \tag{3-37}$$

其中,$^1\boldsymbol{S}_{\text{TWS}}$ 是支链 1 的传递力旋量。连接于其他两条锁定支链的第 2 副平台的力旋量系可表示成

$$^i\boldsymbol{W}^2 = [^C\boldsymbol{W}^2, {}^3\boldsymbol{S}_{\text{TWS}}, {}^4\boldsymbol{S}_{\text{TWS}}] \in \boldsymbol{R}^{6\times(q+2)} \tag{3-38}$$

采用旋量互易理论,第 1 副平台的运动旋量系可表示为

$$^i\boldsymbol{T}^1_{\text{released}} = {}^r[^i\boldsymbol{W}^1_{\text{released}}] \in \boldsymbol{R}^{6\times[6-(p+1)]} \tag{3-39}$$

第 2 副平台的运动旋量系可表示为

$$^i\boldsymbol{T}^2 = {}^r[^i\boldsymbol{W}^2] \in \boldsymbol{R}^{6\times[6-(q+2)]} \tag{3-40}$$

将末端执行器视作虚拟约束,则第 1 副平台和第 2 副平台可被视为虚拟约束下的副平台系统。采用旋量互易理论,第 i 支链驱动单元释放状态下副平台系统的力旋量系可以表示为

$$^{i}\boldsymbol{W}_{\text{released}} = {}^{r}\big[{}^{i}T^{1}_{\text{released}} \cup {}^{i}T^{2}\big] \in \boldsymbol{R}^{6\times\{6-[12-(p+q+3)]\}} \tag{3-41}$$

当锁定第 i 支链的驱动单元时,如图 3.8 中的过程(2)所示,连接于该支链的第 1 副平台的力旋量系可表示成

$$^{i}\boldsymbol{W}^{1}_{\text{blocked}} = \big[{}^{C}\boldsymbol{W}^{1}, {}^{1}\boldsymbol{s}_{\text{TWS}}, {}^{i}\boldsymbol{s}_{\text{TWS}}\big] \in \boldsymbol{R}^{6\times(p+2)} \tag{3-42}$$

其中, $^{i}\boldsymbol{s}_{\text{TWS}}$ 是第 i 支链的传递力旋量。采用旋量互易理论,第 1 副平台的运动旋量系可表示为

$$^{i}T^{1}_{\text{blocked}} = {}^{r}\big[{}^{i}\boldsymbol{W}^{1}_{\text{blocked}}\big] \in \boldsymbol{R}^{6\times[6-(p+2)]} \tag{3-43}$$

第 2 副平台的运动旋量系如式(3-40)所示保持不变。采用旋量互易理论,第 i 支链驱动单元锁定状态下副平台系统的力旋量系可以表示为

$$^{i}\boldsymbol{W}_{\text{blocked}} = {}^{r}\big[{}^{i}T^{1}_{\text{blocked}} \cup {}^{i}T^{2}\big] \in \boldsymbol{R}^{6\times\{6-[12-(p+q+4)]\}} \tag{3-44}$$

比较式(3-41)和式(3-44)所示的副平台系统的两个力旋量系可知,第 i 支链驱动单元锁定状态下,副平台系统将比第 i 支链驱动单元释放状态下多出一个力旋量,则定义该力旋量为中间传递力旋量(medial transmission wrench screw,MTWS) $^{i}\boldsymbol{s}_{\text{MTWS}}$,有

$$^{i}\boldsymbol{s}_{\text{MTWS}} = \{\boldsymbol{s} \mid \boldsymbol{s} \in {}^{i}\boldsymbol{W}_{\text{blocked}}, \boldsymbol{s} \notin {}^{i}\boldsymbol{W}_{\text{released}}\} \tag{3-45}$$

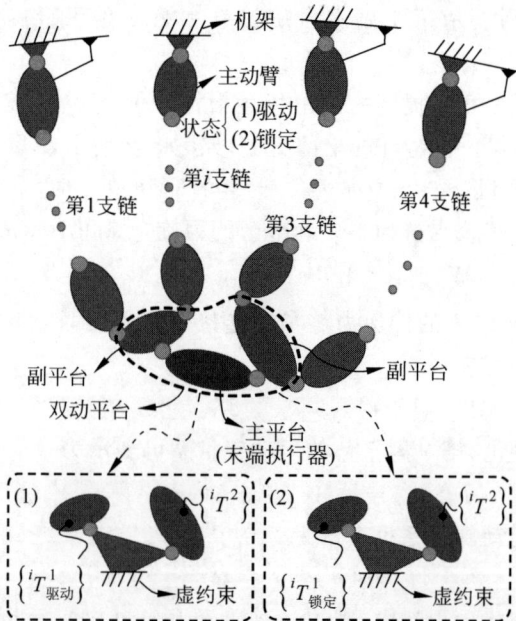

图 3.8 双动平台型并联机器人的中间传递力旋量辨识

需要指出的是,该中间传递力旋量仅与机器人当前位姿有关,而与锁定和释放状态下的支链选取无关。也就是说,在机器人同一位姿下,无论选取哪条支链进行求解,中间传递力旋量均保持不变。

双动平台型高速并联机器人的中间运动旋量辨识如图 3.9 所示,锁定机器人除第 i 支链外的全部支链,此时机器人转变为单自由度机构,副平台生成相应的运动。将第 1 副平台产生的运动旋量记为 ${}^i\boldsymbol{S}_{\mathrm{OTS}}^1$,第 2 副平台产生的运动旋量记为 ${}^i\boldsymbol{S}_{\mathrm{OTS}}^2$,则定义中间运动旋量(medial twist screw,MTS) ${}^i\boldsymbol{S}_{\mathrm{MTS}}$,有

$$ {}^i\boldsymbol{S}_{\mathrm{MTS}} = {}^i\boldsymbol{S}_{\mathrm{OTS}}^1 - {}^i\boldsymbol{S}_{\mathrm{OTS}}^2 = {}^i\alpha\boldsymbol{S}_{D_1} + {}^i\beta\boldsymbol{S}_{D_2} \tag{3-46} $$

其中,$\boldsymbol{S}_{D_k} (k=1,2)$ 表示连接于副平台和末端执行器间的运动副所产生的运动旋量。需要指出的是,式(3-46)所示的中间运动旋量仅取决于机器人的构型和当前位姿。

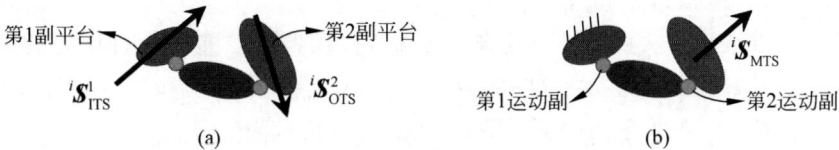

第1副平台　第2副平台　${}^i\boldsymbol{S}_{\mathrm{ITS}}^1$　${}^i\boldsymbol{S}_{\mathrm{OTS}}^2$　${}^i\boldsymbol{S}_{\mathrm{MTS}}$　第1运动副　第2运动副

(a)　(b)

图 3.9　双动平台型并联机器人的中间运动旋量辨识

(a) 副平台独立运动；(b) 副平台间相对运动

类似于输入传递特性和输出传递特性评价,定义中间传递力旋量 ${}^i\boldsymbol{S}_{\mathrm{MTWS}}$ 和中间运动旋量 ${}^i\boldsymbol{S}_{\mathrm{MTS}}$ 间的能效系数

$$ \varphi_i = \frac{|{}^i\boldsymbol{S}_{\mathrm{MTWS}} \circ {}^i\boldsymbol{S}_{\mathrm{MTS}}|}{|{}^i\boldsymbol{S}_{\mathrm{MTWS}} \circ {}^i\boldsymbol{S}_{\mathrm{MTS}}|_{\max}} \tag{3-47} $$

来表征并联机器人广义动平台内部的传递力与相对运动的传递效率,φ_i 也被称为动平台中间传递指标。φ_i 值越大,说明广义动平台的运动和力传递效率越高,或者说,广义动平台的运动和力的传递特性越好。由旋量互异性原理可知,φ_i 的取值与坐标系的选取无关；由能效系数的定义可知,φ_i 的值域为 $[0,1]$。

为评价双动平台型并联机器人的整机中间传递性能,本节基于最差工况准则定义机器人动平台中间传递指标的最小值为机器人中间传递指标(medial transmission index,MTI),即

$$ \gamma_{\mathrm{M}} = \min_i\{\varphi_i\} = \min_i\left\{\frac{|{}^i\boldsymbol{S}_{\mathrm{MTWS}} \circ {}^i\boldsymbol{S}_{\mathrm{MTS}}|}{|{}^i\boldsymbol{S}_{\mathrm{MTWS}} \circ {}^i\boldsymbol{S}_{\mathrm{MTS}}|_{\max}}\right\}, \quad i=1,2,3,4 \tag{3-48} $$

用该指标来表征并联机器人的整体中间传递特性优劣。γ_{M} 值越大,说明

该机器人的运动和力的中间传递效率越高,或者说,该机器人的运动和力的中间传递特性越好。同样,γ_M 的取值与坐标系的选取无关,其值域为[0,1]。需要强调的是,机器人的中间传递指标 γ_M 与支链的选取无关,仅与机器人的机构和当前位姿有关。

3.3.5　局域传递特性和指标定义

为评价双动平台型并联机器人的整机运动和力传递特性,本节基于最差工况准则定义机器人各运动和力传递指标的最小值为机器人局域传递指标(local transmission index,LTI):

$$\gamma_L = \min_i \left\{ \frac{|{}^i\boldsymbol{S}_{TWS} \circ {}^i\boldsymbol{S}_{ITS}|}{|{}^i\boldsymbol{S}_{TWS} \circ {}^i\boldsymbol{S}_{ITS}|_{\max}}, \frac{|{}^i\boldsymbol{S}_{ETWS} \circ {}^i\boldsymbol{S}_{OTS}|}{|{}^i\boldsymbol{S}_{ETWS} \circ {}^i\boldsymbol{S}_{OTS}|_{\max}}, \frac{|{}^i\boldsymbol{S}_{MTWS} \circ {}^i\boldsymbol{S}_{MTS}|}{|{}^i\boldsymbol{S}_{MTWS} \circ {}^i\boldsymbol{S}_{MTS}|_{\max}} \right\},$$

$$i = 1,2,3,4 \tag{3-49}$$

来表征并联机器人的整体运动和力传递特性优劣。γ_L 值越大,说明该机器人的运动和力的传递效率越高,或者说,该机器人的运动和力传递特性越好。同样,γ_L 的取值与坐标系的选取无关,其值域为[0,1]。

式(3 23)、式(3 33)、式(3-48)和式(3-49)所示的传递指标在本质上反映了运动和力的传递作用,因此指标值的优选范围应与传动角的正弦值优选范围一致。考虑到传动角的优选范围一般取为[45°,135°],则传动角的正弦值优选范围对应约为[0.7,1]。由此可知,当机器人的传递指标大于0.7时,一般认为机器人具有优质的运动和力传递特性。具体方案中的机器人指标值的优选范围可根据设计需求制定。

3.4　双动平台型高速并联机器人的运动和力传递特性分析与评价

3.4.1　Heli4 高速并联机器人

Heli4 高速并联机器人是典型的双动平台型高速并联机器人之一,其基本结构可以通过如图 3.10 所示的概念模型来描述。Heli4 双动平台型高速并联机器人由一个双动平台、一个定平台及连接于双动平台和定平台间的 4 条相同的 RPa* 支链组成。双动平台由两个副平台和一个末端执行器组成,末端执行器与第 1 副平台通过转动副连接,与第 2 副平台通过螺旋副连接。为了直观理解 Heli4 双动平台型高速并联机器人的机构原理,

图 3.10 给出了 Heli4 高速并联机器人的运动学简图。该机器人的第 1 副平台和第 2 副平台可同步实现末端执行器的三维移动运动,两个副平台沿竖直方向的相对运动可产生末端执行器的一维转动运动。

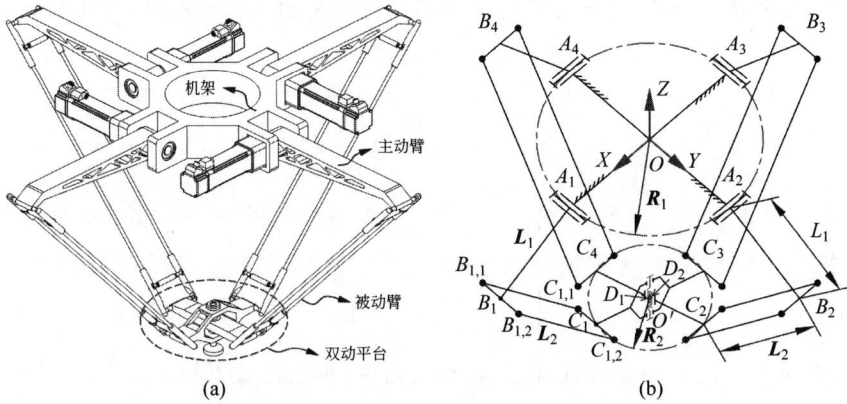

图 3.10　Heli4 双动平台型高速并联机器人

(a) CAD 模型;(b) 运动学简图

1. 等效传递力旋量辨识

为表达方便,令 $f_i = B_iC_i$,$a_i = OA_i$,$c_i = OC_i$,$d_k = OD_k$,$n_i = B_{i,1}B_{i,2}$。Heli4 双动平台型高速并联机器人末端执行器的瞬时运动旋量可以表示为

$$\boldsymbol{S}_\mathrm{p} = \sum_{j=1}^{5} \dot{\theta}_{j,i}\boldsymbol{S}_{j,i} + \dot{\theta}_{D_k}\boldsymbol{S}_{D_k}, \quad i=1,3;\ k=1 \text{ 或 } i=2,4;\ k=2$$

(3-50)

其中,$\boldsymbol{S}_{j,i}$ 表示第 i 支链中第 j 个运动副的运动旋量。

$$^i\boldsymbol{S}_\mathrm{ITS} = \boldsymbol{S}_{1,i} = \begin{pmatrix} \boldsymbol{n}_i \\ \boldsymbol{a}_i \times \boldsymbol{n}_i \end{pmatrix}$$

(3-51)

$$\boldsymbol{S}_{2,i} = \begin{pmatrix} \boldsymbol{n}_i \\ \boldsymbol{c}_i \times \boldsymbol{n}_i \end{pmatrix}$$

(3-52)

$$\boldsymbol{S}_{3,i} = \begin{pmatrix} \boldsymbol{f}_i \\ \boldsymbol{c}_i \times \boldsymbol{f}_i \end{pmatrix}$$

(3-53)

$$\boldsymbol{S}_{4,i} = \begin{pmatrix} \boldsymbol{0} \\ \boldsymbol{n}_i \times \boldsymbol{f}_i \end{pmatrix}$$

(3-54)

$$\boldsymbol{S}_{5,i} = \begin{pmatrix} \boldsymbol{0} \\ \boldsymbol{f}_i \times \boldsymbol{n}_i \times \boldsymbol{f}_i \end{pmatrix} \tag{3-55}$$

其中，$\boldsymbol{S}_{1,i}$、$\boldsymbol{S}_{2,i}$、和 $\boldsymbol{S}_{3,i}$ 表示 3 个转动运动旋量；$\boldsymbol{S}_{4,i}$ 和 $\boldsymbol{S}_{5,i}$ 表示两个移动运动旋量。点 $D_k(k=1,2)$ 表示末端执行器与副平台的连接点，如图 3.10 所示，在 Heli4 双动平台型高速并联机器人中，D_1 表示 C_1C_3 的中心点，D_2 代表 C_1C_3 的中心点。$\boldsymbol{S}_{D_k}(k=1,2)$ 表示连接于副平台和末端执行器的运动副所对应的运动旋量，在 Heli4 双动平台型高速并联机器人中有

$$\boldsymbol{S}_{D_1} = \begin{pmatrix} \boldsymbol{z} \\ \boldsymbol{d}_1 \times \boldsymbol{z} \end{pmatrix}, \quad i=1,3 \tag{3-56}$$

$$\boldsymbol{S}_{D_2} = \begin{pmatrix} \boldsymbol{z} \\ \boldsymbol{d}_2 \times \boldsymbol{z} + h \cdot \boldsymbol{z} \end{pmatrix}, \quad i=2,4 \tag{3-57}$$

考虑副平台的运动学特性，即无转动自由度，可获得如下约束方程：

$$\boldsymbol{S}_L = \sum_{j=1}^{5} \dot{\theta}_{j,1} \boldsymbol{S}_{j,1} = \sum_{j=1}^{5} \dot{\theta}_{j,3} \boldsymbol{S}_{j,3} = \begin{pmatrix} \boldsymbol{0} \\ \boldsymbol{v}_{D_1} \end{pmatrix} \tag{3-58}$$

$$\boldsymbol{S}_U = \sum_{j=1}^{5} \dot{\theta}_{j,2} \boldsymbol{S}_{j,2} = \sum_{j=1}^{5} \dot{\theta}_{j,4} \boldsymbol{S}_{j,4} = \begin{pmatrix} \boldsymbol{0} \\ \boldsymbol{v}_{D_2} \end{pmatrix} \tag{3-59}$$

令矢量 $\boldsymbol{s}_{j,i}$ 表示旋量 $\boldsymbol{S}_{j,i}$ 的原部，可得

$$\sum_{j=1}^{5} \dot{\theta}_{j,i} \boldsymbol{s}_{j,i} = \boldsymbol{0}, \quad i=1,2,3,4 \tag{3-60}$$

将 $D_k(k=1,2)$ 作为等效点，式 (3-60) 中的 $\dot{\theta}_{j,i}$ 和 $\boldsymbol{s}_{j,i}$ 满足：

$$\sum_{j=1}^{5} \dot{\theta}_{j,i} \cdot [(\boldsymbol{d}_k - \boldsymbol{c}_i) \times \boldsymbol{s}_{j,i}] = \boldsymbol{0}, \quad i=1,3; k=1 \text{ 或 } i=2,4; k=2 \tag{3-61}$$

根据式 (3-61) 重写式 (3-50) 可得末端执行器的等效瞬时运动旋量：

$$\boldsymbol{S}_p = \sum_{j=1}^{5} \dot{\theta}_{j,i} \boldsymbol{S}_{j,i}^* + \dot{\theta}_{D_k} \boldsymbol{S}_{D_k}, \quad i=1,3; k=1 \text{ 或 } i=2,4; k=2 \tag{3-62}$$

其中，

$$\boldsymbol{s}_{1,i}^* = \begin{pmatrix} \boldsymbol{n}_i \\ \boldsymbol{a}_i + (\boldsymbol{d}_k - \boldsymbol{c}_i) \times \boldsymbol{n}_i \end{pmatrix} \tag{3-63}$$

$$\boldsymbol{S}_{2,i}^{*} = \begin{pmatrix} \boldsymbol{n}_i \\ \boldsymbol{d}_k \times \boldsymbol{n}_i \end{pmatrix} \tag{3-64}$$

$$\boldsymbol{S}_{3,i}^{*} = \begin{pmatrix} \boldsymbol{f}_i \\ \boldsymbol{d}_k \times \boldsymbol{f}_i \end{pmatrix} \tag{3-65}$$

$$\boldsymbol{S}_{4,i}^{*} = \begin{pmatrix} \boldsymbol{0} \\ \boldsymbol{n}_i \times \boldsymbol{f}_i \end{pmatrix} \tag{3-66}$$

$$\boldsymbol{S}_{5,i}^{*} = \begin{pmatrix} \boldsymbol{0} \\ \boldsymbol{f}_i \times \boldsymbol{n}_i \times \boldsymbol{f}_i \end{pmatrix} \tag{3-67}$$

Heli4 双动平台型高速并联机器人末端执行器的瞬时运动旋量可以表示成式(3-62),于是可将该式根据物理意义等效成由 $\boldsymbol{S}_{j,i}^{*}(j=1,2,3,4,5)$ 和 $\boldsymbol{S}_{D_k}(k=1,2)$ 表示的运动副构成的 4 条虚拟支链,进而获得等效的单动平台型并联机器人。锁定该等效单动平台型并联机器人的输入运动旋量 $^{i}\boldsymbol{S}_{\mathrm{ITS}}^{*}=\boldsymbol{S}_{1,i}^{*}$,虚拟支链内将多出一个与除 $^{i}\boldsymbol{S}_{\mathrm{ITS}}^{*}$ 外的所有运动副的运动旋量都互易的力旋量即为 $^{i}\boldsymbol{S}_{\mathrm{ETWS}}$,表示为

$$^{i}\boldsymbol{S}_{\mathrm{ETWS}} = \boldsymbol{S}_{r,2,i}^{*} = \begin{cases} \begin{pmatrix} \boldsymbol{f}_i \\ \boldsymbol{d}_1 \times \boldsymbol{f}_i \end{pmatrix}, & i=1,3 \\[4mm] \begin{pmatrix} \boldsymbol{f}_i \\ \boldsymbol{d}_2 \times \boldsymbol{f}_i - h \cdot \boldsymbol{f}_i \end{pmatrix}, & i=2,4 \end{cases} \tag{3-68}$$

式(3-68)表示的 Heli4 双动平台型高速并联机器人的等效传递力旋量具有明确的物理意义,可以理解成:等效单动平台型并联机器人的第 1 支链和第 3 支链对末端执行器的传递力作用在 D_1 点处,为两个线性力;等效单动平台型并联机器人的第 2 支链和第 4 支链对末端执行器的传递力作用在 D_2 点处,为两个旋量力。由等效传递力旋量的辨识结果可知,尽管 Heli4 双动平台型高速并联机器人的 4 条支链完全相同,但是因为副平台的存在,使得支链对末端执行器的传递力作用效果存在差异。该结果也在一定程度上反映了等效传递力旋量的概念在揭示双动平台型高速并联机器人的运动和力传递特性过程中的重要性。

2. 中间运动旋量和中间传递力旋量辨识

Heli4 双动平台型高速并联机器人的第 1 副平台和第 2 副平台沿着竖直方向的相对移动产生了末端执行器的转动自由度,因此中间运动旋量为

沿竖直方向的速度，表示成

$$^i\boldsymbol{S}_{\mathrm{MTS}} = \begin{pmatrix} \boldsymbol{0} \\ \boldsymbol{z} \end{pmatrix}, \quad i = 1,2,3,4 \tag{3-69}$$

第 1 副平台和第 2 副平台均具有空间的 3 个移动自由度，末端执行器则具有 3 个移动自由度和 1 个绕竖直方向的转动自由度。因此，末端执行器和副平台的约束力旋量系可表示为

$$^C\boldsymbol{W}^{\mathrm{e}} = \left[\begin{pmatrix} \boldsymbol{0} \\ \boldsymbol{x} \end{pmatrix}, \begin{pmatrix} \boldsymbol{0} \\ \boldsymbol{y} \end{pmatrix} \right] \in R^{6\times 2} \tag{3-70}$$

$$^C\boldsymbol{W}^1 = {}^C\boldsymbol{W}^2 = \left[\begin{pmatrix} \boldsymbol{0} \\ \boldsymbol{x} \end{pmatrix}, \begin{pmatrix} \boldsymbol{0} \\ \boldsymbol{y} \end{pmatrix}, \begin{pmatrix} \boldsymbol{0} \\ \boldsymbol{z} \end{pmatrix} \right] \in R^{6\times 3} \tag{3-71}$$

采用前文中的辨识方法可辨识出 Heli4 双动平台型高速并联机器人的中间传递力旋量，表示成

$$^i\boldsymbol{S}_{\mathrm{MTWS}} = \begin{pmatrix} (\boldsymbol{f}_1 \times \boldsymbol{f}_3) \times (\boldsymbol{f}_2 \times \boldsymbol{f}_4) \\ \boldsymbol{r}_{\mathrm{e}} \times [(\boldsymbol{f}_1 \times \boldsymbol{f}_3) \times (\boldsymbol{f}_2 \times \boldsymbol{f}_4)] \end{pmatrix} = \begin{pmatrix} \boldsymbol{v}_1 \times \boldsymbol{v}_2 \\ \boldsymbol{r}_{\mathrm{e}} \times (\boldsymbol{v}_1 \times \boldsymbol{v}_2) \end{pmatrix},$$
$$i = 1,2,3,4 \tag{3-72}$$

其中，$\boldsymbol{r}_{\mathrm{e}}$ 是末端执行器上的一点。

式(3-69)辨识的中间运动旋量 $^i\boldsymbol{S}_{\mathrm{MTS}}$ 和式(3-72)辨识的中间传递力旋量 $^i\boldsymbol{S}_{\mathrm{MTWS}}$ 如图 3.11 所示，其中 $^i\boldsymbol{S}_{\mathrm{MTS}}$ 为纯移动，$^i\boldsymbol{S}_{\mathrm{MTWS}}$ 为线性力。式(3-47)定义的 $^i\boldsymbol{S}_{\mathrm{MTS}}$ 和 $^i\boldsymbol{S}_{\mathrm{MTWS}}$ 间的功率系数即为图 3.11 中压力角 δ 的余弦值，其物理意义对应 $^i\boldsymbol{S}_{\mathrm{MTS}}$ 和 $^i\boldsymbol{S}_{\mathrm{MTWS}}$ 间的功率传递效率。给定 Heli4 双动平台型高速并联机器人的尺度参数如下：$R_1 = 275$ mm、$R_2 = 105$ mm、$L_1 = 375$ mm、$L_2 = 875$ mm，滚珠丝杠的螺距 $h = 105$ mm。当机器人输出角度 $\theta = 0°$ 时，Heli4 高速并联机器人在工作空间内的 $^i\boldsymbol{S}_{\mathrm{MTWS}}$ 分布如图 3.12 所示，越接近机器人工作空间的中心位置，$^i\boldsymbol{S}_{\mathrm{MTWS}}$ 沿竖直方向的分量越多。因为中间运动旋量 $^i\boldsymbol{S}_{\mathrm{MTS}}$ 为竖直方向，于是可知 Heli4 高速并联机器人越接近工作空间中心，则中间运动和力传递特性越好。当末端执行器的坐标为 $(0,0,z)$ 时，Heli4 双动平台型高速并联机器人的中间运动和力传递特性达到最优，对应的 MTI 值为 1。

3. 运动和力传递特性分析

在辨识完成传递力旋量 $^i\boldsymbol{S}_{\mathrm{TWS}}$、等效传递力旋量 $^i\boldsymbol{S}_{\mathrm{ETWS}}$、中间传递力旋

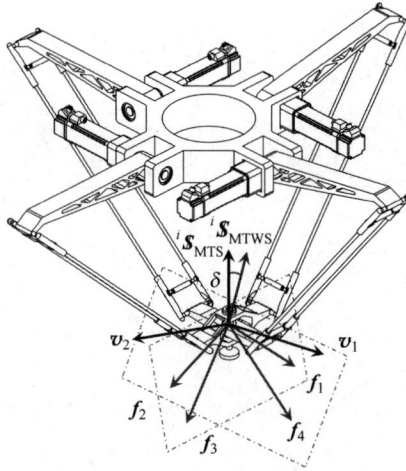

图 3.11　Heli4 高速并联机器人中间运动和力传递特性的物理意义

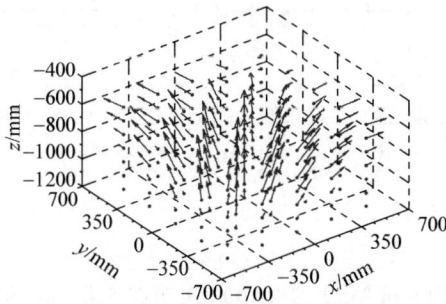

图 3.12　Heli4 高速并联机器人不同位置处中间传递力旋量轴线分布

量 $^i\boldsymbol{s}_{MTWS}$ 和所对应的输入运动旋量 $^i\boldsymbol{s}_{ITS}$、输出运动旋量 $^i\boldsymbol{s}_{OTS}$、中间运动旋量 $^i\boldsymbol{s}_{MTS}$ 后，Heli4 双动平台型高速并联机器人的 ITI、MOTI、MTI 和 LTI 即可通过式(3-23)、式(3-33)、式(3-48)和式(3-49)获得，进而可实现 Heli4 双动平台型高速并联机器人的运动和力传递特性评价。

　　为了说明本章所提出的双动平台型高速并联机器人的运动和力传递特性指标 ITI、MOTI 和 MTI 的独立性，在给定 Heli4 高速并联机器人的尺度参数 $R_1=275$ mm、$R_2=105$ mm、$L_1=375$ mm、$L_2=875$ mm、$h=105$ mm 的条件下，图 3.13 绘制了 Heli4 双动平台型高速并联机器人在输出角度 $\theta=0°$ 时的运动和力传递特性指标分布。

　　图 3.13(a)绘制了末端执行器位于 $Z=-860$ mm 平面上时，Heli4 双

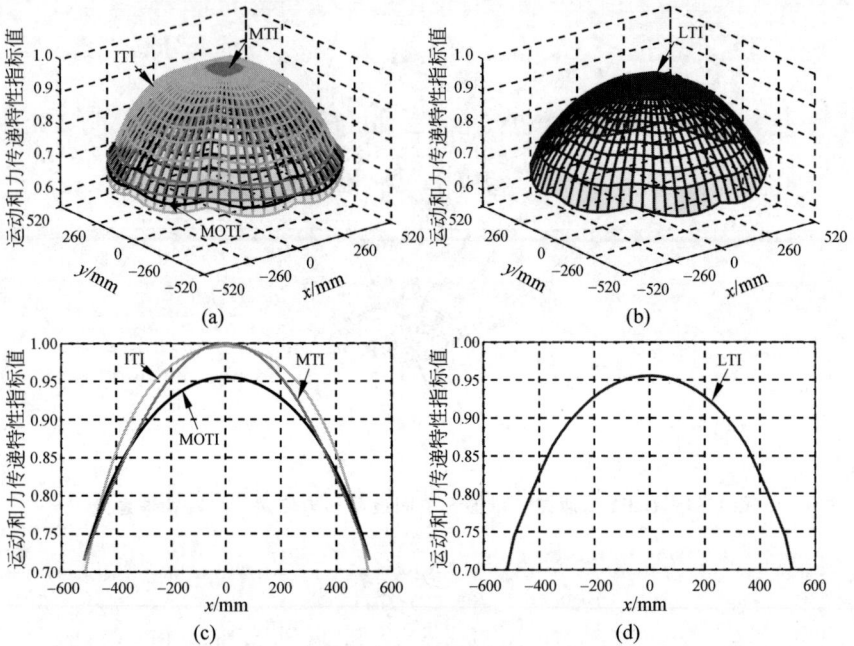

图 3.13 Heli4 高速并联机器人输出角度 $\theta=0°$ 时的指标分布图谱

(a) ITI、MOTI 和 MTI；(b) LTI；(c) ITI、MOTI 和 MTI；(d) LTI

动平台型高速并联机器人 ITI、MOTI 和 MTI 的分布图谱，不难发现，三类指标的分布存在明显的交集。因此可以明确 MTI 和 ITI、MOTI 没有明显的相关性，即 ITI、MOTI 和 MTI 为互相独立的性能指标。进而可知，式(3-49)定义的 LTI 与文献[104]中仅考虑机器人的输入和输出传递特性的局域传递指标不同。图 3.13(b)绘制了 $Z=-860$ mm 平面上，ITI、MOTI 和 MTI 的最小值所构成的曲面，即 LTI 的分布图谱。

上述结论可以通过观察图 3.13(c)和图 3.13(d)更清晰直观地获得，图 3.13(c)和图 3.13(d)给出了 $Y=0$ mm，$Z=-860$ mm，X 取 $[-550$ mm，$+550$ mm]时 Heli4 双动平台型高速并联机器人的 ITI、MOTI、MTI 和 LTI 分布情况。如图 3.13(c)所示，ITI、MOTI 和 MTI 的分布彼此相交。如图 3.13(d)所示，LTI 共同取决于 ITI、MOTI 和 MTI，为 ITI、MOTI 和 MTI 的最小值。本书定义的 LTI 取决于输入传递特性、输出传递特性和中间传递特性，因此相对于采用文献[104]中的局域传递指标而言，采用本书提出的 LTI 来评价机器人的运动和力传递特性将会更加严格。

前文已经探讨过 Heli4 双动平台型高速并联机器人转动运动的产生机

理,即两个副平台之间的垂直相对运动作用于动平台内部的滚珠丝杠机构,进而产生末端执行器的转动输出。但对于动平台内部如何影响 Heli4 双动平台型高速并联机器人的运动和力传递特性的认识依然不清。本节下面将采用所提出的运动和力传递特性指标来分析具有不同几何参数运动转换机构的 Heli4 双动平台型高速并联机器人的运动和力传递特性,以揭示动平台内部运动转换机构对机器人性能的影响规律。本节共设置 6 项动平台内部传动机构几何参数和机器人角度输出参数,将 6 项参数分为 3 组:($\theta=0°$,$h=100$ mm;$\theta=0°$,$h=150$ mm)、($\theta=2\pi°$,$h=100$ mm;$\theta=\pi°$,$h=200$ mm)和($\theta=2\pi°$,$h=150$ mm;$\theta=\pi°$,$h=300$ mm)。可以发现,每组内的两项参数所对应的机器人运动和力传递特性是一致的,方便起见,将每组内的两项参数所对应的机器人运动和力传递特性指标图谱用同一张图表示。图 3.14 给出了 3 组参数所对应的机器人局域运动和力传递特性指标图谱。第 1 组参数对应的 Heli4 双动平台型高速并联机器人的 LTI 分布表明:在机器人的其他几何参数相同的情况下,虽然内部传动机构的螺距不同,但在输出角度 $\theta=0°$ 时,Heli4 双动平台型高速并联机器人的运动和力传递特性相同。

对比图 3.14(a)和图 3.14(b)所对应的 Heli4 双动平台型高速并联机器人的 LTI 分布图谱,结果表明:在 h 不变的情况下,随着机器人的输出转角 θ 的增大,Heli4 高速并联机器人的运动和力传递特性变差,但变化幅度较小。这也是实际应用中,双动平台型高速并联机器人在大角度输出需求中备受青睐的主要原因之一。对比图 3.14(b)和图 3.14(c)所对应的 Heli4 双动平台型高速并联机器人的 LTI 分布图谱,结果表明:在输出转角 θ 不变的情况下,随着动平台内部传动机构螺距 h 的增大,Heli4 双动平台型高速并联机器人的运动和力传递特性也表现出上述相似的变化。综合考虑图 3.14 中的 LTI 分布,可以发现,螺距 h 和输出转角 θ 均影响 Heli4 高速并联机器人的运动和力传递特性,但当 $h\theta$ 为定值时,Heli4 并联机器人具有相同的运动和力传递特性。进一步可知,对于两个副平台间具有竖直相对运动的双动平台型高速并联机器人,在相同位置处,其运动和力传递特性取决于两个副平台间的竖直距离。受此启发,在保持运动和力传递特性不变的前提下(副平台的竖直距离不变),我们可根据实际工况对双动平台型高速并联机器人动平台内部的运动转换机构进行多样化设计,以满足不同的实际应用需求。

图 3.15 绘制了 $Z=-450$ mm 时,Heli4 双动平台型高速并联机器人在

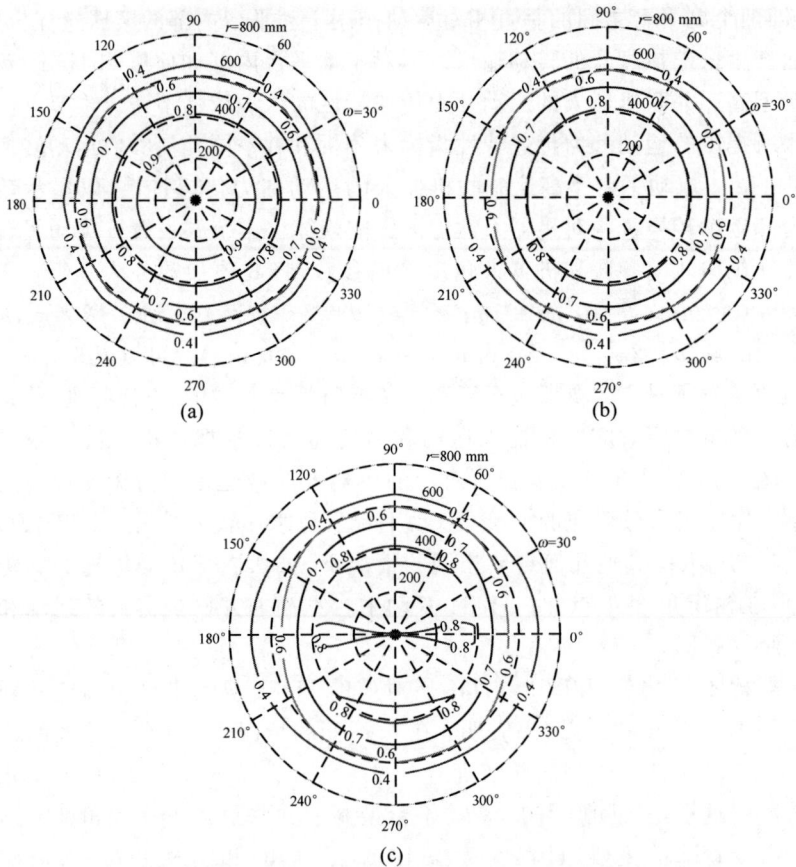

图 3.14　Heli4 高速并联机器人在 $Z = -800$ mm 时的 LTI 分布图谱

(a) $\theta = 0°, h = 100$ mm 和 $\theta = 0°, h = 150$ mm; (b) $\theta = 2\pi°, h = 100$ mm 和 $\theta = \pi°, h = 200$ mm;
(c) $\theta = 2\pi°, h = 150$ mm 和 $\theta = \pi°, h = 300$ mm

线性工作空间(输出转角 $\theta = 0°$)中的性能指标分布图谱。结果表明,该机器人具有 4 个对称轴。不难得出,在线性工作空间中,Heli4 高速并联机器人具有 4 个对称平面,它们可以表示为 $X = 0$ mm,$Y = 0$ mm,$X = Y$,$X = -Y$。

　　图 3.16 绘制了 Heli4 双动平台型高速并联机器人在 $X = -Y$ 平面上线性工作空间的性能指标分布,由图可知,所有指数都呈对称分布且取值均为 $[0,1]$。输入传递奇异($^{i}\boldsymbol{S}_{\text{TWS}} \circ {}^{i}\boldsymbol{S}_{\text{ITS}} = 0$ 导致 ITI=0)发生在可达工作空间的边缘,而输出传递奇异和中间传递率奇异($^{i}\boldsymbol{S}_{\text{ETWS}} \circ {}^{i}\boldsymbol{S}_{\text{OTS}} = 0$ 导致 MOTI=0,以及 $^{i}\boldsymbol{S}_{\text{MTWS}} \circ {}^{i}\boldsymbol{S}_{\text{MTS}} = 0$ 导致 MTI=0)发生在可达工作空间的内部。图 3.16(d)绘制了 Heli4 高速并联机器人的 LTI 分布图谱和部分点所对应的机器

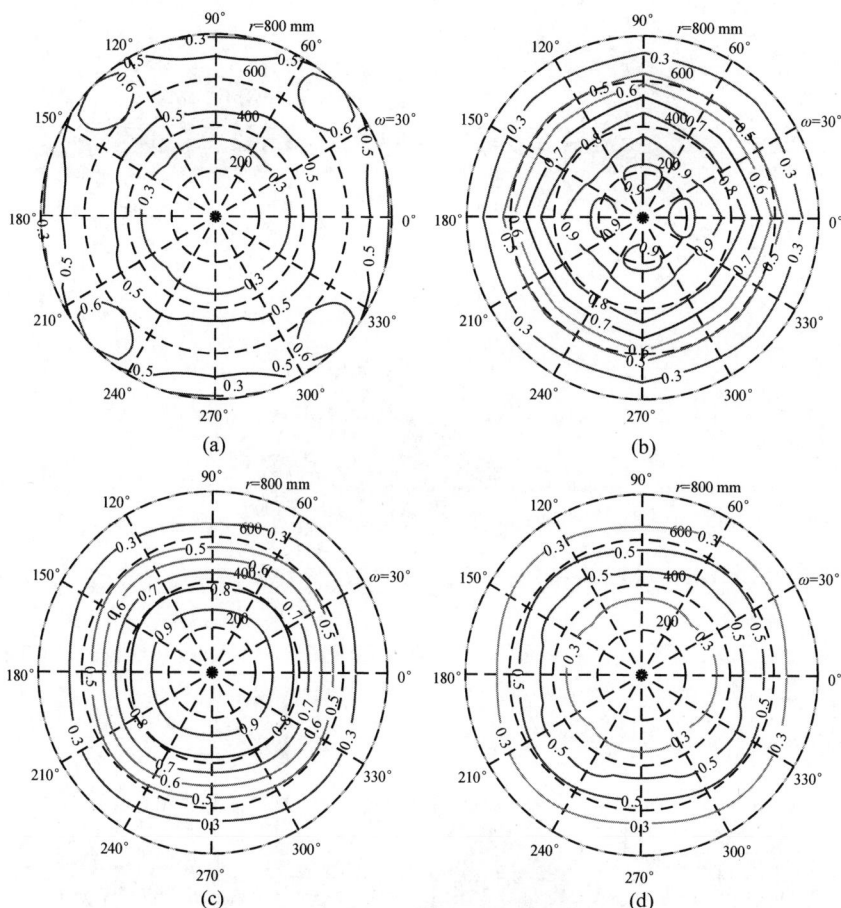

图 3.15　Heli4 高速并联机器人在 $Z=-450$ mm 时的指标分布图谱

(a) ITI；(b) MOTI；(c) MTI；(d) LTI

人位姿。在 A 点、B 点和 C 点上，Heli4 高速并联机器人产生输入传递奇异。该输入传递奇异的物理意义是 Heli4 高速并联机器人的至少一个主动臂位于被动臂平面内，这导致了 ${}^{i}\boldsymbol{s}_{\mathrm{TWS}} \circ {}^{i}\boldsymbol{s}_{\mathrm{ITS}} = 0$。在 D 点，Heli4 高速并联机器人产生输出传递奇异和中间传递奇异。该现象背后的一个物理意义是，中间传递力旋量的方向与中间运动旋量的方向垂直，这导致了 ${}^{i}\boldsymbol{s}_{\mathrm{ETWS}} \circ {}^{i}\boldsymbol{s}_{\mathrm{OTS}} = 0$。在 E 点上，即可到达工作空间的中心位置，LTI $=1$ 时，此时 Heli4 高速并联机器人达到最优的运动和力传递特性。分析表明，所提出的指标不仅可以评价 Heli4 双动平台型高速并联机器人的运动和力传递特性，且可以有效辨识机器人的奇异性。

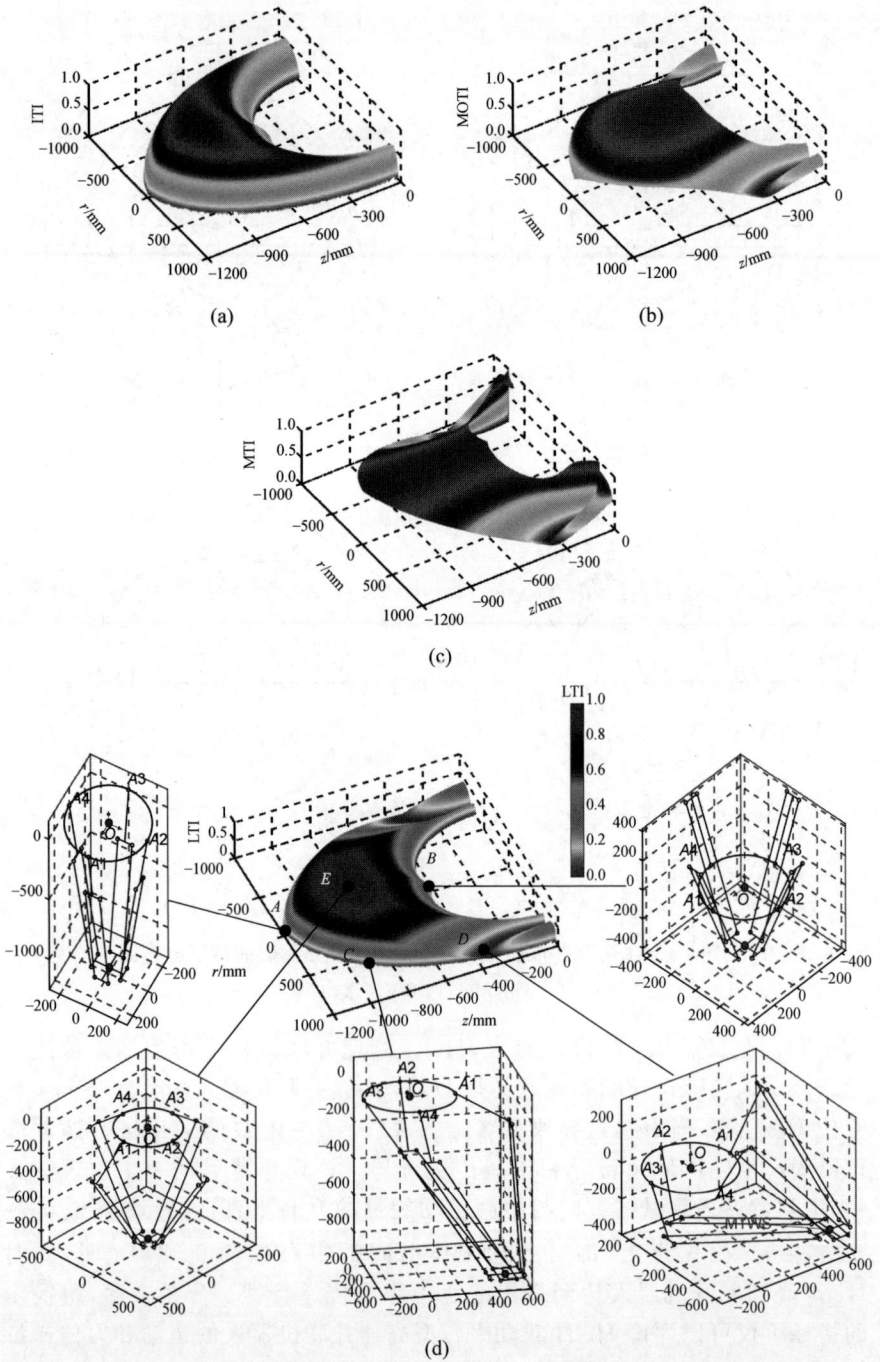

图 3.16　Heli4 高速并联机器人在 $X=-Y$ 平面的指标分布图谱和部分位姿（见文前彩图）

（a）ITI；（b）MOTI；（c）MTI；（d）LTI 及机器人部分位姿

3.4.2　Par4 高速并联机器人

Par4 高速并联机器人是另一种典型的双动平台型高速并联机器人,其基本结构可以通过图 3.17(a)所示的概念模型来描述。Par4 高速并联机器人的双动平台由两个副平台和一个末端执行器组成,双动平台通过 4 个相同的 RPa^* 运动链与机架相连,末端执行器通过转动副连接到两个副平台上。第 1 副平台与第 1 支链和第 4 支链相连,第 2 副平台与第 2 支链和第 3 支链相连。为了更直观地理解 Par4 双动平台型高速并联机器人的机构原理,图 3.17(b)给出了 Par4 高速并联机器人的运动学简图。该机器人的第 1 副平台和第 2 副平台同步可实现末端执行器的三维移动运动,其水平面内的相对运动产生末端执行器的一维转动运动。

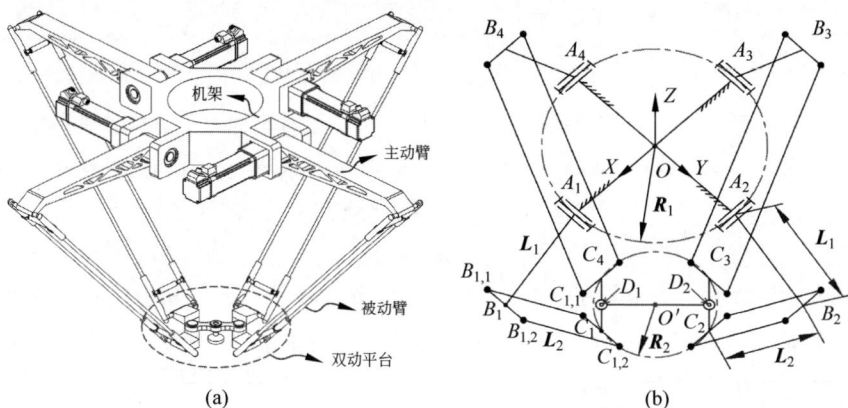

图 3.17　Par4 双动平台型高速并联机器人

(a) CAD 模型；(b) 运动学简图

1. 等效传递力旋量辨识

在 Par4 双动平台型高速并联机器人中,D_1 是 C_1C_4 的中点,D_2 是 C_2C_3 的中点。Par4 双动平台型高速并联机器人末端执行器的瞬时运动旋量可以等效表示为

$$\boldsymbol{S}_\text{p} = \sum_{j=1}^{5} \dot{\theta}_{j,i}\boldsymbol{S}_{j,i}^* + \dot{\theta}_{D_k}\boldsymbol{S}_{D_k}, \quad i=1,4; k=1 \text{ 或 } i=2,3; k=2$$

$$(3\text{-}73)$$

其中，

$$\boldsymbol{s}_{1,i}^{*} = \begin{pmatrix} \boldsymbol{n}_i \\ \boldsymbol{a}_i + (\boldsymbol{d}_k - \boldsymbol{c}_i) \times \boldsymbol{n}_i \end{pmatrix} \tag{3-74}$$

$$\boldsymbol{s}_{2,i}^{*} = \begin{pmatrix} \boldsymbol{n}_i \\ \boldsymbol{d}_k \times \boldsymbol{n}_i \end{pmatrix} \tag{3-75}$$

$$\boldsymbol{s}_{3,i}^{*} = \begin{pmatrix} \boldsymbol{f}_i \\ \boldsymbol{d}_k \times \boldsymbol{f}_i \end{pmatrix} \tag{3-76}$$

$$\boldsymbol{s}_{4,i}^{*} = \begin{pmatrix} \boldsymbol{0} \\ \boldsymbol{n}_i \times \boldsymbol{f}_i \end{pmatrix} \tag{3-77}$$

$$\boldsymbol{s}_{5,i}^{*} = \begin{pmatrix} \boldsymbol{0} \\ \boldsymbol{f}_i \times \boldsymbol{n}_i \times \boldsymbol{f}_i \end{pmatrix} \tag{3-78}$$

$$\boldsymbol{s}_{D_k} = \begin{pmatrix} \boldsymbol{z} \\ \boldsymbol{d}_k \times \boldsymbol{z} \end{pmatrix} \tag{3-79}$$

Par4 双动平台型高速并联机器人末端执行器的瞬时运动旋量可以表示成如式(3-73)所示，于是可将该式根据物理意义等效成由 $\boldsymbol{s}_{j,i}^{*}(j=1,$ $2,3,4,5)$ 和 $\boldsymbol{s}_{D_k}(k=1,2)$ 表示的运动副构成的 4 条虚拟支链，进而获得等效的单动平台型并联机器人。锁定该等效单动平台型并联机器人的输入运动旋量 $^i\boldsymbol{s}_{\mathrm{ITS}}^{*} = \boldsymbol{s}_{1,i}^{*}$，虚拟支链内将多出一个与除 $^i\boldsymbol{s}_{\mathrm{ITS}}^{*}$ 外的所有运动副的运动旋量都互易的力旋量，

$$^i\boldsymbol{s}_{\mathrm{ETWS}} = \begin{pmatrix} \boldsymbol{f}_i \\ \boldsymbol{d}_k \times \boldsymbol{f}_i \end{pmatrix}, \quad i=1,4; k=1 \text{ 或 } i=2,3; k=2 \tag{3-80}$$

式(3-80)表示的 Par4 双动平台型高速并联机器人的等效传递力旋量具有明确的物理意义，可以理解成：等效单动平台型并联机器人的第 1 支链和第 4 支链对末端执行器的传递力作用在 D_1 点处，为两个线性力；等效单动平台型并联机器人的第 2 支链和第 3 支链对末端执行器的传递力作用在 D_2 点处，同样是两个线性力。对比式(3-68)和式(3-80)可知，Heli4 双动平台型高速并联机器人和 Par4 双动平台型高速并联机器人的等效传递力旋量不同。针对不同的双动平台型并联机器人，其等效传递力旋量需要具体分析。

2. 中间运动旋量和中间传递力旋量辨识

Par4 双动平台型高速并联机器人第 1 副平台和第 2 副平台的相对运动产生了末端执行器的转动自由度,由副平台的运动学特性可知,副平台间没有相对转动自由度,因此中间运动旋量为垂直于 $D_1 D_2$ 方向的速度,表示成

$$^i\boldsymbol{S}_{\text{MTS}} = \begin{pmatrix} \boldsymbol{0} \\ \boldsymbol{s} \end{pmatrix}, \quad i = 1,2,3,4 \tag{3-81}$$

其中,s 垂直于 $D_1 D_2$。采用 3.3.3 节中的辨识方法可辨识出 Par4 双动平台型高速并联机器人的中间传递力旋量,表示成

$$^i\boldsymbol{S}_{\text{MTWS}} = \begin{pmatrix} (\boldsymbol{f}_1 \times \boldsymbol{f}_4) \times (\boldsymbol{f}_2 \times \boldsymbol{f}_3) \\ \boldsymbol{r}_{\text{e}} \times [(\boldsymbol{f}_1 \times \boldsymbol{f}_4) \times (\boldsymbol{f}_2 \times \boldsymbol{f}_3)] \end{pmatrix} = \begin{pmatrix} \boldsymbol{v}_1 \times \boldsymbol{v}_2 \\ \boldsymbol{r}_{\text{e}} \times (\boldsymbol{v}_1 \times \boldsymbol{v}_2) \end{pmatrix},$$

$$i = 1,2,3,4 \tag{3-82}$$

其中,r_{e} 是末端执行器上的一点。

式(3-81)辨识的中间运动旋量 $^i\boldsymbol{S}_{\text{MTS}}$ 和式(3-82)辨识的中间传递力旋量 $^i\boldsymbol{S}_{\text{MTWS}}$ 如图 3.18 所示,其中 $^i\boldsymbol{S}_{\text{MTS}}$ 为纯移动,$^i\boldsymbol{S}_{\text{MTWS}}$ 为线性力。式(3-47)所定义的 $^i\boldsymbol{S}_{\text{MTS}}$ 和 $^i\boldsymbol{S}_{\text{MTWS}}$ 间的功率系数即为图中压力角 δ 的余弦值,其物理意义对应为 $^i\boldsymbol{S}_{\text{MTS}}$ 和 $^i\boldsymbol{S}_{\text{MTWS}}$ 间的功率传递效率。

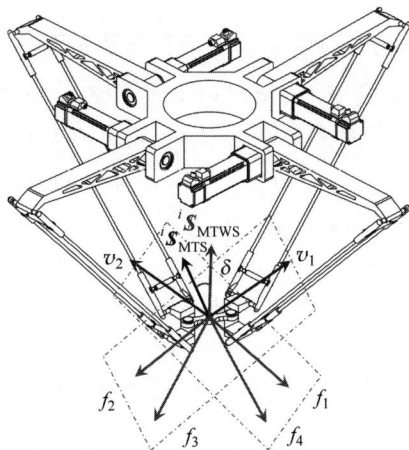

图 3.18　Par4 高速并联机器人中间运动和力传递特性的物理意义

给定 Par4 双动平台型高速并联机器人的尺度参数如下：$R_1 = 275$ mm，$R_2 = 105$ mm，$L_1 = 375$ mm，$L_2 = 875$ mm，$C_1C_4/D_1D_2 = \tan\dfrac{\pi}{6}$。当机器人的输出角度 $\theta = 0°$ 时，Par4 双动平台型高速并联机器人在给定尺度参数下的 $^i\boldsymbol{S}_{\text{MTWS}}$ 分布如图 3.19 所示，可见，机器人越接近平面 $X = -Y$ 工作空间的中心位置，$^i\boldsymbol{S}_{\text{MTWS}}$ 沿水平方向的分量越多，由功率系数的概念可知，Par4 双动平台型高速并联机器人的中间运动和力传递特性越好。当末端执行器的坐标位于平面 $X = -Y$ 上时，Par4 双动平台型高速并联机器人的中间运动和力传递特性保持最优状态。

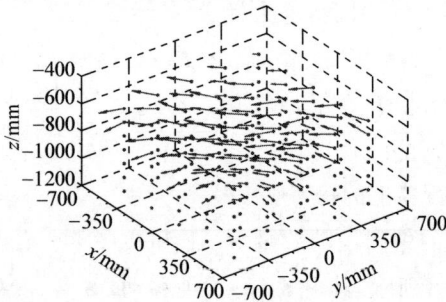

图 3.19　Par4 高速并联机器人不同位置处中间传递力旋量轴线矢量分布

3. 运动和力传递特性分析

在辨识完成传递力旋量 $^i\boldsymbol{S}_{\text{TWS}}$、等效传递力旋量 $^i\boldsymbol{S}_{\text{ETWS}}$、中间传递力旋量 $^i\boldsymbol{S}_{\text{MTWS}}$、输入运动旋量 $^i\boldsymbol{S}_{\text{ITS}}$、输出运动旋量 $^i\boldsymbol{S}_{\text{OTS}}$ 和中间运动旋量 $^i\boldsymbol{S}_{\text{MTS}}$ 后，Par4 双动平台型高速并联机器人的运动和力传递特性指标可通过式(3-23)、式(3-33)、式(3-48)和式(3-49)计算得到，进而可实现 Par4 双动平台型高速并联机器人的运动和力传递特性评价。

图 3.20 绘制了 $Z = -450$ mm 时，Par4 双动平台型高速并联机器人在线性工作空间中的性能指标分布。结果表明，当 $\theta = 0°$ 时，Par4 双动平台型高速并联机器人有两个对称轴。不难得出，在三维工作空间中，当 $\theta = 0°$ 时，Par4 双动平台型高速并联机器人有两个对称平面，可以表示为 $X = Y$ 和 $X = -Y$。从图 3.20(d)可以看出，LTI 的等值线区域的大小受 $X = -Y$ 方向的限制。

图 3.21 绘制了平面 $X = -Y$ 上线性工作空间中的性能指标分布。所有的指标分布均呈平面对称，且均属于[0,1]。与 Heli4 机器人相似，Par4

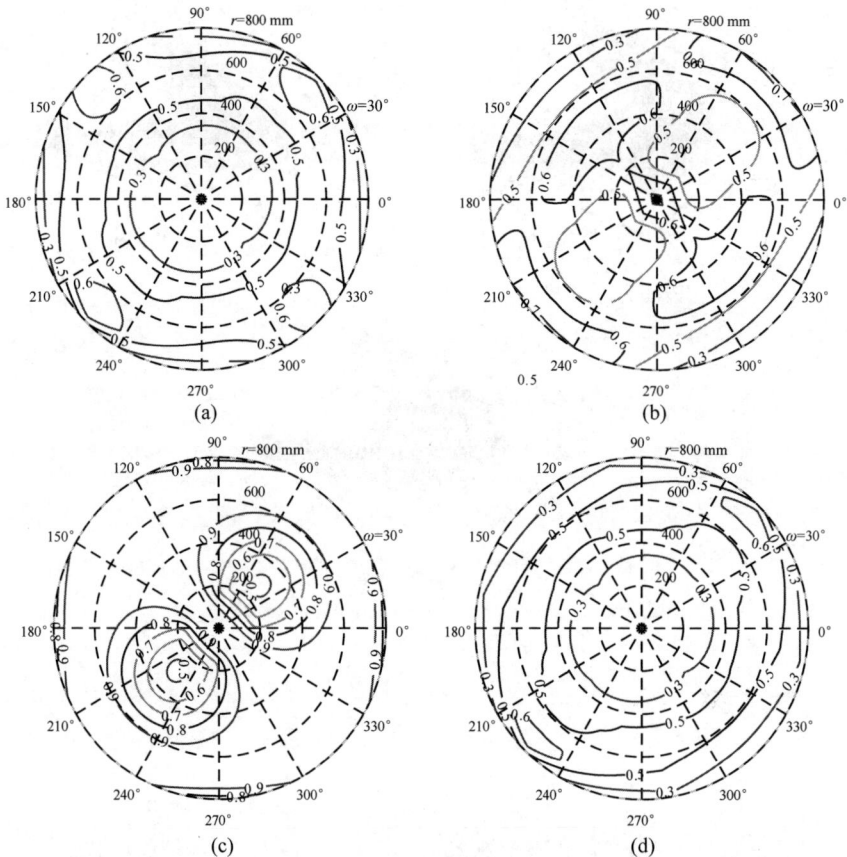

图 3.20　Par4 高速并联机器人在 $Z=-450\ \mathrm{mm}$ 时的指标分布图谱
(a) ITI；(b) MOTI；(c) MTI；(d) LTI

双动平台型高速并联机器人的输入传递奇异发生在可达工作空间的边缘，而输出和中间传递奇异则发生在可达工作空间的内部。图 3.21(d)给出了 Par4 双动平台型高速并联机器人的 LTI 和部分点所对应的位形。在 A 点和 C 点上，Par4 双动平台型高速并联机器人产生输入传递奇异。在 D 点，Par4 双动平台型高速并联机器人产生输出传递奇异。在 C 点上，输入、输出传递奇异同时出现。当LTI≥0.7时，Par4 双动平台型高速并联机器人具有优质的运动和力传递特性，如可达工作空间的中心位置中的 E 点。综上可知，所提出的指标不仅能够评价 Par4 双动平台型高速并联机器人的运动和力传递特性，也能有效辨识机器人的奇异性和对应的奇异位形。

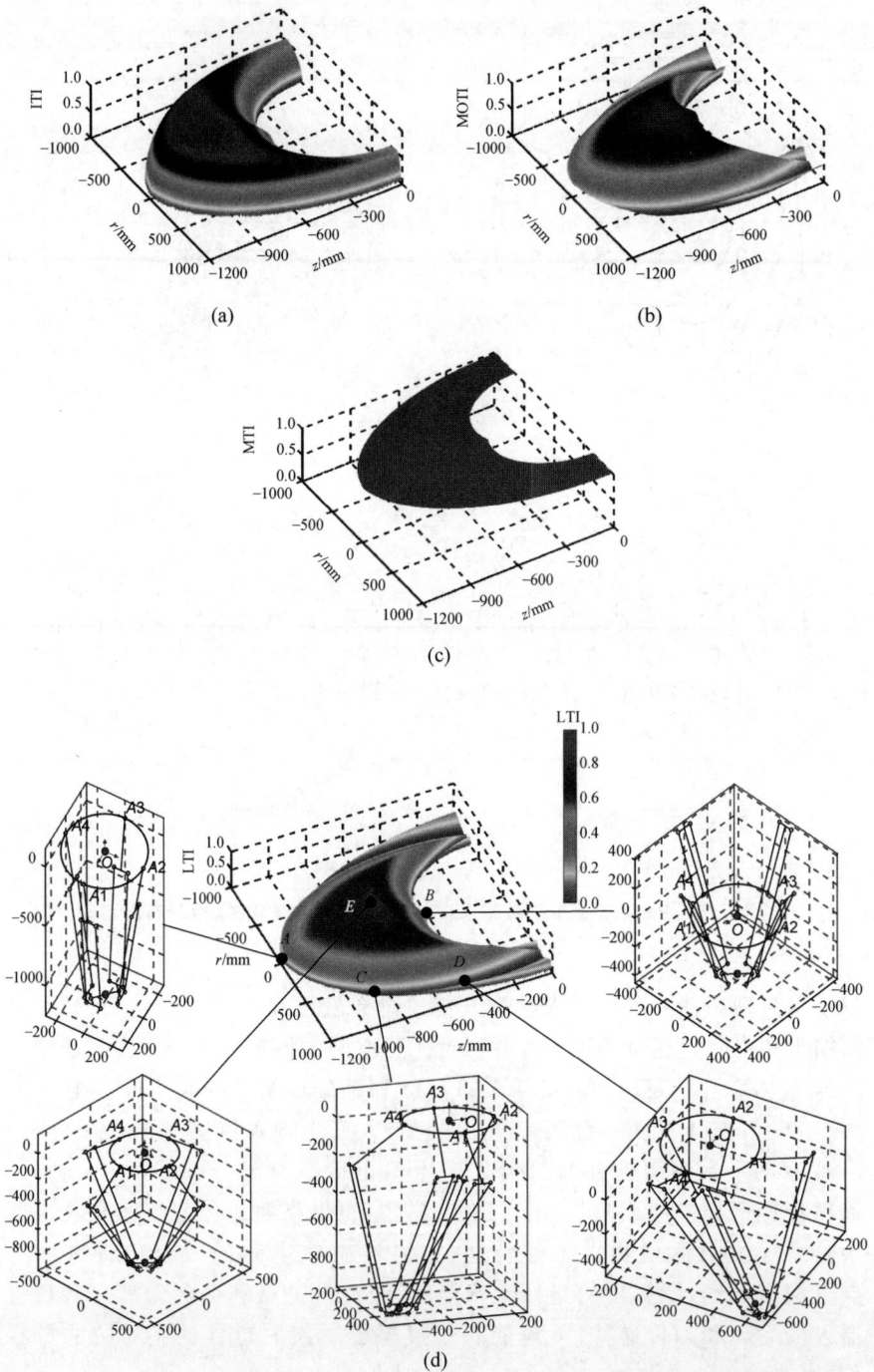

(a)

(b)

(c)

(d)

图 3.21 Par4 高速并联机器人在 $X = -Y$ 平面的指标分布图谱和部分位姿(见文前彩图)

(a) ITI；(b) MOTI；(c) MTI；(d) LTI 及机器人部分位姿

令LTI＝0.5，Par4 机器人在 $Z＝-650$ mm 时末端执行器的转角 $\theta_{\min}$、$\theta_{\max}$ 和 $\theta_{\max}-\theta_{\min}(\theta_{\min}<\theta<\theta_{\max})$ 的分布分别如图 3.22(a)、图 3.22(b) 和图 3.22(c) 所示，由图可知，末端执行器的单向转角 $|\theta_{\min}|$ 或 $\theta_{\max}$ 可大于 $35°$，最大转动能力 $\theta_{\max}-\theta_{\min}$ 可大于 $70°$。为考察 Par4 机器人的对称转动能力，将 $\theta_{\mathrm{abs}}＝\min\{|\theta_{\min}|,\theta_{\max}\}$ 定义为对称转动能力指标。图 3.22(d) 给出了 Par4 机器人的对称转动能力指标分布，由图可知，Par4 机器人的对称旋转能力具有明显的方向性，在 $X＝Y$ 方向的对称旋转性能优于其他方向。这一结果有助于大角度应用需求下 Par4 机器人的轨迹规划。

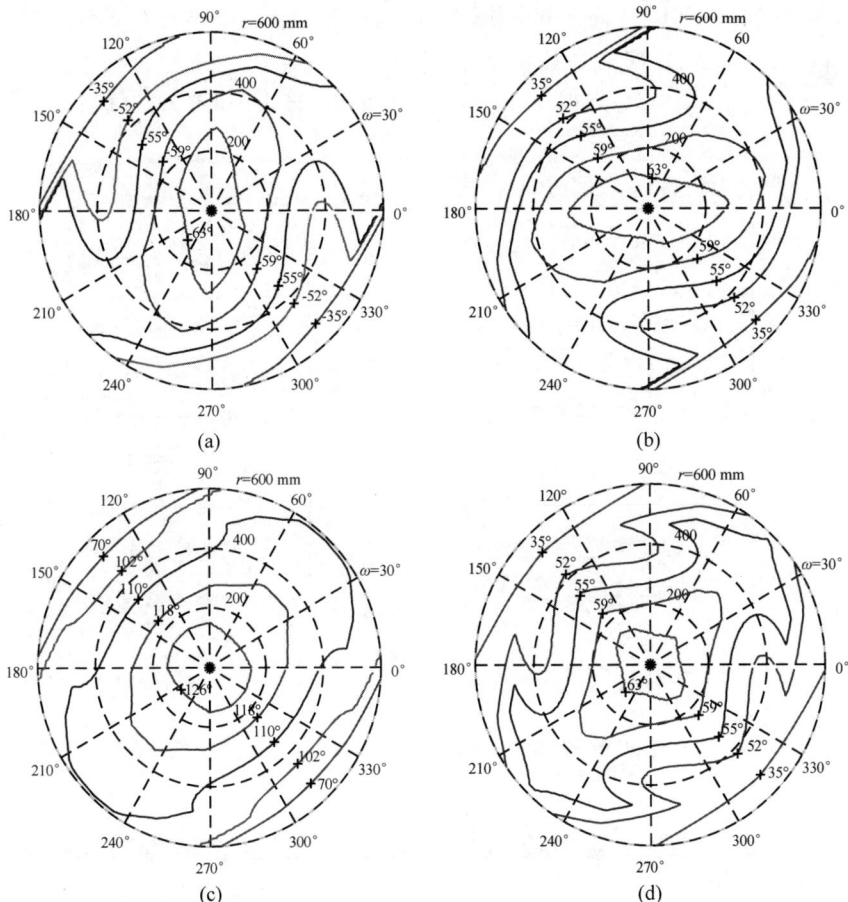

图 3.22　Par4 高速并联机器人在 $Z＝-650$ mm 时的转动能力指标分布图谱

(a) $\theta_{\min}$；(b) $\theta_{\max}$；(c) $\theta_{\max}-\theta_{\min}$；(d) $\theta_{\mathrm{abs}}＝\min\{|\theta_{\min}|,\theta_{\max}\}$

3.4.3　性能比较

图 3.23 给出了 Heli4 和 Par4 两类双动平台型高速并联机器人沿线性工作空间中 Z 轴负方向的 LTI 分布。指标分布表明：①沿 Z 轴负方向，LTI 等值线所包含的区域先增大后减小。也就是说，机器人的运动和力传递特性先变好，然后在达到某一最优状态后逐渐变差；②无论是沿垂直方向还是水平方向，离工作空间中心越近，机器人的运动和力传递特性越好；③在同一水平面上，Heli4 高速并联机器人的指标分布在各个方向上比较均匀，相比之下，Par4 高速并联机器人的运动和力传递特性具有明显的方向性，其沿 $X=Y$ 方向的性能优于沿 $X=-Y$ 方向；④在 $Z=-650$ mm、$Z=-750$ mm 和 $Z=-850$ mm 3 个水平面内，Heli4 机器人的优质工作空

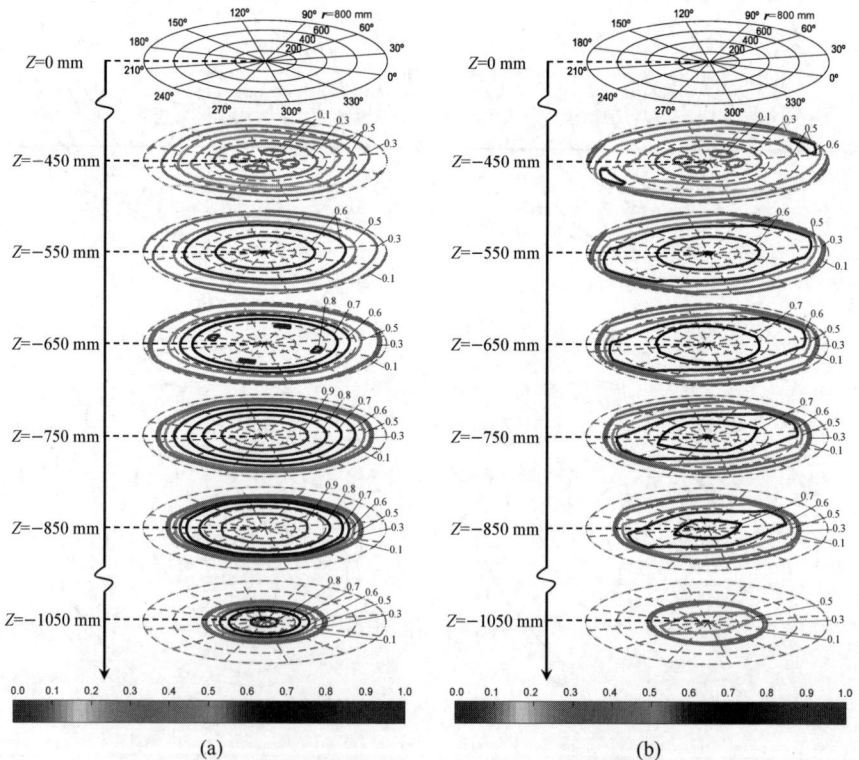

图 3.23　两类双动平台型高速并联机器人线性工作空间中的 LTI 分布图谱（见文前彩图）

（a）Heli4 并联机器人；（b）Par4 并联机器人

间(LTI≥0.7 的区域)大于 Par4 机器人的优质工作空间。此外,在 Heli4机器人的优质工作空间内存在 LTI=0.8 和 LTI=0.9 的等值线。该结果表明,即使在优质工作空间内部,Heli4 机器人相比于 Par4 机器人仍具有较优的运动和力传递特性。

图 3.24(a)和图 3.25(b)分别绘制了 Heli4 和 Par4 两类双动平台型高速并联机器人在 $Z=-650$ mm 平面上工作空间中心点处的运动和力传递特性指标与末端执行器转角的关系曲线,由图可知,在所考察的位姿条件下,Heli4 高速并联机器人的 LTI 依赖 ITI;Par4 高速并联机器人的 LTI 依赖 ITI、MOTI 和 MTI。当 LTI=0 时,可辨识出两类高速并联机器人的奇异位姿。图 3.24(a)中标示出在 $Z=-650$ mm 时工作空间中心点处,Heli4 机器人能够单向实现两个整周转动。图 3.25(a)中标示出在 $Z=-650$ mm 时的工作空间中心点处,Par4 机器人能够实现约 ±90° 转动。该结果表明,在 $Z=-650$ mm 平面上的工作空间中心点处,Heli4 机器人具有较优的转动能力。

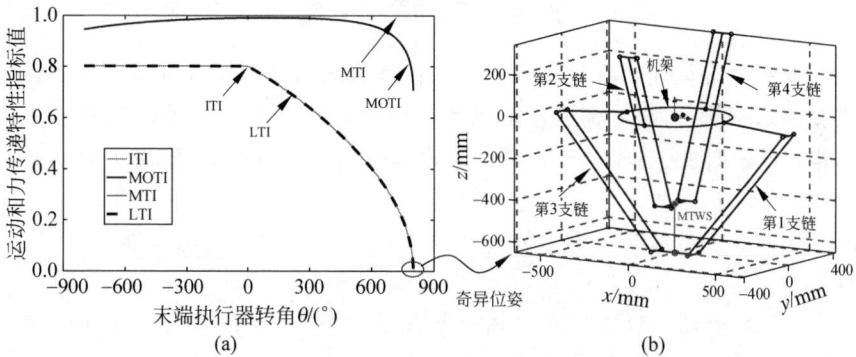

图 3.24　Heli4 高速并联机器人指标与转角关系及奇异位姿辨识
(a) 指标与转角关系;(b) 奇异位姿

图 3.24(b)给出了图 3.24(a)中 LTI=0 时辨识出的 Heli4 机器人的一个奇异位形。在该位形下,Heli4 机器人发生输入传递奇异,即$^i\boldsymbol{s}_{\text{TWS}}\circ{}^i\boldsymbol{s}_{\text{ITS}}=0$。其物理意义可理解成:传递力旋量$^i\boldsymbol{s}_{\text{TWS}}$ 的方向与输入运动旋量$^i\boldsymbol{s}_{\text{ITS}}$ 在主动臂末端所产生的运动方向垂直,即输入运动和传递力不做功,输入速度无法传递给机器人。图 3.25(b)给出了图 3.25(a)中 LTI=0 时辨识出的Par4 机器人的一个奇异位形。在该位形下,Par4 机器人发生输出传递奇异和中间传递奇异,即$^i\boldsymbol{s}_{\text{ETWS}}\circ{}^i\boldsymbol{s}_{\text{OTS}}=0$ 和$^i\boldsymbol{s}_{\text{MTWS}}\circ{}^i\boldsymbol{s}_{\text{MTS}}=0$。其物理意义可理解成:中间传递力旋量$^i\boldsymbol{s}_{\text{MTWS}}$ 的方向与中间运动旋量$^i\boldsymbol{s}_{\text{MTS}}$ 的方向垂

直,即运动和力无法进行有效传递。

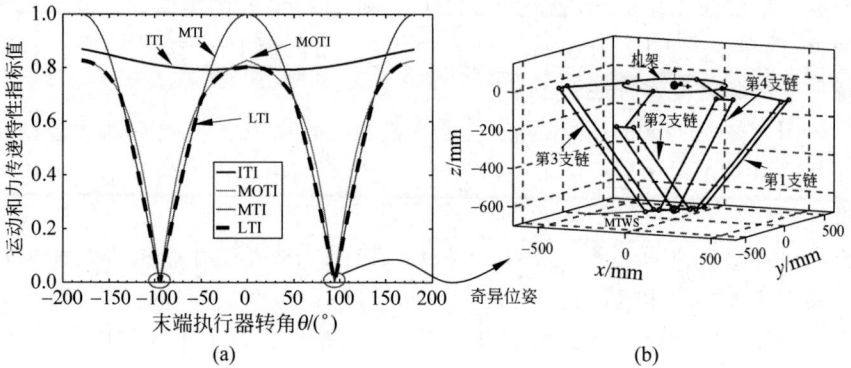

图 3.25　Par4 高速并联机器人指标与转角关系及奇异位姿辨识

(a) 指标与转角关系；(b) 奇异位姿

3.5　本章小结

　　本章围绕如何将双动平台型并联机器人的传递力旋量对副平台的影响映射到末端执行器、如何考虑双动平台内部的运动和力作用效果两个关键问题,开展双动平台型并联机器人运动和力传递特性研究,解决了双动平台型高速并联机器人的性能评价难题。本章研究内容为双动平台型高速并联机器人的性能分析与尺度参数优化设计奠定了重要的理论基础,得出如下结论。

　　(1) 与单动平台型高速并联机器人相同,双动平台型高速并联机器人的主动臂输入运动与传递力直接相互作用,因此输入传递指标可直接推广用于双动平台型高速并联机器人的性能分析与评价。推广后的双动平台型高速并联机器人的输入传递指标的形式和内涵均与单动平台型高速并联机器人一致。

　　(2) 不同于单动平台型高速并联机器人,双动平台型高速并联机器人的传递力与末端执行器输出运动间接相互作用,因此输出传递指标不能直接推广用于双动平台型高速并联机器人的性能分析与评价。围绕如何将双动平台型高速并联机器人支链传递力对副平台的影响映射到末端执行器这一难题,本章提出了等效传递力旋量的概念,进而定义了修正的输出传递指标,为双动平台型高速并联机器人的运动和力输出传递特性评价提供了一种新方法。所定义的双动平台型高速并联机器人的输出传递指标的形式与单动平台型高速并联机器人的一致,但需采用等效传递力旋量。

(3) 双动平台型高速并联机器人的末端转动自由度由副平台间相对运动生成。围绕如何考虑动平台内部的运动和力作用效果这一难题,本章提出了中间传递力旋量和中间运动旋量的概念并给出辨识方法,进而定义了中间传递指标。中间传递指标具有清晰的物理意义,为双动平台型高速并联机器人的运动和力传递特性评价提供了新视角和新方法。

(4) 综合考虑运动和力输入传递特性、输出传递特性和中间传递特性,本章定义了双动平台型高速并联机器人的运动和力局域传递指标,从而建立了双动平台型高速并联机器人运动和力传递特性的指标体系和评价方法。

(5) 所定义的指标被应用于典型双动平台型高速并联机器人 Heli4 和 Par4 的性能分析,不仅能够评价机器人的运动和力传递特性,还可以有效辨识机器人的奇异类型和与之对应的奇异位姿。通过性能对比可知,Heli4 机器人具有较优的线性工作空间和转动能力。

第4章 闭环支链型高速并联机器人运动和力交互特性研究

4.1 本 章 引 论

  Delta 高速并联机器人机构自发明应用以来,在工业实践中不断地体现出其闭环支链设计方案稳定可靠和安装便捷等性能优势。闭环支链型设计方案被高速并联机器人所采用,现已成为高速并联机器人的典型结构特征。已有大量研究表明,高速并联机器人的"尺度参数"对机器人性能有重要影响。不同尺度参数下的机器人性能差异显著,尺度参数优化也已成为保障机器人性能的有效手段。相比之下,高速并联机器人闭环支链内部的"结构参数"却鲜有研究。闭环支链的结构参数是否影响机器人性能?如果影响,将如何影响?目前,学术界对上述这两个问题的认识仍然不够清晰。实验研究和仿真分析均可表明,具有不同闭环支链结构参数的 Delta 高速并联机器人能够体现出承载能力和精度等方面的性能差异。如何揭示闭环支链型并联机器人关键结构参数对机器人性能的影响成为闭环支链型并联机器人性能评价亟须解决的关键问题。

  基于 Jacobian 矩阵数学特征的性能指标是机器人性能分析的常用方法,然而,对闭环支链型并联机器人进行 Jacobian 矩阵建模时未能考虑闭环支链的结构参数。因此,基于 Jacobian 矩阵数学特征的性能指标无法反映闭环被动臂的结构参数对机器人性能的影响。换言之,对具有相同尺度参数和不同闭环支链结构参数的并联机器人机构而言,反映其输入和输出特性的 Jacobian 矩阵并不存在差异。如前文所述,运动和力传递与约束特性指标为并联机器人性能评价提供了一条可行的途径。该方法根据驱动力子空间和约束力子空间的差异将并联机器人的性能评价分为两个层面,即传递特性和约束特性。对于闭环支链型并联机器人而言,支链内部的传递力旋量和约束力旋量呈现出强耦合特性。目前仍没有行之有效的力旋量辨识方法,这为闭环支链型并联机器人的指标求解带来困惑。尽管如此,运动和力传递与约束特性指标为从机构本质属性出发来评价机器人性能提供了思路。

　　闭环支链型高速并联机器人的被动支链属于闭环机构,而非传统意义上的单开链机构,其形态伴随机器人的末端运动而发生改变。但从并联机器人支链的功能属性出发不难理解:①在运动层面,机器人的输入运动由主动臂末端传递至支链内部,而被动支链和主动臂末端直接相连,闭环支链中,内力在机器人的运动输入环节扮演了重要角色;②在力学层面,机器人承受的外载荷由动平台分散至各支链内部,而被动支链和动平台直接相连,闭环支链中内力的作用在机器人的力承载环节同样至关重要。因此,如何表征闭环支链中内力对输入运动的传递能力和对动平台承载能力的影响是闭环支链型并联机器人性能评价的核心也是难点所在。

　　为了解决上述关键难点,本章提出了一种"锁定-驱动"策略来考察并联机器人在近架端和远架端①的运动行为和力学行为。①当锁定机器人各支链驱动单元时,考察闭环支链型并联机器人远端的力承载特性。此时,动平台受到来自支链的远端力旋量用以抵抗外界载荷,若移除一个远端力旋量,则动平台将产生一个虚拟远端运动旋量,研究远端力旋量和虚拟远端运动旋量的作用机制,并据此定义指标评价机器人的力承载能力。②当驱动机器人各支链驱动单元时,考察闭环支链型并联机器人近端的运动传递特性。此时,各个支链将分别产生一个近端力旋量以将近端实际运动旋量传递至支链内部,研究近端力旋量和近端实际运动旋量的作用机制,并据此定义指标评价机器人的运动传递能力。

　　本章剩余部分按照如下方式组织:4.2 节首先结合闭环支链型并联机器人机构案例说明当前闭环支链型并联机器人的运动和力传递与约束特性分析面临的困惑,然后介绍用于评价闭环支链型并联机器人的运动和力交互作用特性的"锁定-驱动"策略,定义远端交互指标和近端交互指标,并给出典型闭环支链型并联机器人的远端和近端力旋量辨识案例,紧接着在所提出的远端交互指标和近端交互指标的基础上,进一步定义局域和全域运动和力交互指标,并给出闭环支链型并联机器人的运动和力交互特性评价方法流程,最后给出闭环支链型并联机器人的运动和力交互特性分析算例;4.3 节将所提出的运动和力交互特性评价方法推广到冗余驱动和过约束闭环支链型并联机器人领域;4.4 节进行 Delta、冗余驱动 Delta 和过约束

---

　　①　近架端:闭环支链靠近机架的一端;远架端:闭环支链远离机架的一端。

Delta 闭环支链型高速并联机器人的性能分析与评估,考察闭环被动臂的结构参数对机器人性能的影响并揭示影响规律;4.5 节进行本章总结。

4.2　闭环支链型并联机器人的运动和力交互特性评价方法

4.2.1　问题提出

众所周知,并联机器人的本质属性是将所需的运动和力从机构的输入端传递至输出端,并约束剩余的运动和力。通过揭示并联机器人机构运动和力的作用机制,研究[110] 提出了一套并联机器人运动和力传递与约束特性评价方法。该方法根据传递力旋量和约束力旋量对许让运动旋量和受限运动旋量的作用效果,将并联机器人性能评价分为传递和约束两个层面。然而,在闭环支链型并联机器人的支链内部,传递力旋量和约束力旋量呈现出强耦合特性。如何有效辨识和分离闭环支链型并联机器人支链内部的传递力旋量和约束力旋量目前仍然是一个悬而未决的问题。本节接下来结合具体案例进行说明。

图 4.1(a)所示的平面 2P6R 并联机器人机构中,第 1 支链包含两条被动杆 $B_{1,1}C_{1,1}$ 和 $B_{1,2}C_{1,2}$,其内部存在闭合回路 $B_{1,1}$-$B_{1,2}$-$C_{1,2}$-$C_{1,1}$-$B_{1,1}$,该支链被称作闭环支链。由此,2P6R 并联机器人也被称为闭环支链型并联机器人。不难发现,2P6R 并联机器人机构的第 1 支链不再是传统意义上的单开链机构,其形态也伴随机器人的末端运动而发生改变。由理论力学中"二力杆"原理可知,闭环支链内部存在两个分别沿着 $B_{1,1}C_{1,1}$ 和 $B_{1,2}C_{1,2}$ 方向的线性力旋量。显然,这两个力旋量并非传统意义上的传递力旋量或约束力旋量。在如图 4.1(b)所示的空间 3-[PP]SS^2 并联机器人机构中,3 条支链均包含两条被动杆 $B_iC_{i,1}$ 和 $B_iC_{i,2}$($i=1,2,3$),其内部存在闭合回路 B_i-$C_{i,1}$-$C_{i,2}$-B_i。根据文献[231],严格辨识出支链内部的传递力旋量或约束力旋量并非易事。但同样由"二力杆"原理可知,闭环支链内部存在两个既非传递力旋量也非约束力旋量的线性力旋量,这两个力旋量分别沿着 $B_iC_{i,1}$ 和 $B_iC_{i,2}$ 方向。

上述现象为闭环支链型并联机器人的运动和力传递与约束特性分析带来困难。但可以明确的是,两类机器人机构的支链内部真实存在着两个力旋量,这两个真实存在的力旋量既非严格意义上的传递力旋量也非严格意

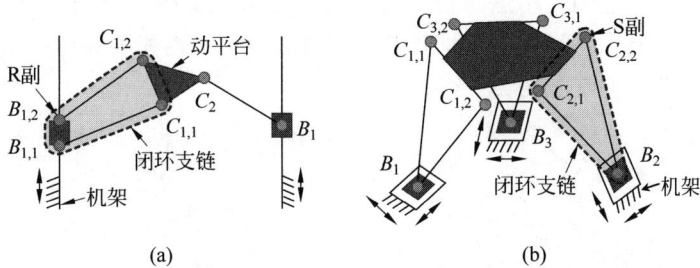

图 4.1　闭环支链型并联机器人机构

(a) 平面 2P6R 并联机器人机构；(b) 空间 3-[PP]SS^2 并联机器人机构

义上的约束力旋量。因此,有理由认为,这类并联机器人机构的运动和力的传递与约束特性相互耦合。这一认知成为本章探讨闭环支链型并联机器人运动和力传递与约束耦合特性的动因。为了区分现有方法,本章将所研究的运动和力传递与约束耦合特性定义为并联机器人的运动和力交互特性。

4.2.2　远端交互特性研究策略与指标定义

对于一般性的空间并联机器人动平台的承载能力这一概念的理解十分重要。当机器人执行任务时,动平台作为一个空间刚体需要平衡来自外界环境的任意广义力旋量(外载荷)。要实现这一目标,机器人的每条支链无疑要贡献各自的内力。对于非冗余和恰约束的并联机器人而言,无论支链提供的是传递力旋量、约束力旋量抑或其他形式的力旋量,支链最终作用在动平台上的将是元素数目为 6 的力旋量集合。要实现可以抵抗任意外载荷的目标,该力旋量集合需是一个六维力旋量空间。如果该力旋量空间维度降低,则必然造成某些方向的外载荷无法被支链内力抵消。换言之,若支链提供的力旋量存在线性相关情况,将会导致并联机器人的承载能力失效。从这一角度来看,支链提供的力旋量是传递力旋量还是约束力旋量则显得无足轻重。相反,支链所提供的全部力旋量对动平台的综合作用效果更值得被关注。

1. 并联机器人驱动单元的"锁定"研究策略

当锁定并联机器人的驱动单元时,并联机器人不再是一个机构,而是转变成一个整体结构件。此时,考察并联机器人机构的远端部分可知,各支链力旋量共同作用于动平台,如图 4.2(a)所示,力旋量在动平台上的作用点^dA_j被称作远端作用点。当支链提供的全部力旋量之间均线性独立时，机器人承载能力将得到有效保障。力旋量之间的线性相关性可以用来表征机器人动平台的承载能力。

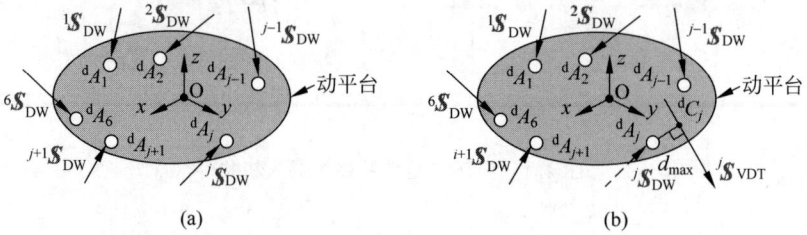

图 4.2   并联机器人机构远端部分的运动和力学行为

(a) 各支链力旋量共同作用于动平台；(b) 移除一个力旋量后生成一个运动旋量

在研究支链力旋量之间的线性相关性之前，需要获取施加在动平台上的力旋量集合。假设所研究的并联机器人有 n 条支链，其中第 i 支链包含 m_i 条被动链。如果 $m_i=1$，可判断第 i 支链为具有单开链结构的常规支链，如图 4.3(a)所示的第 n 支链。如果 $m_i\geqslant2$，则可判断第 i 支链为具有闭环结构的闭环支链，如图 4.3(a)所示的第 1 支链，此时 $m_i=2$。下面本节给出不同结构形式的支链所提供的力旋量及施加在动平台上的力旋量集合的辨识方法。

(1) 当第 i 支链为具有单开链结构的常规支链时，根据文献[108]和文献[231]，可直接求得该支链的传递力旋量和约束力旋量。所求得的传递力旋量和约束力旋量共同构成第 i 支链的力旋量空间$^i\boldsymbol{\Omega}_{WS}$ 并作用于动平台。

(2) 当第 i 支链为具有闭环结构的闭环支链时，m_i 条被动链各自提供的力旋量需要被分开考虑。假设移除第 i 支链中除第 q_i 个被动链外所有的 m_i-1 条被动链，第 i 支链可被看作一条具有单开链结构的常规支链。此时该常规支链所提供的传递力旋量和约束力旋量可由文献[108]和文献[231]求得。所求得的传递力旋量和约束力旋量构成支链力旋量空间$^{i,q_i}\boldsymbol{\Omega}_{WS}$ 并作用于动平台，如图 4.3(b)所示。当 q_i 取值 $1\sim m_i$ 时，会产生 m_i 个常规支链并伴随 m_i 个支链力旋量空间。将全部 m_i 个力旋量空间求并集可以获得第 i 支链作用于动平台的力旋量空间$^i\boldsymbol{\Omega}_{WS}={}^{i,1}\boldsymbol{\Omega}_{WS}\bigcup{}^{i,2}\boldsymbol{\Omega}_{WS}\bigcup\cdots\bigcup{}^{i,q_i}\boldsymbol{\Omega}_{WS}\bigcup\cdots\bigcup{}^{i,m_i}\boldsymbol{\Omega}_{WS}$。

(3) 综合上述力旋量辨识结果，将所有 n 条支链的力旋量空间求并集可求得全部支链作用于动平台上的力旋量集合$\boldsymbol{\Omega}_{WS}={}^1\boldsymbol{\Omega}_{WS}\bigcup{}^2\boldsymbol{\Omega}_{WS}\bigcup\cdots$

$\bigcup {}^{i}\boldsymbol{\Omega}_{\text{WS}} \bigcup \cdots \bigcup {}^{n}\boldsymbol{\Omega}_{\text{WS}}$。

(a)

(b)

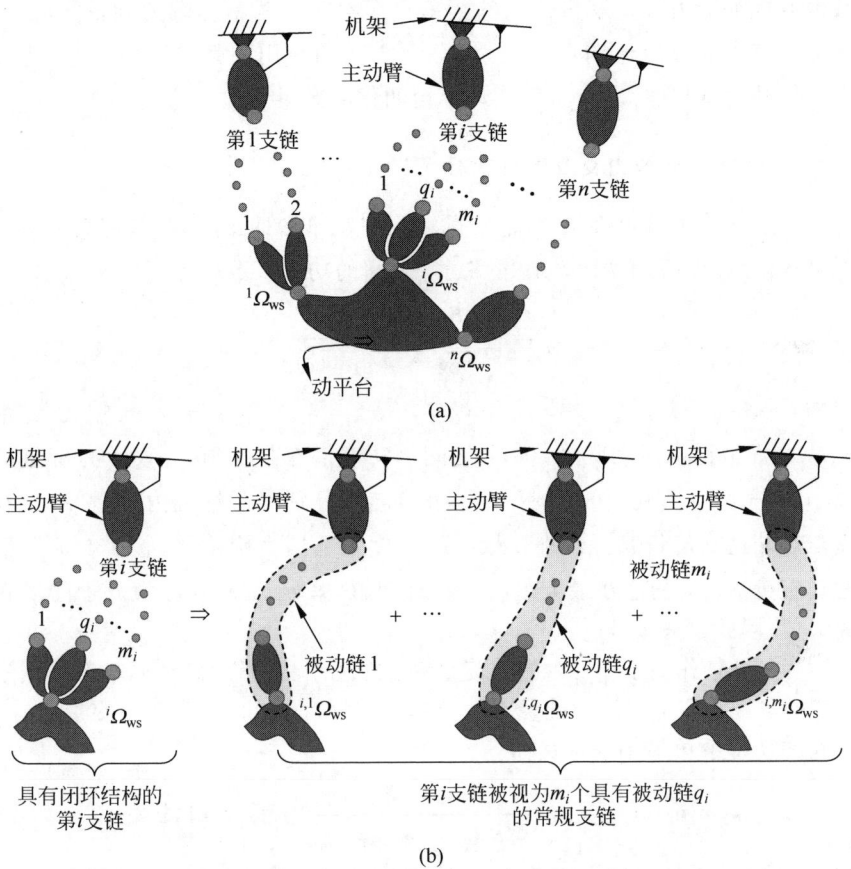

图 4.3　闭环支链型并联机器人支链力旋量空间辨识

(a) 闭环支链型并联机器人示意；(b) 闭环支链力旋量求解

需要注意的是,对于非冗余和恰约束的并联机器人而言,所有支链作用于动平台上的力旋量集合中的元素数目为 6。因此,所有支链作用于动平台上的力旋量集合可以整理成 $\boldsymbol{\Omega}_{\text{WS}} = \{ {}^{1}\boldsymbol{S}_{\text{DW}}, {}^{2}\boldsymbol{S}_{\text{DW}}, \cdots, {}^{j}\boldsymbol{S}_{\text{DW}}, \cdots, {}^{6}\boldsymbol{S}_{\text{DW}} \}$ $(j=1,2,\cdots,6)$。如图 4.2(a)所示,${}^{j}\boldsymbol{S}_{\text{DW}}$ 代表施加在动平台上的第 j 个远端力旋量(distal wrench screw,DWS)。

假设从作用于动平台的力旋量集合中移除一个远端力旋量 ${}^{j}\boldsymbol{S}_{\text{DW}}$ 后,如图 4.2(b)所示,动平台将会产生一个虚拟的运动旋量。因为与远端力旋量对应,因此所产生的运动旋量被称作虚拟远端运动旋量(virtual distal twist screw,VDTS)$^j\boldsymbol{S}_{\text{VDT}}$。不难发现,虚拟远端运动旋量$^j\boldsymbol{S}_{\text{VDT}}$ 仅和未移除的其他 5 个远端力旋量及机器人的当前位姿有关。考察远端力旋量$^j\boldsymbol{S}_{\text{DW}}$ 和移除后产生的虚拟远端运动旋量$^j\boldsymbol{S}_{\text{VDT}}$ 之间的作用关系,这可以在一定程度上反映力旋量$^j\boldsymbol{S}_{\text{DW}}$ 对机器人动平台的作用效果。

2. 远端运动和力交互特性指标定义

为了评价远端力旋量$^j\boldsymbol{S}_{\text{DW}}$ 移除前后对动平台的影响,本节定义远端力旋量$^j\boldsymbol{S}_{\text{DW}}$ 和虚拟远端运动旋量$^j\boldsymbol{S}_{\text{VDT}}$ 之间的功率系数指标:

$$\vartheta_j = \frac{|^j\boldsymbol{S}_{\text{DW}} \circ {}^j\boldsymbol{S}_{\text{VDT}}|}{|^j\boldsymbol{S}_{\text{DW}} \circ {}^j\boldsymbol{S}_{\text{VDT}}|_{\max}} \tag{4-1}$$

其中,$|^j\boldsymbol{S}_{\text{DW}} \circ {}^j\boldsymbol{S}_{\text{VDT}}|_{\max} = f\omega\sqrt{(h_{\text{DW}}+h_{\text{VDT}})^2+d_{\max}^2}$ 表示远端力旋量$^j\boldsymbol{S}_{\text{DW}}$ 和虚拟远端运动旋量$^j\boldsymbol{S}_{\text{VDT}}$ 之间的功率潜在最大值,f 表示力旋量的大小,ω 表示运动旋量的大小;h_{DW} 和 h_{VDT} 分别表示远端力旋量$^j\boldsymbol{S}_{\text{DW}}$ 和虚拟远端运动旋量$^j\boldsymbol{S}_{\text{VDT}}$ 的节距;$d_{\max}$ 代表远端力旋量$^j\boldsymbol{S}_{\text{DW}}$ 和虚拟远端运动旋量$^j\boldsymbol{S}_{\text{VDT}}$ 的潜在最大距离。不难理解,式(4-1)的分母为分子的潜在最大值,因此 $\vartheta_j \in [0,1]$。

为了评估作用于动平台的力旋量集合对动平台的综合影响,本节根据最差工况准则将全部远端力旋量$^j\boldsymbol{S}_{\text{DW}}$ 和与之对应的虚拟远端运动旋量$^j\boldsymbol{S}_{\text{VDT}}$ 之间的功率系数最小值定义如下:

$$\xi = \min_j\{\vartheta_j\} = \min_j\left\{\frac{|^j\boldsymbol{S}_{\text{DW}} \circ {}^j\boldsymbol{S}_{\text{VDT}}|}{|^j\boldsymbol{S}_{\text{DW}} \circ {}^j\boldsymbol{S}_{\text{VDT}}|_{\max}}\right\}, \quad j=1,2,\cdots,6 \tag{4-2}$$

其中,指标 ξ 表示远端力旋量$^j\boldsymbol{S}_{\text{DW}}$ 和虚拟远端运动旋量$^j\boldsymbol{S}_{\text{VDT}}$ 之间的能量作用效率,即运动和力的远端交互特性,因此也被称作运动和力的远端交互指标(distal interaction index,DII)。ξ 指标数值越大,说明远端力旋量和虚拟远端运动旋量之间的交互越有效,同时表示并联机器人对动平台上外载荷的抵抗能力越好。

当机器人的运动和力的远端交互特性最差时,机器人对应运动和力的远端交互奇异。如前文所述,此时远端力旋量之间呈线性相关关系,机器人的动平台失去承载能力。将远端力旋量$^j\boldsymbol{S}_{\text{DW}}$ 和虚拟远端运动旋量$^j\boldsymbol{S}_{\text{VDT}}$ 之间的互易积定义如下:

$$\mu = \min_j\{^j\boldsymbol{S}_{\text{DW}} \circ {}^j\boldsymbol{S}_{\text{VDT}}\}, \quad j=1,2,\cdots,6 \tag{4-3}$$

其中,指标 μ 表示远端力旋量$^j\boldsymbol{S}_{\text{DW}}$ 和虚拟远端运动旋量$^j\boldsymbol{S}_{\text{VDT}}$ 之间的瞬时

功率,即运动和力的远端交互有效性。当远端力旋量和虚拟远端运动旋量的瞬时功率为 0 时,则机器人的运动和力的远端交互无效,此时机器人产生远端交互奇异。这里 μ 也被称作远端交互奇异指标(distal interaction singularity index,DISI)。下面本节给出并联机器人的远端交互奇异定理和相关证明。

【定理 4.1】　对于力旋量集合元素数目为 6 的并联机器人,如果产生远端交互奇异,则至少有一组远端力旋量 ${}^{j}\boldsymbol{S}_{\mathrm{DW}}$ 和虚拟远端运动旋量 ${}^{j}\boldsymbol{S}_{\mathrm{VDT}}$ 的互易积为 0。

证明:对于力旋量集合元素数目为 6 的并联机器人,如果产生远端交互奇异,则力旋量集合中的远端力旋量之间呈线性相关关系。因此力旋量中至少有一个满足

$$
\begin{aligned}
{}^{j}\boldsymbol{S}_{\mathrm{DW}} = &\, k_1 {}^{1}\boldsymbol{S}_{\mathrm{DW}} + k_2 {}^{2}\boldsymbol{S}_{\mathrm{DW}} + \cdots + k_{j-1} {}^{j-1}\boldsymbol{S}_{\mathrm{DW}} + \\
&\, k_{j+1} {}^{j+1}\boldsymbol{S}_{\mathrm{DW}} + \cdots + k_6 {}^{6}\boldsymbol{S}_{\mathrm{DW}}
\end{aligned}
\tag{4-4}
$$

其中,$j=1,2,\cdots,6$。根据虚拟远端运动旋量 ${}^{j}\boldsymbol{S}_{\mathrm{VDT}}$ 的定义可知

$$
{}^{j}\boldsymbol{S}_{\mathrm{VDT}} \circ {}^{q}\boldsymbol{S}_{\mathrm{DW}} = 0, \quad j=1,2,\cdots,6; j \neq q
\tag{4-5}
$$

远端力旋量 ${}^{j}\boldsymbol{S}_{\mathrm{DW}}$ 和虚拟远端运动旋量 ${}^{j}\boldsymbol{S}_{\mathrm{VDT}}$ 的互易积为

$$
\begin{aligned}
{}^{j}\boldsymbol{S}_{\mathrm{DW}} \circ {}^{j}\boldsymbol{S}_{\mathrm{VDT}} = &\, k_1 ({}^{1}\boldsymbol{S}_{\mathrm{DW}} \circ {}^{j}\boldsymbol{S}_{\mathrm{VDT}}) + k_2 ({}^{2}\boldsymbol{S}_{\mathrm{DW}} \circ {}^{j}\boldsymbol{S}_{\mathrm{VDT}}) + \cdots + \\
&\, k_{j-1} ({}^{j-1}\boldsymbol{S}_{\mathrm{DW}} \circ {}^{j}\boldsymbol{S}_{\mathrm{VDT}}) + k_{j+1} ({}^{j+1}\boldsymbol{S}_{\mathrm{DW}} \circ {}^{j}\boldsymbol{S}_{\mathrm{VDT}}) + \cdots + \\
&\, k_6 ({}^{6}\boldsymbol{S}_{\mathrm{DW}} \circ {}^{j}\boldsymbol{S}_{\mathrm{VDT}}) \\
= &\, 0
\end{aligned}
\tag{4-6}
$$

因此,至少有一组远端力旋量 ${}^{j}\boldsymbol{S}_{\mathrm{DW}}$ 和虚拟远端运动旋量 ${}^{j}\boldsymbol{S}_{\mathrm{VDT}}$ 的互易积为 0。定理证毕 □

基于上述并联机器人的远端交互奇异定理,本节给出可作为并联机器人的远端交互奇异判据的如下引理 4.1。

【引理 4.1】　对于力旋量集合元素数目为 6 的并联机器人,如果 $\mu \neq 0$,则机器人不发生远端交互奇异;如果 $\mu = 0$,则机器人发生远端交互奇异。

3. 典型闭环支链型并联机器人的远端力旋量辨识案例

并联机器人支链施加在动平台上的力旋量是开展运动和力远端交互特性分析与评价的基础。本节下面结合典型的闭环支链型并联机器人案例,给出具体的远端力旋量辨识过程。

本节以 SCARA-Tau 高速并联机器人的一条闭环支链为例进行分析。

如图 4.4 所示，该支链可表示成 RS^3S^3，具有 $m_i = 3$ 条被动链。当移除支链中除第 1 条被动链外的两条被动链后，该支链可被看作一条具有单开链结构的常规 RSS 支链。根据文献[108]和文献[231]可辨识出 RSS 常规支链仅提供一个传递力旋量 $^1\boldsymbol{S}_{DW} = (B_{1,1}C_{1,1}; \boldsymbol{c}_{1,1} \times B_{1,1}C_{1,1})$，即 RSS 支链力旋量空间 $^{1,1}\boldsymbol{\Omega}_{WS} = \{^1\boldsymbol{S}_{DW}\}$。同理，当移除支链中除第 2 个和第 3 个被动链外的两条被动链后，可得到另外两条常规 RSS 支链。两条 RSS 支链均提供一个传递力旋量 $^2\boldsymbol{S}_{DW} = (B_{1,2}C_{1,2}; \boldsymbol{c}_{1,2} \times B_{1,2}C_{1,2})$ 和 $^3\boldsymbol{S}_{DW} = (B_{1,3}C_{1,3}; \boldsymbol{c}_{1,3} \times B_{1,3}C_{1,3})$，其力旋量空间分别为 $^{1,2}\boldsymbol{\Omega}_{WS} = \{^2\boldsymbol{S}_{DW}\}$ 和 $^{1,3}\boldsymbol{\Omega}_{WS} = \{^3\boldsymbol{S}_{DW}\}$。其中，$\boldsymbol{c}_{i,q_i}$ 表示 SCARA-Tau 高速并联机器人中点 C_{i,q_i} 的位置矢量。综上可知，该闭环支链作用于机器人动平台上的力旋量空间为 $^1\boldsymbol{\Omega}_{WS} = {}^{1,1}\boldsymbol{\Omega}_{WS} \cup {}^{1,2}\boldsymbol{\Omega}_{WS} \cup {}^{1,3}\boldsymbol{\Omega}_{WS} = \{^1\boldsymbol{S}_{DW}, {}^2\boldsymbol{S}_{DW}, {}^3\boldsymbol{S}_{DW}\}$，各远端力旋量的远端作用点分别为 $^dA_1 = C_{1,1}$、$^dA_2 = C_{1,2}$ 和 $^dA_3 = C_{1,3}$。

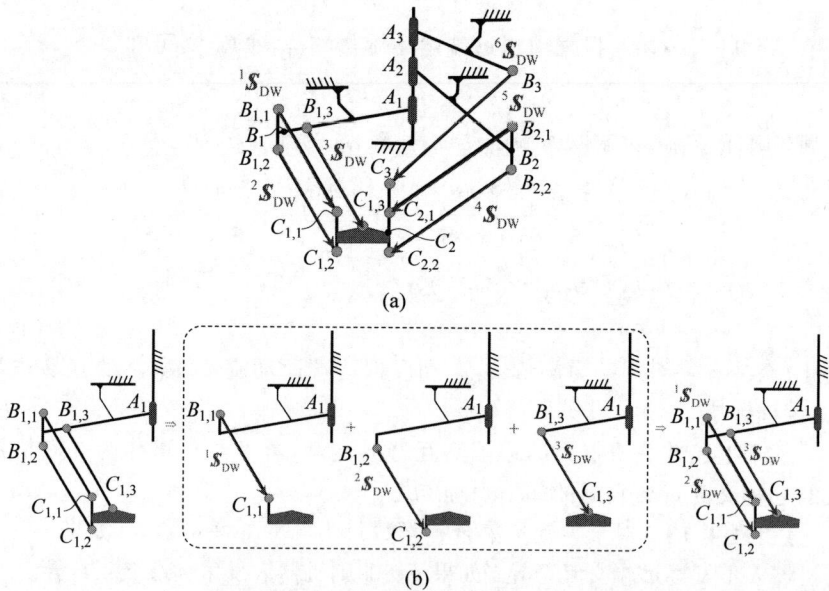

(a)

(b)

图 4.4 SCARA-Tau 闭环支链型并联机器人支链力旋量辨识

(a) 机器人机构示意；(b) 远端力旋量辨识

本节以 Delta 高速并联机器人为例进行分析。如图 4.5 所示，机构可以表示为 $3\text{-}RS^2S^2$，每条支链有 $m_i = 2$ 条被动链。以第 1 支链为例，当分别移除支链中除第 1 个和除第 2 个被动链外的一条被动链后，可得到两条常规

RSS 支链。两条 RSS 支链均提供一个传递力旋量$^1\boldsymbol{S}_{\mathrm{DW}}=(B_{1,1}C_{1,1}; \boldsymbol{c}_{1,1}\times B_{1,1}C_{1,1})$和$^2\boldsymbol{S}_{\mathrm{DW}}=(B_{1,2}C_{1,2}; \boldsymbol{c}_{1,2}\times B_{1,2}C_{1,2})$,其力旋量空间分别为$^{1,1}\boldsymbol{\Omega}_{\mathrm{WS}}=\{^1\boldsymbol{S}_{\mathrm{DW}}\}$和$^{1,2}\boldsymbol{\Omega}_{\mathrm{WS}}=\{^2\boldsymbol{S}_{\mathrm{DW}}\}$。综上可知,第 1 支链作用于动平台的力旋量空间为$^1\boldsymbol{\Omega}_{\mathrm{WS}}=^{1,1}\boldsymbol{\Omega}_{\mathrm{WS}}\bigcup ^{1,2}\boldsymbol{\Omega}_{\mathrm{WS}}=\{^1\boldsymbol{S}_{\mathrm{DW}}, ^2\boldsymbol{S}_{\mathrm{DW}}\}$。同理,第 2 支链和第 3 支链作用于动平台的力旋量空间分别为$^2\boldsymbol{\Omega}_{\mathrm{WS}}=\{^3\boldsymbol{S}_{\mathrm{DW}}, ^4\boldsymbol{S}_{\mathrm{DW}}\}$和$^3\boldsymbol{\Omega}_{\mathrm{WS}}=\{^5\boldsymbol{S}_{\mathrm{DW}}, ^6\boldsymbol{S}_{\mathrm{DW}}\}$,其中$^3\boldsymbol{S}_{\mathrm{DW}}=(B_{2,1}C_{2,1}; \boldsymbol{c}_{2,1}\times B_{2,1}C_{2,1})$、$^4\boldsymbol{S}_{\mathrm{DW}}=(B_{2,2}C_{2,2}; \boldsymbol{c}_{2,2}\times B_{2,2}C_{2,2})$、$^5\boldsymbol{S}_{\mathrm{DW}}=(B_{3,1}C_{3,1}; \boldsymbol{c}_{3,1}\times B_{3,1}C_{3,1})$和$^6\boldsymbol{S}_{\mathrm{DW}}=(B_{3,2}C_{3,2}; \boldsymbol{c}_{3,2}\times B_{3,2}C_{3,2})$。其中,$\boldsymbol{c}_{i,q_i}$表示 Delta 高速并联机器人中点$C_{i,q_i}$的位置矢量。最终,全部支链作用于动平台的力旋量空间为$\boldsymbol{\Omega}_{\mathrm{WS}}=^1\boldsymbol{\Omega}_{\mathrm{WS}}\bigcup ^2\boldsymbol{\Omega}_{\mathrm{WS}}=\{^1\boldsymbol{S}_{\mathrm{DW}}, ^2\boldsymbol{S}_{\mathrm{DW}}, ^3\boldsymbol{S}_{\mathrm{DW}}, ^4\boldsymbol{S}_{\mathrm{DW}}, ^5\boldsymbol{S}_{\mathrm{DW}}, ^6\boldsymbol{S}_{\mathrm{DW}}\}$,各远端力旋量的远端作用点分别为$^{\mathrm{d}}A_1=C_{1,1}$、$^{\mathrm{d}}A_2=C_{1,2}$、$^{\mathrm{d}}A_3=C_{2,1}$、$^{\mathrm{d}}A_4=C_{2,2}$、$^{\mathrm{d}}A_5=C_{3,1}$和$^{\mathrm{d}}A_6=C_{3,2}$。

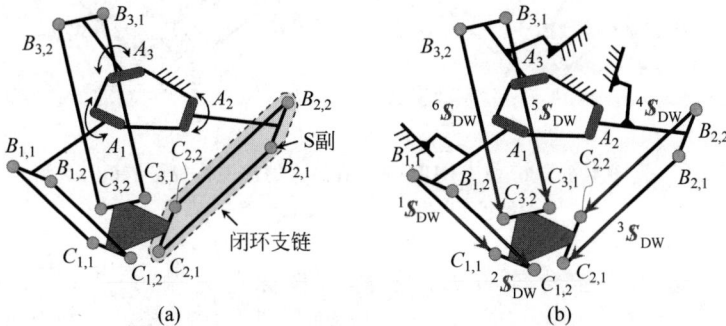

图 4.5　Delta 高速并联机器人的远端力旋量辨识

(a) 机器人机构示意；(b) 远端力旋量辨识

本节接下来以 PaU^{2}U^2/RUU 并联机器人为例进行分析。如图 4.6 所示,第 1 支链有 $m_i=2$ 条被动链。当移除该支链中除第 1 个被动链外的一条被动链后,可得到一条常规 PaUU 支链。该 PaUU 支链提供一个传递力旋量$^1\boldsymbol{S}_{\mathrm{DW}}=(B_{1,1}C_{1,1}; \boldsymbol{c}_{1,1}\times B_{1,1}C_{1,1})$和一个约束力旋量$^2\boldsymbol{S}_{\mathrm{DW}}=(\boldsymbol{0}; \boldsymbol{n}_{1,1})$,其力旋量空间分别为$^{1,1}\boldsymbol{\Omega}_{\mathrm{WS}}=\{^1\boldsymbol{S}_{\mathrm{DW}}; ^2\boldsymbol{S}_{\mathrm{DW}}\}$。同理,移除该支链中除第 2 个被动链外的一条被动链后,可得到另一条常规 PaUU 支链。该 PaUU 支链提供一个传递力旋量$^3\boldsymbol{S}_{\mathrm{DW}}=(B_{1,2}C_{1,2}; \boldsymbol{c}_{1,2}\times B_{1,2}C_{1,2})$和一个约束力旋量$^4\boldsymbol{S}_{\mathrm{DW}}=(\boldsymbol{0}; \boldsymbol{n}_{1,2})$,其力旋量空间分别为$^{1,2}\boldsymbol{\Omega}_{\mathrm{WS}}=\{^3\boldsymbol{S}_{\mathrm{DW}}; ^4\boldsymbol{S}_{\mathrm{DW}}\}$。综上可知,第 1 支链作用于动平台的力旋量空间为$^1\boldsymbol{\Omega}_{\mathrm{WS}}=$

$^{1,1}\boldsymbol{\Omega}_{\mathrm{WS}} \bigcup ^{1,2}\boldsymbol{\Omega}_{\mathrm{WS}} = \{^{1}\boldsymbol{s}_{\mathrm{DW}}, ^{2}\boldsymbol{s}_{\mathrm{DW}}, ^{3}\boldsymbol{s}_{\mathrm{DW}}, ^{4}\boldsymbol{s}_{\mathrm{DW}}\}$。第 2 支链有 $m_i = 1$ 条被动链,即直接视为常规 RUU 支链。可辨识出 RUU 支链提供一个传递力旋量 $^{5}\boldsymbol{s}_{\mathrm{DW}} = (B_2 C_2; \boldsymbol{c}_2 \times B_2 C_2)$ 和一个约束力旋量 $^{6}\boldsymbol{s}_{\mathrm{DW}} = (\boldsymbol{0}; \boldsymbol{n}_2)$,即 RUU 支链力旋量空间 $^{2}\boldsymbol{\Omega}_{\mathrm{WS}} = \{^{5}\boldsymbol{s}_{\mathrm{DW}}, ^{6}\boldsymbol{s}_{\mathrm{DW}}\}$。其中,$\boldsymbol{n}_{i,q_i}$($\boldsymbol{n}_i$)表示 $\mathrm{PaU}^2\mathrm{U}^2$-RUU 高速并联机器人中位于点 C_{i,q_i}(C_i)处的 U 副两条转轴所构成平面的法线失量。最终,全部支链作用于动平台的力旋量空间为 $\boldsymbol{\Omega}_{\mathrm{WS}} = {}^{1}\boldsymbol{\Omega}_{\mathrm{WS}} \bigcup {}^{2}\boldsymbol{\Omega}_{\mathrm{WS}} = \{^{1}\boldsymbol{s}_{\mathrm{DW}}, ^{2}\boldsymbol{s}_{\mathrm{DW}}, ^{3}\boldsymbol{s}_{\mathrm{DW}}, ^{4}\boldsymbol{s}_{\mathrm{DW}}, ^{5}\boldsymbol{s}_{\mathrm{DW}}, ^{6}\boldsymbol{s}_{\mathrm{DW}}\}$,各远端力旋量的远端作用点分别为 $^{d}A_1 = {}^{d}A_2 = C_{1,1}$、$^{d}A_3 = {}^{d}A_4 = C_{1,2}$ 和 $^{d}A_5 = {}^{d}A_6 = C_2$。

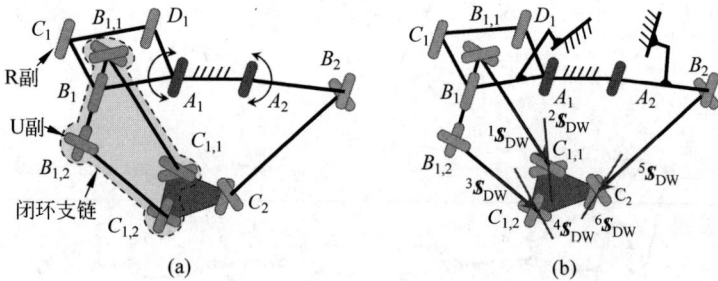

图 4.6　$\mathrm{PaU}^2\mathrm{U}^2$-RUU 并联机器人的远端力旋量辨识
(a) 机器人机构示意;(b) 远端力旋量辨识

4.2.3　近端交互特性的研究策略与指标定义

并联机器人实现运动的关键在于将驱动单元的运动传递到机器人内部,进而传递至输出端。因此,评价机器人对驱动单元输入运动的传递效率具有重要意义。

1. 并联机器人驱动单元的"驱动"研究策略

当驱动机器人的驱动单元时,并联机器人由结构件转为可动机构。这时,对应每条支链驱动单元的输入运动,都将伴随产生相应的力旋量。力旋量的作用无疑是将支链驱动单元的输入运动传递到机器人内部。考察并联机器人机构的近端部分可知,如图 4.7(a) 所示,各支链所产生的力旋量作用于各支链的驱动单元。对并联机器人支链而言,驱动单元的输入运动并非沿着各个力旋量进行分散传递。为保证最高的传递效率,机构内部运动的传递通常遵循最优路径原则。在此,驱动单元的输入运动被称作实际近端运动(actual proximal twist screw,APTS),记为$^i\boldsymbol{S}_{\text{APT}}$。对应于实际近端运动且符合最优路径原则的力旋量被称作近端力旋量(proximal wrench screw,PWS),记为$^i\boldsymbol{S}_{\text{PW}}$。

不难理解,近端力旋量$^i\boldsymbol{S}_{\text{PW}}$取决于两个基本要素。第一个要素是近端力旋量$^i\boldsymbol{S}_{\text{PW}}$属于支链力旋量系;第二个要素是近端力旋量$^i\boldsymbol{S}_{\text{PW}}$要实现实际近端运动$^i\boldsymbol{S}_{\text{APT}}$的最优传递。由这两个基本要素可以建立如下近端力旋量$^i\boldsymbol{S}_{\text{PW}}$的辨识准则。

(1) 近端力旋量$^i\boldsymbol{S}_{\text{PW}}$属于支链力旋量系,即$^i\boldsymbol{S}_{\text{PW}}$位于由每条支链的远端力旋量所张成的力旋量空间$^i\boldsymbol{\Omega}_{\text{WS}}$内,如图 4.7(a)所示。换言之,近端力旋量$^i\boldsymbol{S}_{\text{PW}}$可以表示成支链力旋量的线性组合$^i\boldsymbol{S}_{\text{PW}} = \sum^{l}\theta_k \,^k\boldsymbol{S}_{\text{W}}^i$。其中,$^k\boldsymbol{S}_{\text{W}}^i$为第 i 支链中的第 k 个力旋量,θ_k 为$^k\boldsymbol{S}_{\text{W}}^i$的系数。

(2) 近端力旋量$^i\boldsymbol{S}_{\text{PW}}$可实现实际近端运动$^i\boldsymbol{S}_{\text{APT}}$的最优传递,即近端力旋量$^i\boldsymbol{S}_{\text{PW}}$和实际近端运动$^i\boldsymbol{S}_{\text{APT}}$之间瞬时做功功率最大,如图 4.7(b)所示。为消除近端力旋量$^i\boldsymbol{S}_{\text{PW}}$和实际近端运动$^i\boldsymbol{S}_{\text{APT}}$的模长对辨识结果的影响,这里采用单位近端力旋量$^i\boldsymbol{S}_{\text{PW}}^u$和单位实际近端运动$^i\boldsymbol{S}_{\text{APT}}^u$的瞬时功率$^iW_{\text{IP}}^u$表示,即$^iW_{\text{IP}}^u = (^i\boldsymbol{S}_{\text{PW}}^u \circ \,^i\boldsymbol{S}_{\text{APT}}^u) \rightarrow \max$。

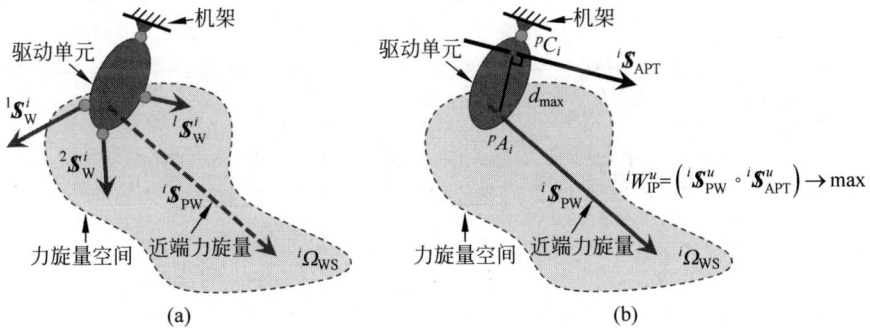

图 4.7　并联机器人机构近端部分的运动和力学行为

(a) 支链力旋量作用于驱动单元；(b) 输入运动的最优传递方式

上述近端力旋量$^i\boldsymbol{S}_{\text{PW}}$的辨识准则可以简化为简单的寻优问题。该优化问题的设计变量为 θ_k,中间变量为

$$ {}^i\boldsymbol{S}_{\mathrm{PW}} = \sum_{k=1}^{l} \theta_k \, {}^k\boldsymbol{S}_{\mathrm{W}}^i \tag{4-7} $$

优化目标为

$$ {}^i W_{\mathrm{IP}}^u = ({}^i\boldsymbol{S}_{\mathrm{PW}}^u \circ {}^i\boldsymbol{S}_{\mathrm{APT}}^u) \to \max \tag{4-8} $$

约束条件为

$$ {}^i\boldsymbol{S}_{\mathrm{PW}} \in {}^i\Omega_{\mathrm{WS}} = \mathrm{span}\{{}^1\boldsymbol{S}_{\mathrm{W}}^i, {}^2\boldsymbol{S}_{\mathrm{W}}^i, \cdots, {}^k\boldsymbol{S}_{\mathrm{W}}^i, \cdots, {}^l\boldsymbol{S}_{\mathrm{W}}^i\} \tag{4-9} $$

对该优化问题进行求解可得一组最优设计变量 θ_k^*，进而根据式(4-7)可求得近端力旋量 ${}^i\boldsymbol{S}_{\mathrm{PW}}$。

2. 近端运动和力交互特性指标定义

为了评价近端力旋量 ${}^i\boldsymbol{S}_{\mathrm{PW}}$ 对实际近端运动 ${}^i\boldsymbol{S}_{\mathrm{APT}}$ 的作用效果，定义近端力旋量 ${}^i\boldsymbol{S}_{\mathrm{PW}}$ 和实际近端运动旋量 ${}^i\boldsymbol{S}_{\mathrm{APT}}$ 之间的功率系数指标：

$$ \delta_i = \frac{|{}^i\boldsymbol{S}_{\mathrm{PW}} \circ {}^i\boldsymbol{S}_{\mathrm{APT}}|}{|{}^i\boldsymbol{S}_{\mathrm{PW}} \circ {}^i\boldsymbol{S}_{\mathrm{APT}}|_{\max}} \tag{4-10} $$

其中，$|{}^i\boldsymbol{S}_{\mathrm{PW}} \circ {}^i\boldsymbol{S}_{\mathrm{APT}}|_{\max} = f\omega\sqrt{(h_{\mathrm{PW}} + h_{\mathrm{APT}})^2 + d_{\max}^2}$ 表示近端力旋量 ${}^i\boldsymbol{S}_{\mathrm{PW}}$ 和实际近端运动旋量 ${}^i\boldsymbol{S}_{\mathrm{APT}}$ 之间的功率潜在最大值，f 表示力旋量的大小，ω 表示运动旋量的大小；h_{DW} 和 h_{VDT} 分别表示近端力旋量 ${}^i\boldsymbol{S}_{\mathrm{PW}}$ 和实际近端运动旋量 ${}^i\boldsymbol{S}_{\mathrm{APT}}$ 的节距；$d_{\max}$ 代表近端力旋量 ${}^i\boldsymbol{S}_{\mathrm{PW}}$ 和实际近端运动旋量 ${}^i\boldsymbol{S}_{\mathrm{APT}}$ 的潜在最大距离。不难理解，式(4-10)的分母为分子的潜在最大值，因此 $\delta_i \in [0,1]$。

为了评估各支链近端力旋量对驱动单元输入的近端运动旋量的综合传递效果，本节根据最差工况准则将全部近端力旋量 ${}^i\boldsymbol{S}_{\mathrm{PW}}$ 和与之对应的实际近端运动旋量 ${}^i\boldsymbol{S}_{\mathrm{APT}}$ 之间的功率系数最小值定义如下：

$$ \psi = \min_i\{\delta_i\} = \min_i\left\{\frac{|{}^i\boldsymbol{S}_{\mathrm{PW}} \circ {}^i\boldsymbol{S}_{\mathrm{APT}}|}{|{}^i\boldsymbol{S}_{\mathrm{PW}} \circ {}^i\boldsymbol{S}_{\mathrm{APT}}|_{\max}}\right\}, \quad i = 1, 2, \cdots, n \tag{4-11} $$

其中，指标 ψ 表示近端力旋量 ${}^i\boldsymbol{S}_{\mathrm{PW}}$ 和实际近端运动旋量 ${}^i\boldsymbol{S}_{\mathrm{APT}}$ 之间的能量作用效率，即运动和力的近端交互特性，因此也被称作运动和力的近端交互指标(proximal interaction index，PII)。ψ 指标的数值越大，说明近端力旋量和实际近端运动旋量之间的交互越有效，同时表示并联机器人对驱动单元输入运动的传递能力越好。

当机器人的运动和力的近端交互特性最差时，机器人对应运动和力的近端交互奇异。此时近端力旋量失去对近端实际运动旋量的传递能力。本节将近端力旋量$^{i}\boldsymbol{S}_{\mathrm{PW}}$和实际近端运动旋量$^{i}\boldsymbol{S}_{\mathrm{APT}}$之间的互易积定义如下:

$$\nu = \min_{i}\{^{i}\boldsymbol{S}_{\mathrm{PW}} \circ {}^{i}\boldsymbol{S}_{\mathrm{APT}}\} , \quad i=1,2,\cdots,n \tag{4-12}$$

其中,指标ν表示近端力旋量$^{i}\boldsymbol{S}_{\mathrm{PW}}$和实际近端运动旋量$^{i}\boldsymbol{S}_{\mathrm{APT}}$之间的瞬时功率,即运动和力的近端交互有效性。当近端力旋量和实际近端运动旋量的瞬时功率为 0 时,则机器人的运动和力的近端交互无效,此时机器人产生近端交互奇异。这里ν也被称作近端交互奇异指标(proximal interaction singularity index,DISI)。本节接下来给出并联机器人的近端交互奇异定理和相关证明。

【定理 4.2】　如果并联机器人产生近端交互奇异,则至少有一组近端力旋量$^{i}\boldsymbol{S}_{\mathrm{PW}}$和实际近端运动旋量$^{i}\boldsymbol{S}_{\mathrm{APT}}$的互易积为 0。

证明:如果一个并联机器人位于近端交互奇异位置,则至少有一个驱动单元的输入运动无法通过支链传递给机器人。因此,对于任意的$\Theta_{k}(k=1,2,\cdots,j)$,下述$n$个等式至少有一项成立:

$$^{i}W_{\mathrm{IP}} = \left(\sum_{k=1}^{j}\Theta_{k}{}^{k}\boldsymbol{S}_{\mathrm{W}}^{i} \circ {}^{i}\boldsymbol{S}_{\mathrm{APT}}\right) = 0, \quad i=1,2,\cdots,n \tag{4-13}$$

因为$^{i}\boldsymbol{S}_{\mathrm{PW}}$是支链力旋量空间$^{i}\boldsymbol{\Omega}_{\mathrm{WS}}$中可实现实际近端运动旋量$^{i}\boldsymbol{S}_{\mathrm{APT}}$最优传递的力旋量,因此存在$\theta_{k}^{*}(k=1,2,\cdots,j)$使得

$$^{i}\boldsymbol{S}_{\mathrm{PW}} = \sum_{k=1}^{j}\theta_{k}^{*}{}^{k}\boldsymbol{S}_{\mathrm{W}}, \quad {}^{i}W_{\mathrm{IP}}^{u} = ({}^{i}\boldsymbol{S}_{\mathrm{PW}}^{u} \circ {}^{i}\boldsymbol{S}_{\mathrm{APT}}^{u}) \to \max \tag{4-14}$$

因此,当令$\Theta_{k}=\theta_{k}^{*}$时,可得

$$^{i}\boldsymbol{S}_{\mathrm{PW}} \circ {}^{i}\boldsymbol{S}_{\mathrm{APT}} = {}^{i}W_{\mathrm{IP}} = 0 \tag{4-15}$$

根据式(4-13)可知,至少有一组近端力旋量$^{j}\boldsymbol{S}_{\mathrm{DW}}$和实际近端运动旋量$^{j}\boldsymbol{S}_{\mathrm{VDT}}$的互易积为 0。定理证毕　　□

基于上述并联机器人的近端交互奇异定理,本节给出可作为并联机器人的近端交互奇异判据的如下引理 4.2。

【引理 4.2】　对于并联机器人,如果$\nu \neq 0$,则机器人不发生近端交互奇异;如果$\nu=0$,则机器人发生近端交互奇异。

3. 典型闭环支链型并联机器人的近端力旋量辨识案例

并联机器人支链中用以传递驱动单元输入运动的力旋量是开展运动和力近端交互特性分析与评价的基础。本节下面结合典型的闭环支链型并联

机器人案例,给出具体的近端力旋量辨识过程。

本节以图 4.5(a)所示的 Delta 高速并联机器人为例进行分析。选取支链 2 为分析对象,由 4.2.2 节可知,支链内部存在两个力旋量,分别是 $^3\boldsymbol{S}_{\mathrm{DW}}=(B_{2,1}C_{2,1}\,;\,\boldsymbol{c}_{2,1}\times B_{2,1}C_{2,1})$ 和 $^4\boldsymbol{S}_{\mathrm{DW}}=(B_{2,2}C_{2,2}\,;\,\boldsymbol{c}_{2,2}\times B_{2,2}C_{2,2})$。这两个力旋量构成力旋量空间 $^2\boldsymbol{\Omega}_{\mathrm{WS}}=\{^3\boldsymbol{S}_{\mathrm{DW}},^4\boldsymbol{S}_{\mathrm{DW}}\}$ 并位于平面 $\boldsymbol{\Omega}:B_{2,1}B_{2,2}C_{2,1}C_{2,2}$ 内,如图 4.8(a)所示。由功能属性可知,这里的辨识目标是属于力旋量空间 $^2\boldsymbol{\Omega}_{\mathrm{WS}}$ 且能将输入运动最高效地传递给机器人的近端力旋量 $^2\boldsymbol{S}_{\mathrm{PW}}$。

显然,Delta 高速并联机器人支链 2 的输入运动为绕 A_2 点的转动,因此真实近端运动可表示为 $^2\boldsymbol{S}_{\mathrm{APT}}=(B_{2,1}B_{2,2}\,;\,\boldsymbol{a}_2\times B_{2,1}B_{2,2})$。为便于理解,将真实近端运动转换至近端作用点 $^\mathrm{p}A_2=B_2$ 可以产生速度为 $^2\boldsymbol{v}_{\mathrm{APT}}=A_2B_2\times B_{2,1}B_{2,2}$ 的运动。为实现 $^2\boldsymbol{v}_{\mathrm{APT}}$ 通过支链力旋量以最高效率方式传递,不难求得位于平面 $\boldsymbol{\Omega}:B_{2,1}B_{2,2}C_{2,1}C_{2,2}$ 内的近端力旋量 $^2\boldsymbol{S}_{\mathrm{DW}}=(B_{2,2}C_{2,2}\,;\,\boldsymbol{b}_2\times B_{2,2}C_{2,2})$,如图 4.8(b)所示。同理,可辨识出支链 1 和支链 3 中的近端力旋量为 $^1\boldsymbol{S}_{\mathrm{PW}}=(B_{1,2}C_{1,2}\,;\,\boldsymbol{b}_1\times B_{1,2}C_{1,2})$ 和 $^3\boldsymbol{S}_{\mathrm{PW}}=(B_{3,2}C_{3,2}\,;\,\boldsymbol{b}_3\times B_{3,2}C_{3,2})$。

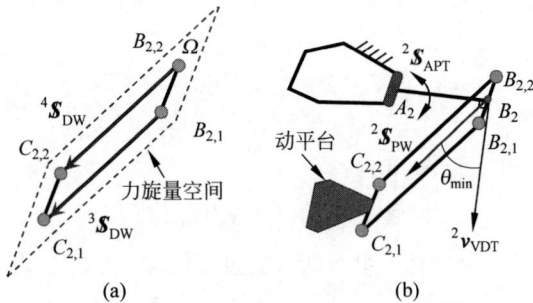

图 4.8　Delta 高速并联机器人的近端力旋量辨识

(a) 支链力旋量空间; (b) 近端力旋量辨识

本节以 3-$\underline{\mathrm{P}}\mathrm{S}^2\mathrm{S}$ 并联机器人为例进行分析,如图 4.9(a)所示。选取支链 3 为分析对象,由远端力旋量辨识方法可知支链内部存在两个力旋量,分别是 $^5\boldsymbol{S}_{\mathrm{DW}}=(B_{3,1}C_3\,;\,\boldsymbol{c}_3\times B_{3,1}C_3)$ 和 $^6\boldsymbol{S}_{\mathrm{DW}}=(B_{3,2}C_3\,;\,\boldsymbol{c}_3\times B_{3,2}C_3)$。这两个力旋量构成力旋量空间 $^3\boldsymbol{\Omega}_{\mathrm{WS}}=\{^5\boldsymbol{S}_{\mathrm{DW}},^6\boldsymbol{S}_{\mathrm{DW}}\}$ 并位于平面 $\boldsymbol{\Omega}:B_{3,1}B_{3,2}C_3$ 内,如图 4.9(b)所示。由功能属性可知,这里的辨识目标是属于力旋量空间 $^3\boldsymbol{\Omega}_{\mathrm{WS}}$ 且能将支链 3 的输入运动最高效地传递给机器人的近端力旋

量$^3\boldsymbol{s}_{PW}$。

3-$\underline{PS}^2$S 并联机器人支链 3 的输入运动为 B_3 点沿着竖直方向的平动，因此真实近端运动可表示为$^3\boldsymbol{s}_{APT}=(\boldsymbol{0}；{}^3\boldsymbol{v}_{APT})$，其中$^3\boldsymbol{v}_{APT}=\boldsymbol{z}$。为实现$^3\boldsymbol{v}_{APT}$通过支链力旋量以最高效率方式传递，不难求得位于平面$\boldsymbol{\Omega}$：$B_{3,1}B_{3,2}C_3$ 内的近端力旋量$^3\boldsymbol{s}_{PW}=(B_3C_3；\boldsymbol{b}_3\times B_3C_3)$。如图 4.9(c)所示，此时$^3\boldsymbol{s}_{PW}$轴线与$^3\boldsymbol{v}_{APT}$的夹角小于平面$\boldsymbol{\Omega}$：$B_{3,1}B_{3,2}C_3$ 内其他力旋量轴线与$^3\boldsymbol{v}_{APT}$的夹角，即取得最小值θ_{min}。同理，可辨识出支链 1 和支链 2 中的近端力旋量为$^1\boldsymbol{s}_{PW}=(B_1C_1；\boldsymbol{b}_1\times B_1C_1)$和$^2\boldsymbol{s}_{PW}=(B_2C_2；\boldsymbol{b}_2\times B_2C_2)$。

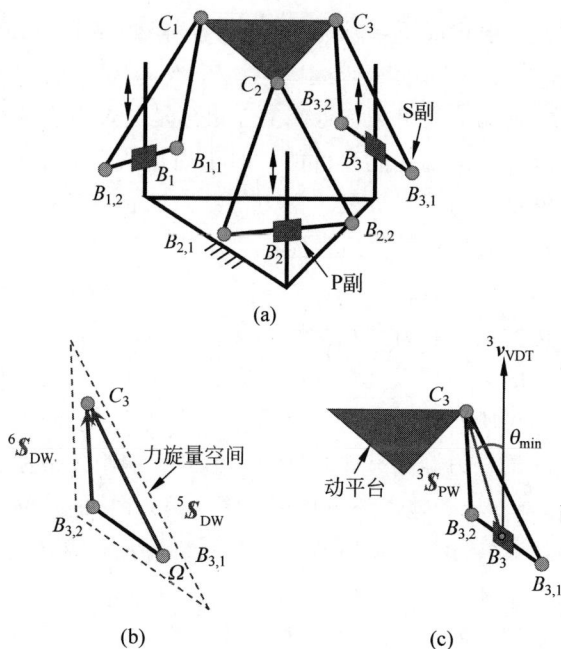

图 4.9　3-$\underline{PS}^2$S 并联机器人的近端力旋量辨识

(a) 机器人机构示意；(b) 支链力旋量空间；(c) 近端力旋量辨识

4.2.4　运动和力交互特性指标体系与评价方法

1. 局域指标

前文先后定义了并联机器人远端交互指标和近端交互指标，显然，无论是远端交互特性还是近端交互特性都会影响机器人的整体性能。为评价并

联机器人运动和力的整机交互特性,基于最差工况准则并同时考虑机器人的远端交互特性和近端交互特性,本节定义如下性能指标:

$$\sigma = \min\{\xi, \psi\} \tag{4-16}$$

式(4-16)与机器人的当前位姿相关,故本节将 σ 称作并联机器人运动和力的局域交互指标(local interaction index,LII)。由于 ξ 和 ψ 的数值均独立于机器人的坐标系选取,且值域均为 $[0,1]$,因此 σ 的数值也和机器人的坐标系选取无关且值域为 $[0,1]$。σ 的数值越大,表示机器人在给定位姿下的整体运动和力交互特性越好,反之亦然。当 $\sigma = 1$ 时,说明机器人具有最优的整体运动和力交互特性;当 $\sigma = 0$ 时,则说明机器人具有最差的整体运动和力交互特性。一般情况下,并联机器人的整体运动和力交互特性介于最差和最优之间。

运动和力的远端交互指标和近端交互指标是通过力旋量和运动旋量之间的能量作用效率来实现性能评价的。对于简单机器人机构,力旋量和运动旋量之间的能量作用效率可以表征为传动角的正弦值(或压力角的余弦值)。为此,将机器人机构的优质性能所对应的传动角范围 $[45°, 135°]$ 映射成能量作用效率可得 $\sin 45° = \sin 135° \approx 0.7$。如果指标值大于 0.7,则表示机器人具有较优的运动和力交互特性。反之亦然。

并联机器人的运动和力交互特性本质上是机器人的运动和力传递与约束耦合特性。如果所研究的并联机器人不包含闭环支链,则远端力旋量即为传递力旋量和约束力旋量。此时运动和力的远端交互指标实际上是文献 [108] 中输出传递指标和输出约束指标的最小值,评价的是并联机器人的运动和力传递与约束特性。如果所研究的并联机器人包含闭环支链,则支链内部的传递力旋量和约束力旋量难以求得,此时运动和力的远端交互指标评价的是并联机器人的运动和力传递与约束耦合特性。无论是传递特性、约束特性还是传递与约束耦合特性,其方法本质均在于评价并联机器人运动和力之间的交互关系。

2. 全域指标

运动和力交互特性局域指标用于评价机器人对应某一位姿下的性能,若要更全面地评价并联机器人在不同位姿下的综合性能,需要进一步定义并联机器人的运动和力交互特性全域指标。

工作空间是并联机器人的重要属性之一,辨识性能优异的工作空间是并联机器人实现高标准任务要求的关键。为了使机器人具备更优质的运动和力交互特性,可以求得LII≥0.7 的机器人的所有位姿点集合,并将该位姿点集合定义为优质交互空间(good interaction workspace,GIW)。

　　并联机器人整体尺度的大小会对 GIW 产生显著影响,单凭 GIW 无法有效比较不同尺度下并联机器人的性能差异。考虑到机器人的 GIW 与可达工作空间之比可以降低机器人尺度带来的影响,因此定义如下优质空间指标(good workspace index,GWI):

$$GWI = \frac{\int_{GIW} dW}{\int_{W} dW} \qquad (4-17)$$

其中,W 表示并联机器人的可达工作空间;dW 表示 GIW 或可达工作空间中的一个微元。GWI 的数值越大,意味着并联机器人的工作空间优质率越高,机器人具备更好的工作空间潜质。

　　为进一步评价并联机器人在优质交互空间中的整体运动和力交互特性,定义如下全局优质交互指标(global good interaction index,GGII):

$$GGII = \frac{\int_{GIW} \sigma dW}{\int_{GIW} dW} \qquad (4-18)$$

其中,dW 表示 GIW 中的一个微元。GGII 表示并联机器人的 LII 在其优质交互空间中的平均值。GGII 的数值越大,意味着并联机器人在 GIW 中的整体运动和力交互特性越好。

　　对应地,本节将LII≤0.3 的机器人的所有位姿点集合定义为低效交互空间(poor interaction workspace,PIW)。为避免机器人的整体尺度大小对 PIW 的影响,定义如下低效空间指标(poor workspace index,PWI):

$$PWI = \frac{\int_{PIW} dW}{\int_{W} dW} \qquad (4-19)$$

其中,W 表示并联机器人的可达工作空间;dW 表示 PIW 或可达工作空间中的一个微元。

　　为进一步评价并联机器人在低效交互空间中的整体运动和力交互特性,定义如下全局低效交互指标(global poor interaction index,GPII):

$$\mathrm{GPII} = \frac{\displaystyle\int_{\mathrm{PIW}} \sigma\, \mathrm{d}W}{\displaystyle\int_{\mathrm{PIW}} \mathrm{d}W} \tag{4-20}$$

其中,$\mathrm{d}W$ 表示 PIW 中的一个微元。GPII 表示并联机器人的 LII 在其低效交互空间中的平均值。

　　需要注意的是,上述指标往往难以采用解析法进行求解。当采用数值计算方法时,$\mathrm{d}W$ 可以离散为对应工作空间中的位姿点,当位姿点选取得越密集时,计算结果越接近 GWI 的真实值。此外,用于界定 GIW 和 PIW 的 LII 阈值条件并不是唯一标准,该阈值条件可以根据机器人的具体设计要求灵活选取。

3. 性能评价方法流程

　　根据上述并联机器人的运动和力交互特性研究策略和指标体系,本节提出一种并联机器人运动和力交互特性评价方法,方法流程如图 4.10 所示。本节联系前文给出分析步骤,总结如下。

　　步骤一:辨识支链内部力旋量空间 $^i\boldsymbol{\Omega}_{\mathrm{WS}}$。首先判断支链类型,如果支链是非闭环支链即常规支链,则求解常规支链的传递力旋量和约束力旋量构成支链力旋量空间。如果支链为闭环支链,则采用移除被动链的方法进行等效处理,获得 m_i 个常规支链,进而求解各常规支链传递力旋量和约束力旋量构成闭环支链的力旋量空间。

　　步骤二:辨识并联机器人远端力旋量 $^j\boldsymbol{S}_{\mathrm{DW}}$、虚拟远端运动旋量 $^j\boldsymbol{S}_{\mathrm{DW}}$、近端力旋量 $^i\boldsymbol{S}_{\mathrm{PW}}$ 和实际近端运动旋量 $^i\boldsymbol{S}_{\mathrm{APT}}$。首先根据步骤一求得各个支链的力旋量空间,并将所求得的支链力旋量空间整合,获得作用于并联机器人动平台的力旋量空间 $\boldsymbol{\Omega}_{\mathrm{WS}} = \{^1\boldsymbol{S}_{\mathrm{DW}}, {}^2\boldsymbol{S}_{\mathrm{DW}}, \cdots, {}^j\boldsymbol{S}_{\mathrm{DW}}, \cdots, {}^6\boldsymbol{S}_{\mathrm{DW}}\}$,求得远端力旋量 $^j\boldsymbol{S}_{\mathrm{DW}}(j=1,2,\cdots,6)$;然后每移除一个 $^j\boldsymbol{S}_{\mathrm{DW}}$,动平台都将产生一个虚拟远端运动旋量 $^j\boldsymbol{S}_{\mathrm{VDT}}$;根据并联机器人驱动形式写出每条支链的实际近端运动旋量 $^i\boldsymbol{S}_{\mathrm{APT}}(i=1,2,\cdots,n)$;最后求解 $^i\boldsymbol{S}_{\mathrm{PW}} = \sum_{k}^{l}\theta_k {}^k\boldsymbol{s}_{\mathrm{W}}^i$ 使 $^iW_{\mathrm{IP}}^u = (^i\boldsymbol{S}_{\mathrm{PW}}^u \circ {}^i\boldsymbol{S}_{\mathrm{APT}}^u) \to \max$,从而获得近端力旋量 $^i\boldsymbol{S}_{\mathrm{PW}}$。

　　步骤三:并联机器人奇异性判断。根据引理 4.1 和引理 4.2 判断所研究的并联机器人的奇异性。当 $\mu = \min_j\{^j\boldsymbol{S}_{\mathrm{DW}} \circ {}^j\boldsymbol{S}_{\mathrm{VDT}}\} = 0$ 时,机器人发生远

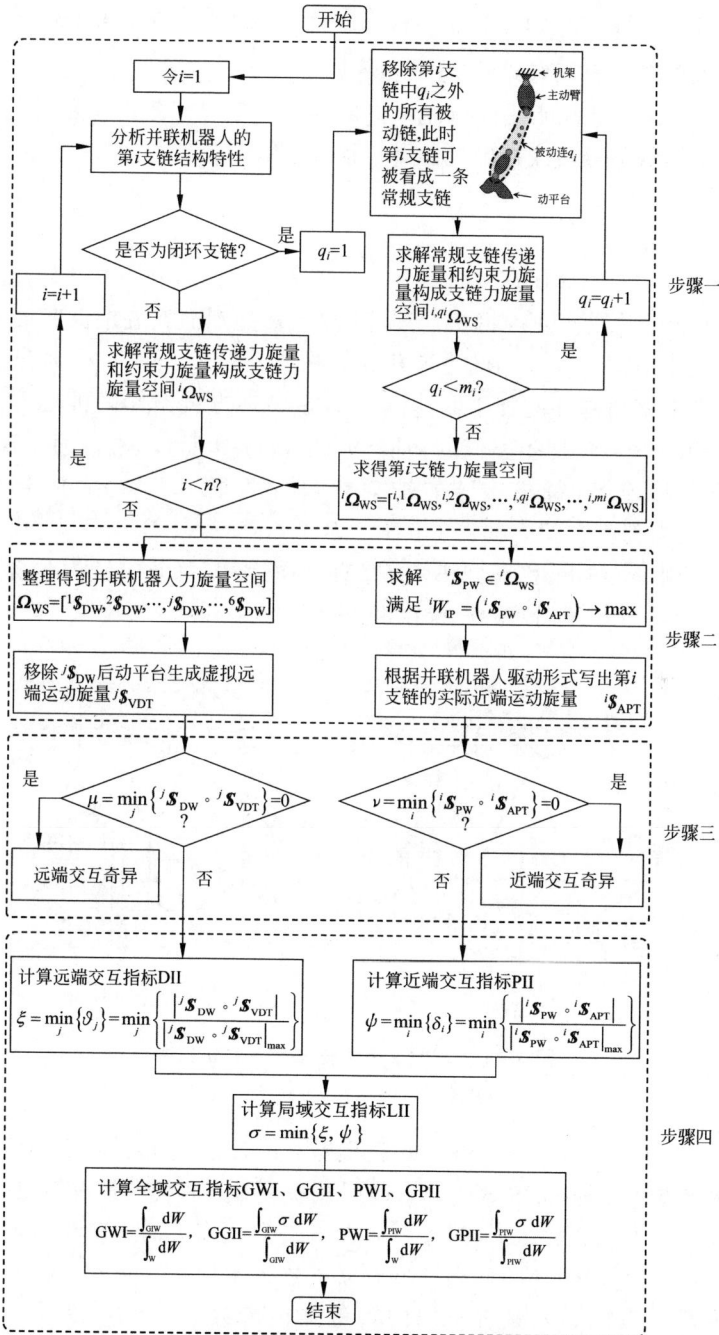

开始

令$i=1$

分析并联机器人的第i支链结构特性

是否为闭环支链？

移除第i支链中q_i之外的所有被动链,此时第i支链可被看成一条常规支链

机架
主动臂
被动连q_i
动平台

$q_i=1$

求解常规支链传递力旋量和约束旋量构成支链力旋量空间$^{i,q_i}\Omega_{WS}$

$q_i=q_i+1$

$i=i+1$

否

求解常规支链传递力旋量和约束力旋量构成支链力旋量空间$^{i}\Omega_{WS}$

是

$q_i<m_i$?

否

是

求得第i支链力旋量空间$^{i}\Omega_{WS}=[^{i,1}\Omega_{WS},^{i,2}\Omega_{WS},\cdots,^{i,q_i}\Omega_{WS},\cdots,^{i,mi}\Omega_{WS}]$

是

$i<n$?

否

步骤一

整理得到并联机器人力旋量空间$\Omega_{WS}=[^{1}\boldsymbol{S}_{DW},^{2}\boldsymbol{S}_{DW},\cdots,^{j}\boldsymbol{S}_{DW},\cdots,^{6}\boldsymbol{S}_{DW}]$

移除$^{j}\boldsymbol{S}_{DW}$后动平台生成虚拟远端运动旋量$^{j}\boldsymbol{S}_{VDT}$

求解$^{i}\boldsymbol{S}_{PW}\in\Omega_{WS}$满足$^{i}W_{IP}=(^{i}\boldsymbol{S}_{PW}\circ{}^{i}\boldsymbol{S}_{APT})\to\max$

根据并联机器人驱动形式写出第i支链的实际近端运动旋量$^{i}\boldsymbol{S}_{APT}$

步骤二

是

$\mu=\min_{j}\left\{^{j}\boldsymbol{S}_{DW}\circ{}^{j}\boldsymbol{S}_{VDT}\right\}=0$?

否

$\nu=\min_{i}\left\{^{i}\boldsymbol{S}_{PW}\circ{}^{i}\boldsymbol{S}_{APT}\right\}=0$?

是

远端交互奇异

否

近端交互奇异

步骤三

计算远端交互指标DII
$\xi=\min_{j}\{\vartheta_j\}=\min_{j}\left\{\dfrac{|^{j}\boldsymbol{S}_{DW}\circ{}^{j}\boldsymbol{S}_{VDT}|}{|^{j}\boldsymbol{S}_{DW}\circ{}^{j}\boldsymbol{S}_{VDT}|_{\max}}\right\}$

计算近端交互指标PII
$\psi=\min_{i}\{\delta_i\}=\min_{i}\left\{\dfrac{|^{i}\boldsymbol{S}_{PW}\circ{}^{i}\boldsymbol{S}_{APT}|}{|^{i}\boldsymbol{S}_{PW}\circ{}^{i}\boldsymbol{S}_{APT}|_{\max}}\right\}$

计算局域交互指标LII
$\sigma=\min\{\xi,\psi\}$

计算全域交互指标GWI、GGII、PWI、GPII
$GWI=\dfrac{\int_{GIW}dW}{\int_{W}dW}$,　$GGII=\dfrac{\int_{GIW}\sigma dW}{\int_{W}dW}$,　$PWI=\dfrac{\int_{PIW}dW}{\int_{W}dW}$,　$GPII=\dfrac{\int_{PIW}\sigma dW}{\int_{W}dW}$

步骤四

结束

图 4.10　并联机器人的运动和力交互特性分析方法流程

端交互奇异；当 $\nu = \min_i \{^i\boldsymbol{S}_{PW} \circ {}^i\boldsymbol{S}_{APT}\} = 0$ 时，机器人发生近端交互奇异。当机器人不发生交互奇异时，进入步骤四。

步骤四：求解性能评价指标。根据各指标定义求解对应的指标数值，并根据指标数值分析或评价机器人的相关性能。

4.2.5　算例分析

本节将结合具体闭环支链型并联机器人给出运动和力交互特性的算例分析。1T2R 并联模块因可实现连续 A/B 轴摆动而在五轴混联加工装备中占据重要地位。以 3-PRS 并联机构为核心开发的 Sprint Z3 现已成功应用于航空薄壁结构件的加工制造。3-$\underline{PS^2S}$ 闭环支链型并联机器人机构有着与 3-PRS 并联机构相类似的功能，如图 4.11 所示，动平台通过球铰 C_i 与 3 条支链连接，每条支链的被动臂包含两根等长被动链 $B_{i,1}C_i$ 和 $B_{i,2}C_i$，其内部存在闭合回路 C_i-$B_{i,1}$-$B_{i,2}$-C_i。球铰 $B_{i,1}$ 和 $B_{i,2}$ 对称设置在移动副 B_i 两侧，移动副 B_i 沿竖直方向运动，每条支链内包含上述 3 条支链，间隔 $120°$ 圆周对称设置在机架上。

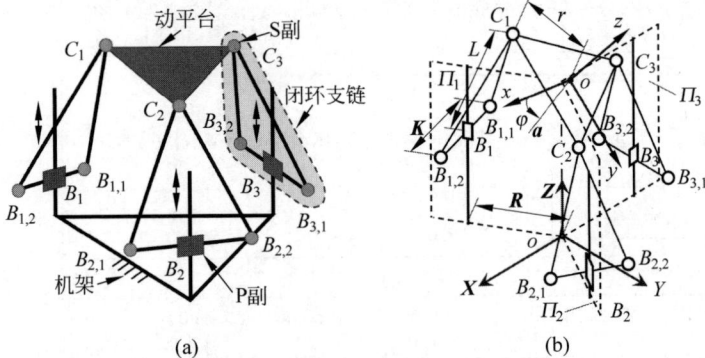

图 4.11　3-PS^2S 闭环支链型并联机器人

（a）机器人机构示意图；（b）机器人几何参数

当前，这类具有闭环支链的并联机器人的性能分析仍然极具挑战。通常的解决方案是将 3-PS^2S 闭环支链型并联机器人直接等效成如图 4.12 所示的 3-PRS 并联机器人，通过分析 3-PRS 并联机器人的运动和力传递与约束特性来评价 3-PS^2S 闭环支链型并联机器人的性能。然而，当 3-PS^2S 闭环支链型并联机器人具有不同的关键结构参数时，如 $B_{i,1}B_{i,2} = K_1$ 和 $B_{i,1}B_{i,2} = K_2(K_1 \neq K_2)$，采用等效法只能得到具有相同参数的 3-PRS 并联机器人。换言之,上述等效方法并不能反映关键结构参数 $B_{i,1}B_{i,2}$ 对 3-$\underline{PS}^2S$ 闭环支链型并联机器人性能的影响。

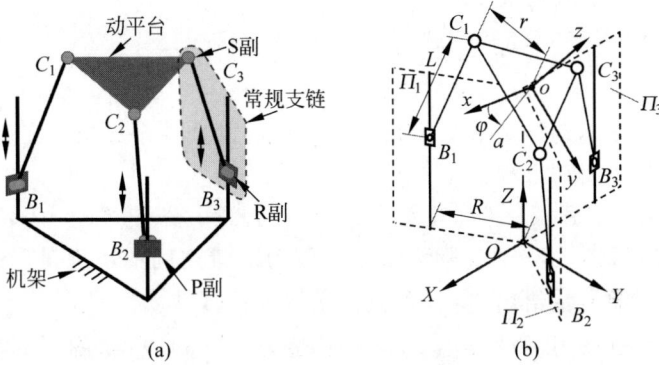

图 4.12 3-$\underline{PRS}$ 并联机器人

(a) 机器人机构示意图;(b) 机器人几何参数

另一种常见的解决方案是采用基于 Jacobian 矩阵数学特征的性能评价指标来评价 3-$\underline{PS}^2S$ 闭环支链型并联机器人的性能。这类方法的基础是建立 3-$\underline{PS}^2S$ 闭环支链型并联机器人的 Jacobian 矩阵。Jacobian 矩阵反映了机器人的输入特性和输出特性,不难理解,具有不同关键结构参数的 3-$\underline{PS}^2S$ 闭环支链型并联机器人的 Jacobian 矩阵并无差异。这一事实说明了基于 Jacobian 矩阵数学特征的性能指标同样无法反映闭环支链的关键结构参数对机器人性能的影响。

本节将采用所提出的运动和力交互特性评价方法进行 3-$\underline{PS}^2S$ 闭环支链型并联机器人的性能分析,并研究闭环支链的关键结构参数对 3-$\underline{PS}^2S$ 闭环支链型并联机器人的性能影响。

1. 力旋量和运动旋量辨识

由上述逆运动学模型可求得 3-$\underline{PS}^2S$ 闭环支链型并联机器人在不同位姿下的各关节点坐标 $B_{i,1}$、$B_{i,2}$ 和 $C_i (i=1,2,3)$。根据前文提出的"锁定-驱动"策略,可求得 3-$\underline{PS}^2S$ 并联机器人的远端力旋量如下:

$$\begin{cases} {}^1\boldsymbol{S}_{\mathrm{DW}} = (B_{1,1}C_1; \boldsymbol{c}_1 \times B_{1,1}C_1), & {}^2\boldsymbol{S}_{\mathrm{DW}} = (B_{1,2}C_1; \boldsymbol{c}_1 \times B_{1,2}C_1) \\ {}^3\boldsymbol{S}_{\mathrm{DW}} = (B_{2,1}C_2; \boldsymbol{c}_2 \times B_{2,1}C_2), & {}^4\boldsymbol{S}_{\mathrm{DW}} = (B_{2,2}C_2; \boldsymbol{c}_2 \times B_{2,2}C_2) \\ {}^5\boldsymbol{S}_{\mathrm{DW}} = (B_{3,1}C_3; \boldsymbol{c}_3 \times B_{3,1}C_3), & {}^6\boldsymbol{S}_{\mathrm{DW}} = (B_{3,2}C_3; \boldsymbol{c}_3 \times B_{3,2}C_3) \end{cases}$$

$$(4\text{-}21)$$

在得到 3-PS^{2}S 闭环支链型并联机器人的 6 个传递力旋量之后,下一步可求解与 $^j\boldsymbol{S}_{\mathrm{DW}}$ 对应的虚拟运动旋量 $^j\boldsymbol{S}_{\mathrm{VDT}}$。不失一般性地,可将虚拟远端运动旋量 $^j\boldsymbol{S}_{\mathrm{VDT}}$ 表示成旋量形式:

$$^j\boldsymbol{S}_{\mathrm{VDT}} = (^j\boldsymbol{s}_{\mathrm{VDT}};\ ^j\boldsymbol{s}^0_{\mathrm{VDT}})$$

$$= (^jL_{\mathrm{VDT}},{}^jM_{\mathrm{VDT}},{}^jN_{\mathrm{VDT}};\ {}^jP_{\mathrm{VDT}},{}^jQ_{\mathrm{VDT}},{}^jR_{\mathrm{VDT}}) \quad (4\text{-}22)$$

因为虚拟远端运动旋量 $^j\boldsymbol{S}_{\mathrm{VDT}}$ 和除 $^j\boldsymbol{S}_{\mathrm{DW}}$ 外的其余 5 个远端力旋量不做功,因此可得如下辨识方程:

$$^j\boldsymbol{S}_{\mathrm{VDT}} \circ {}^w\boldsymbol{S}_{\mathrm{DW}} = 0,\quad j = 1,2,\cdots,6;\ w = 1,2,\cdots,6;\ j \neq w \quad (4\text{-}23)$$

由式(4-23)可知,$^j\boldsymbol{S}_{\mathrm{VDT}}$ 实际为 5 个远端力旋量空间的反旋量。这里借鉴文献[98]中的方法给出 $^j\boldsymbol{S}_{\mathrm{VDT}}$ 的具体求解过程。

将 5 个远端力旋量 $^w\boldsymbol{S}_{\mathrm{DW}}(w \neq j)$ 构造为一个 5×6 维的矩阵,表示如下:

$$\boldsymbol{M}_{5\times6} = \begin{bmatrix} ^2L_{\mathrm{DW}} & ^2M_{\mathrm{DW}} & ^2N_{\mathrm{DW}} & ^2P_{\mathrm{DW}} & ^2Q_{\mathrm{DW}} & ^2R_{\mathrm{DW}} \\ ^3L_{\mathrm{DW}} & ^3M_{\mathrm{DW}} & ^3N_{\mathrm{DW}} & ^3P_{\mathrm{DW}} & ^3Q_{\mathrm{DW}} & ^3R_{\mathrm{DW}} \\ ^4L_{\mathrm{DW}} & ^4M_{\mathrm{DW}} & ^4N_{\mathrm{DW}} & ^4P_{\mathrm{DW}} & ^4Q_{\mathrm{DW}} & ^4R_{\mathrm{DW}} \\ ^5L_{\mathrm{DW}} & ^5M_{\mathrm{DW}} & ^5N_{\mathrm{DW}} & ^5P_{\mathrm{DW}} & ^5Q_{\mathrm{DW}} & ^5R_{\mathrm{DW}} \\ ^6L_{\mathrm{DW}} & ^6M_{\mathrm{DW}} & ^6N_{\mathrm{DW}} & ^6P_{\mathrm{DW}} & ^6Q_{\mathrm{DW}} & ^6R_{\mathrm{DW}} \end{bmatrix} \quad (4\text{-}24)$$

以远端力旋量 $^1\boldsymbol{S}_{\mathrm{DW}}$ 对应的虚拟远端运动旋量 $^1\boldsymbol{S}_{\mathrm{VDT}}$ 求解为例。由于 $^1\boldsymbol{S}_{\mathrm{VDT}}$ 与 $^2\boldsymbol{S}_{\mathrm{DW}},{}^3\boldsymbol{S}_{\mathrm{DW}},\cdots,{}^6\boldsymbol{S}_{\mathrm{DW}}$ 的互易积均等于 0,因此可得

$$\boldsymbol{M}_{5\times6} \cdot [\,{}^1\boldsymbol{s}^0_{\mathrm{VDT}} \quad {}^1\boldsymbol{s}_{\mathrm{VDT}}\,]^{\mathrm{T}} = 0 \quad (4\text{-}25)$$

然后构造一个行向量:

$$\boldsymbol{M}_{1\times6} = (^1L_{\mathrm{VDT}} \quad {}^1M_{\mathrm{VDT}} \quad {}^1N_{\mathrm{VDT}} \quad -{}^1P_{\mathrm{VDT}} \quad -{}^1Q_{\mathrm{VDT}} \quad -{}^1R_{\mathrm{VDT}})$$

$$(4\text{-}26)$$

将其作为首行元素增加到矩阵 $\boldsymbol{M}_{5\times6}$ 中,于是可以将矩阵 $\boldsymbol{M}_{5\times6}$ 扩展为一个 6×6 维矩阵 $\boldsymbol{M}_{6\times6}$,表示如下:

$$\boldsymbol{M}_{6\times6} = \begin{bmatrix} ^1L_{\mathrm{VDT}} & ^1M_{\mathrm{VDT}} & ^1N_{\mathrm{VDT}} & -{}^1P_{\mathrm{VDT}} & -{}^1Q_{\mathrm{VDT}} & -{}^1R_{\mathrm{VDT}} \\ ^2L_{\mathrm{DW}} & ^2M_{\mathrm{DW}} & ^2N_{\mathrm{DW}} & ^2P_{\mathrm{DW}} & ^2Q_{\mathrm{DW}} & ^2R_{\mathrm{DW}} \\ ^3L_{\mathrm{DW}} & ^3M_{\mathrm{DW}} & ^3N_{\mathrm{DW}} & ^3P_{\mathrm{DW}} & ^3Q_{\mathrm{DW}} & ^3R_{\mathrm{DW}} \\ ^4L_{\mathrm{DW}} & ^4M_{\mathrm{DW}} & ^4N_{\mathrm{DW}} & ^4P_{\mathrm{DW}} & ^4Q_{\mathrm{DW}} & ^4R_{\mathrm{DW}} \\ ^5L_{\mathrm{DW}} & ^5M_{\mathrm{DW}} & ^5N_{\mathrm{DW}} & ^5P_{\mathrm{DW}} & ^5Q_{\mathrm{DW}} & ^5R_{\mathrm{DW}} \\ ^6L_{\mathrm{DW}} & ^6M_{\mathrm{DW}} & ^6N_{\mathrm{DW}} & ^6P_{\mathrm{DW}} & ^6Q_{\mathrm{DW}} & ^6R_{\mathrm{DW}} \end{bmatrix}$$

$$(4\text{-}27)$$

显然,式(4-26)中所构造的行向量与$[{}^{j}s_{VDT}^{0}\quad {}^{j}s_{VDT}]^{T}$的数量积等于 0,于是有

$$\boldsymbol{M}_{6\times6}\cdot[{}^{1}\boldsymbol{s}_{VDT}^{0}\quad {}^{1}\boldsymbol{s}_{VDT}]^{T}=0 \tag{4-28}$$

由于旋量${}^{1}\boldsymbol{s}_{VDT}$有解且解不为 0,故$[{}^{j}\boldsymbol{s}_{VDT}^{0}\quad {}^{j}\boldsymbol{s}_{VDT}]^{T}$不等于零向量。那么,式(4-28)中$[{}^{1}\boldsymbol{s}_{VDT}^{0}\quad {}^{1}\boldsymbol{s}_{VDT}]^{T}$存在非零解的充要条件是扩展矩阵$\boldsymbol{M}_{6\times6}$的行列式为 0,即

$$\det(\boldsymbol{M}_{6\times6})=0 \tag{4-29}$$

根据线性代数知识,将式(4-29)所示的行列式按照第一行展开,可得

$${}^{1}L_{VDT}\det(\boldsymbol{M}_{11})-{}^{1}M_{VDT}\det(\boldsymbol{M}_{12})+{}^{1}N_{VDT}\det(\boldsymbol{M}_{13})+$$
$${}^{1}P_{VDT}\det(\boldsymbol{M}_{14})-{}^{1}Q_{VDT}\det(\boldsymbol{M}_{15})+{}^{1}R_{VDT}\det(\boldsymbol{M}_{16})=0 \tag{4-30}$$

注意到如下恒等式:

$$\rho{}^{1}L_{VDT}{}^{1}P_{VDT}+\rho{}^{1}M_{VDT}{}^{1}Q_{VDT}+\rho{}^{1}N_{VDT}{}^{1}R_{VDT}-$$
$$\rho{}^{1}P_{VDT}{}^{1}L_{VDT}-\rho{}^{1}Q_{VDT}{}^{1}M_{VDT}-\rho{}^{1}R_{VDT}{}^{1}N_{VDT}=0 \tag{4-31}$$

比较式(4-30)和式(4-31)可得

$$({}^{1}L_{VDT},{}^{1}M_{VDT},{}^{1}N_{VDT};{}^{1}P_{VDT},{}^{1}Q_{VDT},{}^{1}R_{VDT})$$
$$=\frac{1}{\rho}(-\det(\boldsymbol{M}_{14}),\det(\boldsymbol{M}_{15}),-\det(\boldsymbol{M}_{16});$$
$$\det(\boldsymbol{M}_{11}),-\det(\boldsymbol{M}_{12}),\det(\boldsymbol{M}_{13})) \tag{4-32}$$

于是可得虚拟远端运动旋量${}^{1}\boldsymbol{s}_{VDT}$,表示如下

$${}^{1}\boldsymbol{s}_{VDT}=\frac{1}{\rho}(-\det(\boldsymbol{M}_{14}),\det(\boldsymbol{M}_{15}),-\det(\boldsymbol{M}_{16});$$
$$\det(\boldsymbol{M}_{11}),-\det(\boldsymbol{M}_{12}),\det(\boldsymbol{M}_{13})) \tag{4-33}$$

其中,ρ为任一非零常数。

按照上述步骤,同理可求得其余 5 个远端力旋量${}^{j}\boldsymbol{s}_{DW}(j=2,3,\cdots,6)$及与之一一对应的虚拟远端运动旋量${}^{j}\boldsymbol{s}_{VDT}(j=2,3,\cdots,6)$。

然后,结合图 4.11(a)可知,3-PS²S 闭环支链型并联机器人 3 条支链的输入运动均为沿 z 方向的移动,于是可以得到各支链的实际近端运动旋量如下:

$$\begin{cases} {}^{1}\boldsymbol{S}_{APT}=(\boldsymbol{0};\boldsymbol{z}) \\ {}^{2}\boldsymbol{S}_{APT}=(\boldsymbol{0};\boldsymbol{z}) \\ {}^{3}\boldsymbol{S}_{APT}=(\boldsymbol{0};\boldsymbol{z}) \end{cases} \tag{4-34}$$

根据 4.2.3 节近端力旋量辨识案例(见图 4.9),可得 3-PS²S 闭环支链型并

联机器人 3 个实际近端运动旋量 $^i\boldsymbol{S}_{\mathrm{APT}}(i=1,2,3)$ 所对应的近端力旋量,表示如下:

$$\begin{cases} ^1\boldsymbol{S}_{\mathrm{PW}} = (B_1C_1;\; \boldsymbol{c}_1 \times B_1C_1) \\ ^2\boldsymbol{S}_{\mathrm{PW}} = (B_2C_2;\; \boldsymbol{c}_2 \times B_2C_2) \\ ^3\boldsymbol{S}_{\mathrm{PW}} = (B_3C_3;\; \boldsymbol{c}_3 \times B_3C_3) \end{cases} \tag{4-35}$$

2. 运动和力交互特性分析

参考图 4.11(b)所示的标注,3-$\underline{\mathrm{PS}^2\mathrm{S}}$ 闭环支链型并联机器人的几何参数数值见表 4.1。需要指出的是,本节仅关注 3-$\underline{\mathrm{PS}^2\mathrm{S}}$ 并联机器人的运动和力交互特性分析,因此所给出的机器人几何参数不一定是最优设计参数。根据式(4-2)、式(4-11)和式(4-16)可求得 3-$\underline{\mathrm{PS}^2\mathrm{S}}$ 闭环支链型并联机器人的 DII、PII 和 LII 分布图谱,如图 4.13 所示,图中极半径代表倾斜角 $\theta \in [0°,100°]$,极角代表方位角 $\varphi \in [0°,360°]$。

表 4.1　3-$\underline{\mathrm{PS}^2\mathrm{S}}$ 闭环支链型并联机器人的几何参数

几何参数	L	R	r	K
数值大小/mm	220	200	130	200

图 4.13(a)和图 4.13(b)表明,3-$\underline{\mathrm{PS}^2\mathrm{S}}$ 闭环支链型并联机器人的 PII 和 DII 分布图谱均有较强的对称性。其中,近端交互奇异轨迹出现在 PII 图谱的边界处,表明 3-$\underline{\mathrm{PS}^2\mathrm{S}}$ 闭环支链型并联机器人具有较大的近端非奇异工作空间;远端交互奇异轨迹出现在 DII 图谱的内部,并将工作空间分为 4 个部分。远端非奇异工作空间的中间部分大于其他 3 个部分,但小于近端非奇异工作空间。图 4.13(c)表明,3-$\underline{\mathrm{PS}^2\mathrm{S}}$ 闭环支链型并联机器人的 LII 分布具有 3 条对称轴。机器人的奇异轨迹出现在 LII 图谱的内部和边界处。工作空间被奇异轨迹划分为 4 个部分,中间部分的非奇异工作空间最大,对应为机器人的常用工作模式。从图 4.13(c)可以看出,LII 的等值线边界取决于 DII 和 PII 分布图谱。

图 4.14 示意了 3-$\underline{\mathrm{PS}^2\mathrm{S}}$ 闭环支链型并联机器人的奇异轨迹。在奇异轨迹(1)上,机器人发生近端交互奇异,此时近端奇异指标 $\nu=0$。在奇异轨迹(2)上,机器人发生远端交互奇异,在该轨迹上远端奇异指标 $\mu=0$。奇异轨迹所包围的区域为机器人的非奇异工作空间。

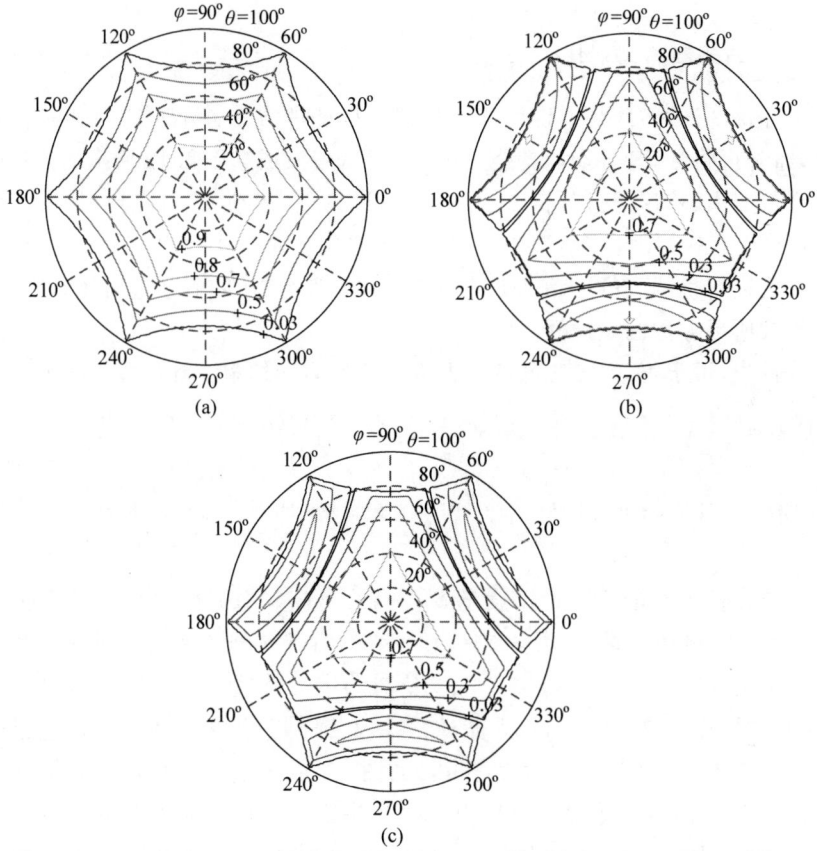

图 4.13　3-PS²S 闭环支链型并联机器人运动和力交互特性指标分布图谱

(a) PII；(b) DII；(c) LII

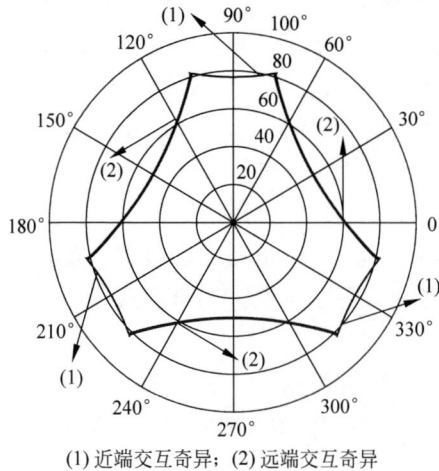

(1) 近端交互奇异；(2) 远端交互奇异

图 4.14　3-PS²S 闭环支链型并联机器人奇异轨迹

3. 与现有方法对比

评价 $3\text{-}\underline{PS}^2S$ 闭环支链型并联机器人性能的方法并不唯一。如前文所述,通常可将 $3\text{-}\underline{PS}^2S$ 闭环支链型并联机器人等效成如图 4.12 所示的 $3\text{-}\underline{P}RS$ 并联机器人,然后通过分析 $3\text{-}\underline{P}RS$ 并联机器人的运动和力传递与约束特性来评价 $3\text{-}\underline{PS}^2S$ 闭环支链型并联机器人的性能。本节采用文献[108]中提出的方法进行机器人的运动和力传递与约束特性分析,随后通过对比研究,说明本节所提方法的先进性。

首先,可求得 $3\text{-}\underline{PS}^2S$ 并联机器人的传递力和约束力旋量分别如下:

$$\begin{cases} \boldsymbol{S}_{T1} = (B_1C_1;\ \boldsymbol{c}_1 \times B_1C_1) \\ \boldsymbol{S}_{T2} = (B_2C_2;\ \boldsymbol{c}_2 \times B_2C_2) \\ \boldsymbol{S}_{T3} = (B_3C_3;\ \boldsymbol{c}_3 \times B_3C_3) \end{cases} \text{和} \begin{cases} \boldsymbol{S}_{C1} = (B_{1,1}B_{1,2};\ \boldsymbol{c}_1 \times B_{1,1}B_{1,2}) \\ \boldsymbol{S}_{C2} = (B_{2,1}B_{2,2};\ \boldsymbol{c}_2 \times B_{2,1}B_{2,2}) \\ \boldsymbol{S}_{C3} = (B_{3,1}B_{3,2};\ \boldsymbol{c}_3 \times B_{3,1}B_{3,2}) \end{cases}$$

$$(4\text{-}36)$$

结合各支链的输入运动旋量 $\boldsymbol{S}_{I1} = \boldsymbol{S}_{I2} = \boldsymbol{S}_{I3} = (\boldsymbol{0};\ \boldsymbol{z})$ 可求得输入传递指标 ITI 的分布图谱,如图 4.15(a)所示,然后求解与传递力旋量 $\boldsymbol{S}_{Ti}$ 对应的输出运动旋量 $\boldsymbol{S}_{Oi}(i=1,2,3)$,以及与约束力旋量 $\boldsymbol{S}_{Ci}$ 对应的瞬时输出运动旋量 $\Delta\boldsymbol{S}_{Oi}(i=1,2,3)$,进而求得输出传递指标 OTI 和约束传递指标 CTI,绘制 min{OTI,CTI} 分布图谱,如图 4.15(b)所示。最后求解输入传递指标 ITI、输出传递指标 OTI 和约束传递指标 CTI 的最小值并绘制局部约束指标 LSI 分布图谱,如图 4.15(c)所示。对比图 4.13 和图 4.15 可知:

(1) 图 4.15(a)中的 ITI 分布图谱与图 4.13(a)中的 PII 分布图谱一致,其原因在于,输入运动旋量 $\boldsymbol{S}_{Ii}(i=1,2,3)$ 与实际近端运动旋量 $^i\boldsymbol{S}_{APT}(i=1,2,3)$ 相等,传递力旋量 $\boldsymbol{S}_{Ti}(i=1,2,3)$ 和近端运动旋量 $^i\boldsymbol{S}_{PW}(i=1,2,3)$ 相等;

(2) 图 4.15(b)中的 min{OTI,CTI} 分布图谱与图 4.13(b)中的 DII 分布图谱的趋势相似,但仍有明显的差异,min{OTI,CTI} 分布图谱沿倾斜角增加的方向指标变化比 DII 分布图谱更加均匀;

(3) 尽管 min{OTI,CTI} 分布图谱不同于 DII 分布图谱,但它们的奇异轨迹是相同的,众所周知,奇异性是并联机器人最重要的基本性质之一,两类方法均能一致地反映并联机器人的奇异轨迹,这在一定程度上说明了本节方法的有效性;

(4) 在表 4.1 给定的并联机器人几何参数下,在工作空间中间部分,LSI 的指标值整体而言要大于 LII 的指标值、由图 4.15(c)和图 4.13(c)可

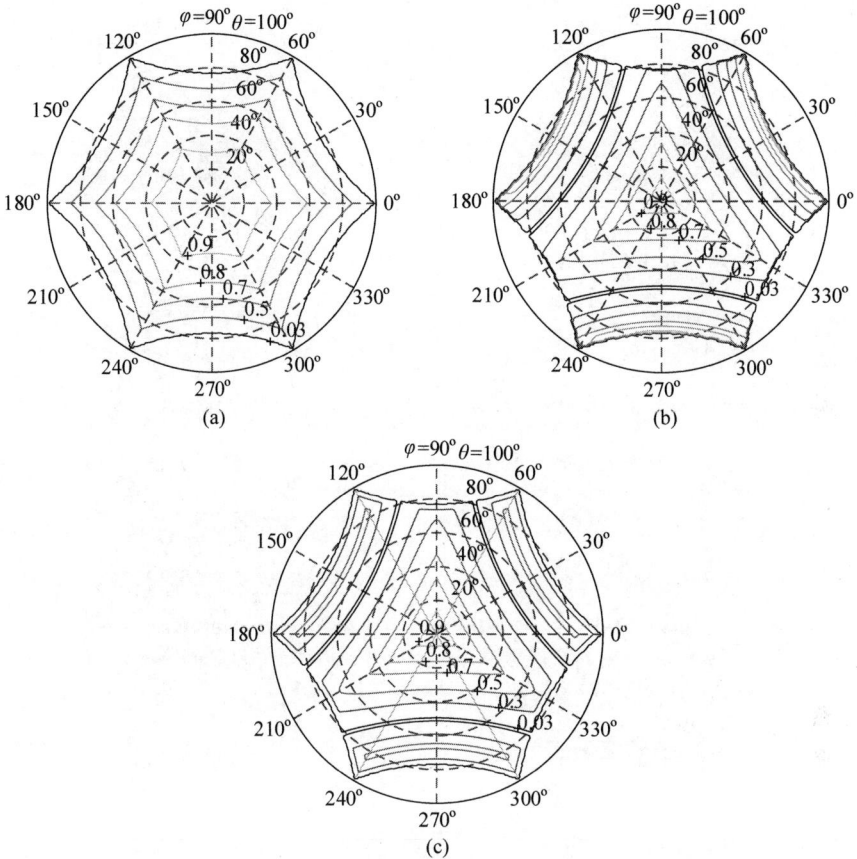

图 4.15　3-PRS 并联机器人运动和力传递与约束指标分布图谱
(a) ITI；(b) min{OTI,CTI}；(c) LSI

以看出,LII≥0.7 的区域小于 LSI≥0.7 的区域。

不难发现,上述分析过程不可避免地将 3-PS^{2}S 闭环支链型并联机器人等效成 3-PRS 并联机器人。当 3-PS^{2}S 闭环支链型并联机器人具有不同的关键结构参数时,如 $B_{i,1}B_{i,2}=K_1$ 和 $B_{i,1}B_{i,2}=K_2(K_1 \neq K_2)$,运动和力传递与约束指标分布图谱并不会发生变化。换言之,3-PS^{2}S 闭环支链型并联机器人的关键结构参数对机器人性能的影响不能被有效揭示。

采用本节提出的并联机器人运动和力交互特性指标进行分析,图 4.16 和图 4.17 分别绘制了当关键结构参数 $K=100$ mm、$K=200$ mm、$K=400$ mm、$K=800$ mm 和 $K=1600$ mm 时,3-PS^{2}S 闭环支链型并联机器人的局域交互指标 LII 的分布图谱和全域交互指标 GWI、GGII、PWI 和 GPII

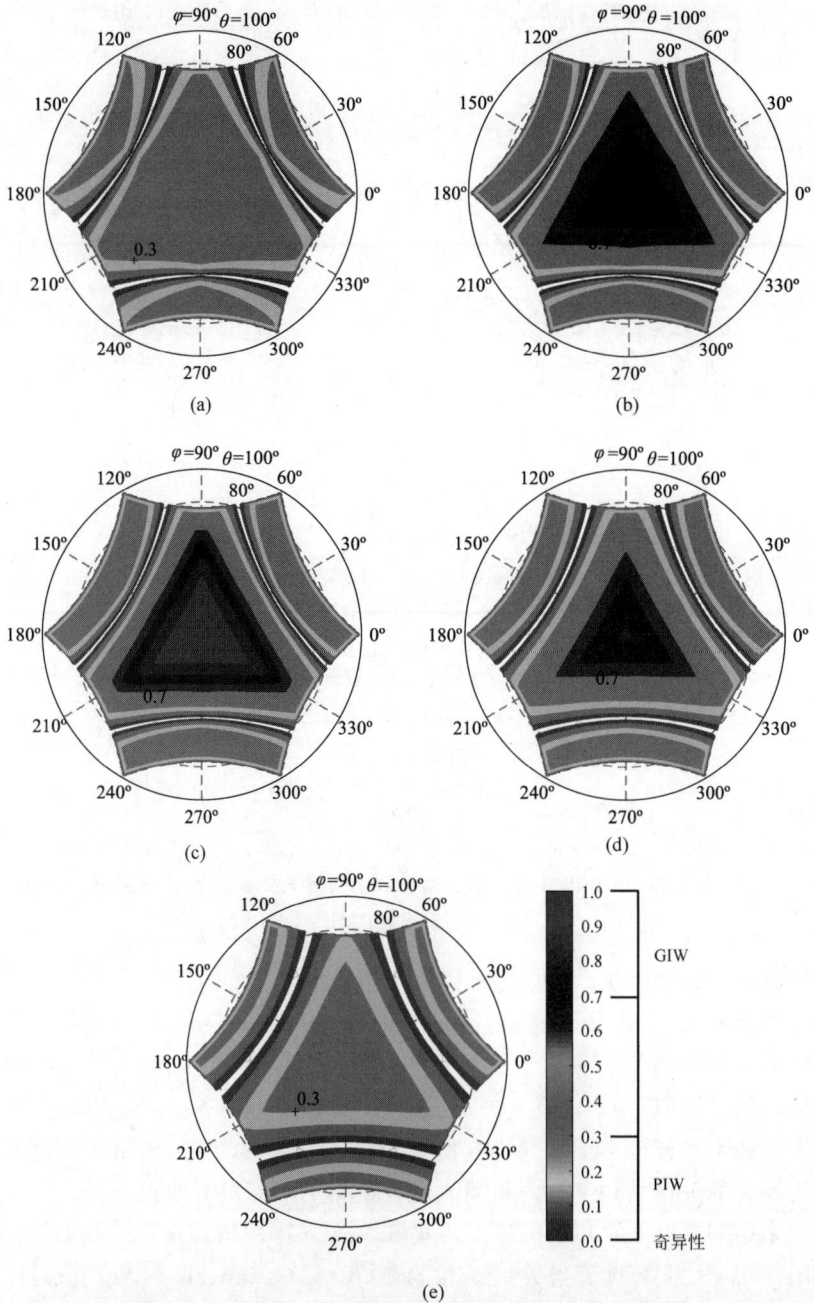

图 4.16　不同关键结构参数下 3-PS^{2}S 并联机器人的 LII 分布图谱（见文前彩图）

(a) $K=100$ mm；(b) $K=200$ mm；(c) $K=400$ mm；(d) $K=800$ mm；(e) $K=1600$ mm

的分布图谱。对比图 4.16(a)～图 4.16(e)可知,在不同的关键结构参数下,3-PS²S 闭环支链型并联机器人具备不同的局域交互指标 LII 的分布图谱。继续考察图 4.16 中的局域交互指标 LII 的分布图谱可以发现,GIW的区域面积经历了从无到有(见图 4.16(a)和图 4.16(b))、从小变大(见图 4.16(b)和图 4.16(c))、从大变小(见图 4.16(c)和图 4.16(d)),直至最后消失(见图 4.16(e))共 4 个阶段。由此可知,在 $K = 200$ mm 和 $K = 800$ mm 之间,3-PS²S 闭环支链型并联机器人的局域交互指标 LII 存在最大值,此时机器人达到最优运动和力交互特性。类似的结论还可以通过分析图 4.17 所示的全域交互指标得到。

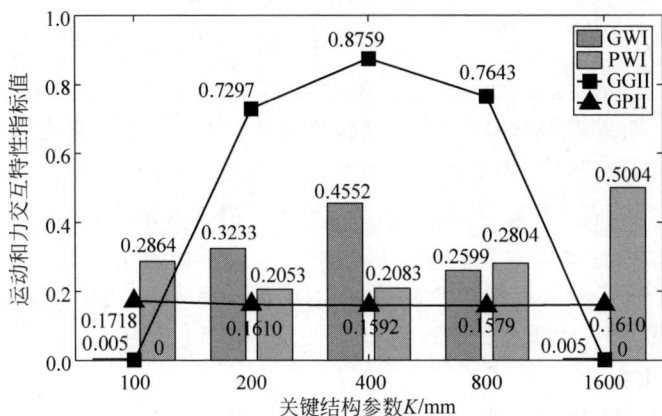

图 4.17　3-PS²S 并联机器人全域指标与关键结构参数 K 的关系

为进一步求得给定几何参数下的最优关键结构参数 K,图 4.18 给出了 3-PS²S 闭环支链型并联机器人的 GWI 和关键结构参数 K 的关系曲线,

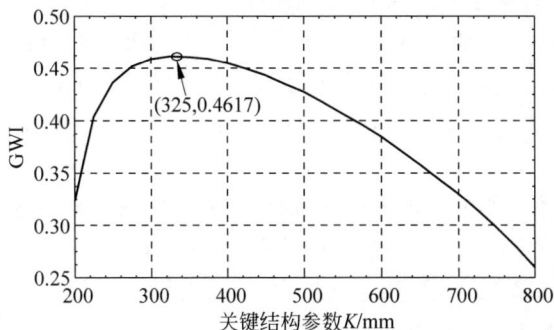

图 4.18　3-PS²S 并联机器人 GWI 与关键结构参数 K 的关系

其中关键结构参数 $K \in [200, 800]$，取值间隔为 25 mm。由图可知，当 $K =$ 325 mm 时，3-PS²S 闭环支链型并联机器人的 GWI 取到极值，此时机器人的运动和力交互特性达到最优。

综上可知，本书提出的并联机器人运动和力交互特性指标体系与评价方法不仅可以评价并联机器人的运动和力交互特性，还可以有效地揭示闭环支链型并联机器人的关键结构参数对机器人性能的影响规律。

4.3　冗余驱动和过约束闭环支链型并联机器人运动和力交互特性评价方法

冗余驱动和过约束并联机器人是并联机器人领域的两个重要分支。相对于传统并联机器人而言，冗余驱动和过约束并联机器人在消除奇异性[232-233]、增大工作空间[235-236]、增强刚度[236-237]、提高加速能力[238-239] 和提高承载能力[240-242] 等方面有显著优势。近年来，冗余驱动和过约束并联机器人受到学者的广泛关注，相关研究成果也相继被发表，涉及的研究方向众多，如运动学分析[243-244]、运动学标定[245-246]、动力学建模[247-248]、机构设计[249-250]、机器人控制[251-252] 等。然而，具有闭环支链的冗余驱动和过约束并联机器人的研究却鲜有报道，其运动和力交互特性分析更是没有引起足够的重视。

为更好地理解本节的研究对象冗余驱动和过约束闭环支链型并联机器人，本节先简要介绍"冗余驱动""过约束"和"闭环支链"的概念。假设所研究的并联机器人具有 k 自由度和 n 条支链，第 i 条支链包含 m_i 条被动链，机器人驱动力旋量子空间[109,253] 的力旋量数量为 p，机器人约束力旋量子空间[109,253] 的力旋量数量为 q，则满足如下 3 点。

（1）冗余驱动：如果 $p > k$，则所研究的并联机器人通常被称为冗余驱动并联机器人。对于给定的作用在动平台上的外力，机器人支链对应可生成不唯一的驱动力旋量组合与其抵抗。机器人驱动力旋量子空间的维度 d_p 满足关系式 $d_p > k$。

（2）过约束：如果 $q > (6 - k)$，则所研究的并联机器人通常被称为过约束并联机器人。对于给定的作用在动平台上的外力，机器人支链对应可生成不唯一的约束力旋量组合与其抵抗。机器人约束力旋量子空间的维度 d_q 满足关系式 $d_q > (6 - k)$。

（3）闭环支链：如果 $m_i > 1$，则并联机器人第 i 支链的子支链中至少存在一个闭合环路,所研究的并联机器人被称为闭环支链型并联机器人。

4.3.1　已有研究方法概述

当前,冗余驱动和过约束并联机器人的运动和力传递特性分析已有重要进展。通过分析和掌握非冗余并联机器人的运动和力传递机理,Xie 等[111,254]提出两类指标评估冗余驱动和运动学冗余并联机器人的性能,将冗余驱动并联机器人局部传递指标 LTI 的下限定义为局部最小传动指标(local minimized transmission index,LMTI),将运动学冗余并联机器人最优逆运动学解对应的并联机器人局部传递指标 LTI 定义为局部最优传动指标(local optimal-transmission index,LOTI)。在并联机器人的运动和力约束特性方面,Liu 等[108]提出了局部奇异性指标(local singularity index,LSI)来度量非冗余并联机器人与所有输入、输出和约束奇异性的距离。在 Liu 等工作[101]的启发下,Li 等[105]将冗余驱动并联机构等效为若干单自由度机构,在分析这些单自由度机构的运动和力传递特性的基础上提出了评估冗余驱动并联机器人运动和力传递特性的新指标。这些新指标可有效应用于驱动冗余并联机器人的运动学性能分析和尺度参数优化设计[58-59]。在线性代数和螺旋理论的基础上,Liu 等[255]也提出一些指标实现了冗余驱动和过约束并联机器人的运动和力传递特性分析。此外,为了评估机器人在最坏工况下的性能,Isaksson 等[117]在 Liu 等[104,108]提出的输入传输指数 ITI、输出传输指数 OTI 和 Xie 等[111,254]提出的 LMTI 的基础上进一步发展出了容错指标,用于冗余驱动并联机器人的容错分析。

值得注意的是,以上方法都是基于传递力旋量和约束力旋量的概念。这些性能指标均与坐标系的选取无关且值域为[0,1],适用于任意自由度的并联机器人性能分析与评价。然而,这些方法是否能够很好地用于冗余驱动和过约束闭环支链型并联机器人的运动和力交互特性研究呢?为了说明冗余驱动和过约束闭环支链型并联机器人性能分析的特殊性,本节下面结合两种闭环支链型机构给出实例分析。

如图 4.19(a)和(d)所示,冗余驱动机构和过约束机构分别表示为 [RS²-RS]SU 和 RS³SU。冗余驱动[RS²-RS]SU 机构的输出杆通过 U 副连接于机架,两个输入杆的下端(点 A_1 和点 A_2)分别由连接于机架的 R 副驱动,第一输入杆的上端连接沿 R 副轴线方向分布的两个球铰(点 B_1 和 B_2),第一输入杆与输出杆通过两根连杆 B_1C 和 B_2C 相连,第二输入杆与输出杆通过一根连杆 B_3C 相连。U 副和机架相连的转轴和被驱动的 R 副

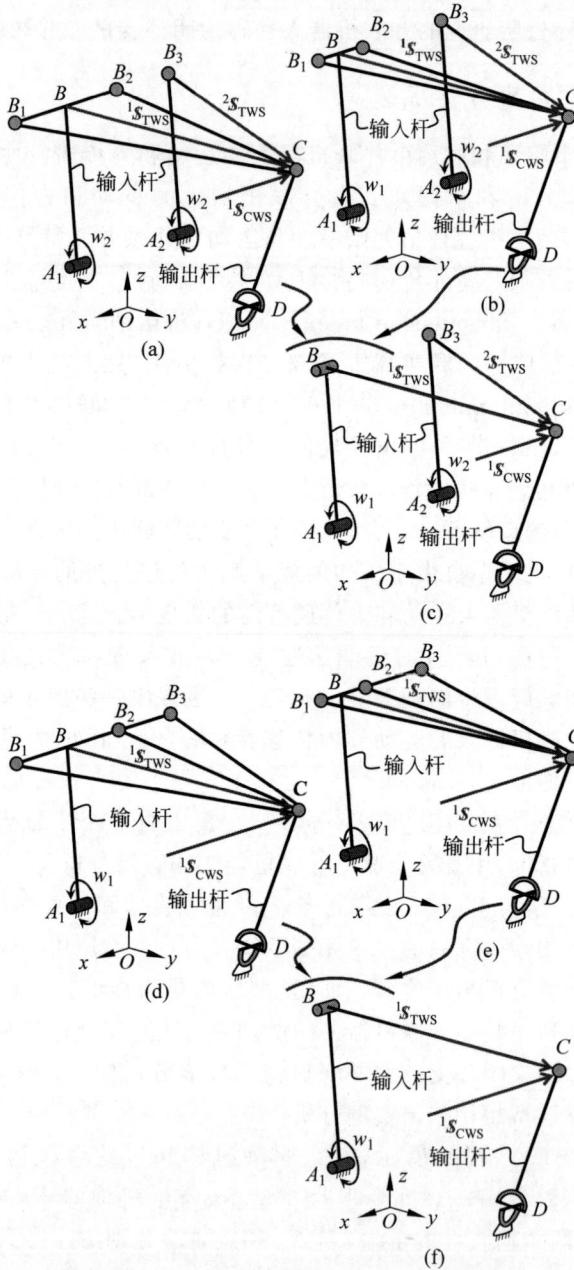

图 4.19 单自由度闭环支链型机构实例分析

(a)和(b) 具有不同结构参数 BB_1 和 BB_2 的冗余驱动[$\underline{R}S^2$-RS]SU 机构；(c) [$\underline{RR}$-RS]SU 机构；

(d)和(e) 具有不同结构参数 BB_1、BB_2 和 BB_3 的过约束 $\underline{R}S^3$SU 机构；(f) R$\underline{R}$SU 机构

轴线互相平行。过约束 $\underline{\text{RS}}^3\text{SU}$ 机构与冗余驱动 $[\underline{\text{RS}}^2\text{-}\underline{\text{RS}}]\text{SU}$ 机构的区别在于连杆 B_3C 被第一输入杆驱动。

本节采用现有指标来分析图 4.19 所示的冗余驱动 $[\underline{\text{RS}}^2\text{-}\underline{\text{RS}}]\text{SU}$ 机构与过约束 $\underline{\text{RS}}^3\text{SU}$ 机构,首先需辨识出传递力和约束力旋量,现将涉及的各个支链中的传递力旋量和约束力旋量在图中进行标识并给出如下辨识结果: ${}^1\boldsymbol{S}_{\text{TWS}}=(BC;\boldsymbol{c}\times BC)$, ${}^2\boldsymbol{S}_{\text{TWS}}=(B_3C;\boldsymbol{c}\times B_3C)$ 和 ${}^1\boldsymbol{S}_{\text{CWS}}=(B_1B_2;\boldsymbol{c}\times B_1B_2)$,其中 $\boldsymbol{c}$ 表示 C 点的位置向量。然而,考察冗余驱动 $[\underline{\text{RS}}^2\text{-}\underline{\text{RS}}]\text{SU}$ 机构与过约束 $\underline{\text{RS}}^3\text{SU}$ 机构中的传递力旋量和约束力旋量不难发现:所考察的具有不同结构参数 BB_1 和 BB_2 的冗余驱动 $[\underline{\text{RS}}^2\text{-}\underline{\text{RS}}]\text{SU}$ 机构都等效成 $[\underline{\text{RR}}\text{-}\underline{\text{RS}}]\text{SU}$ 机构,如图 4.19(c)所示;所考察的具有不同结构参数 BB_1、BB_2 和 BB_3 的过约束 $\underline{\text{RS}}^3\text{SU}$ 机构都等效成 $\underline{\text{RR}}\text{SU}$ 机构,如图 4.19(f)所示。这样的等效会带来如下两个值得思考的现象。

(1) 冗余驱动 $[\underline{\text{RS}}^2\text{-}\underline{\text{RS}}]\text{SU}$ 机构与过约束 $\underline{\text{RS}}^3\text{SU}$ 机构输出杆的瞬时受力状态是一样的,如图 4.19(a)和(d)(或图 4.19(b)和(e))所示,这说明了图 4.19(a)和(d)(或图 4.19(b)和(e))中的两类机构具有相同的输出传递特性和约束传递特性。然而,图 4.19(c)和(f)的等效结果显示,施加在两类机构输出杆上的传递力旋量和约束力旋量是不一样的,即它们的输出传递特性和约束传递特性是不一样的。显然以上两个结论截然相反,存在矛盾。

(2) 冗余驱动 $[\underline{\text{RS}}^2\text{-}\underline{\text{RS}}]\text{SU}$ 机构的结构参数 BB_1 和 BB_2 改变,如图 4.19(a)和(b)所示,施加在其输出杆上的传递力旋量和约束力旋量却没有发生变化,这说明具有不同结构参数 BB_1 和 BB_2 的冗余驱动 $[\underline{\text{RS}}^2\text{-}\underline{\text{RS}}]\text{SU}$ 机构具有相同的传递和约束性能。换言之,具有不同结构参数 BB_1 和 BB_2 的冗余驱动 $[\underline{\text{RS}}^2\text{-}\underline{\text{RS}}]\text{SU}$ 机构的性能差异不能被有效揭示。同样的结论也可以通过考察图 4.19(d)和(e)中具有不同结构参数 BB_1、BB_2 和 BB_3 的过约束 $\underline{\text{RS}}^3\text{SU}$ 机构的传递力旋量和约束力旋量得到。

4.3.2　研究策略与运动和力交互特性评价方法

1. 远端交互特性研究策略与指标定义

给定任务时,并联机器人的动平台应能平衡六维外部载荷(力和力矩)。实际上,无论来自支链的力旋量是属于传递力旋量子空间还是约束力旋量子空间,所有的力旋量都将参与外部载荷的平衡过程。因此,无须确定传递力旋量和约束力旋量对承载能力的单独影响,所有力旋量的作用应在同一水平上综合考虑。本节中直接作用在动平台上的力旋量称为远端力旋量。本书所涉及的远端力旋量均由力旋量 $\boldsymbol{s}_{\mathrm{DW}}$ 表示。

在"锁定"策略下,所研究的并联机器人转化为一个静态结构。由于 $p+q>6$,对于给定的作用在动平台上的外力,机器人支链对应可生成不唯一的力旋量组合与其抵抗。其静力分析是一个典型的超静定问题,通常需要用变形协调方程来求解。为了评估机器人的承载能力,本节现从所有 $(p+q)$ 个远端力旋量中按照 6 个远端力旋量一组来选择一组最优力旋量组,认为冗余驱动和过约束并联机器人的承载能力优于选定的最优力旋量组所对应非冗余驱动和非过约束并联机器人。因此,本节以最优的力旋量组的 DII 作为所研究的冗余驱动和过约束并联机器人的承载能力下限。

所有远端力旋量被每 6 个一组虚拟地分成 C_{p+q}^{6} 个组,在第 j($j=1$, $2,\cdots,\mathrm{C}_{p+q}^{6}$)组 $\Phi_j=\{{}^1\boldsymbol{s}_{\mathrm{DW}}^{j},{}^2\boldsymbol{s}_{\mathrm{DW}}^{j},{}^3\boldsymbol{s}_{\mathrm{DW}}^{j},{}^4\boldsymbol{s}_{\mathrm{DW}}^{j},{}^5\boldsymbol{s}_{\mathrm{DW}}^{j},{}^6\boldsymbol{s}_{\mathrm{DW}}^{j}\}$ 中,通过移除第 k($i=1,2,\cdots,6$)个远端力旋量 ${}^k\boldsymbol{s}_{\mathrm{DW}}^{j}$ 构成一个由 5 个力旋量组成的力旋量子系统,共有 C_6^5 个子系统。根据螺旋理论,如果第 k 个系统中各力旋量是线性独立的,那么它可以产生唯一的远端运动旋量。这里唯一的远端运动旋量被称为虚拟远端运动旋量,对应第 k 个子系统的虚拟远端运动旋量由运动旋量 ${}^k\boldsymbol{s}_{\mathrm{VDT}}^{j}$ 表示。为了评估被移除的远端力旋量对动平台的影响,本节将所移除的远端力旋量 ${}^k\boldsymbol{s}_{\mathrm{DW}}^{j}$ 及其对应的虚拟远端运动旋量 ${}^k\boldsymbol{s}_{\mathrm{VDT}}^{j}$ 的功率系数定义为

$$\vartheta_k=\frac{|{}^k\boldsymbol{s}_{\mathrm{DW}}^{j}\circ{}^k\boldsymbol{s}_{\mathrm{VDT}}^{j}|}{|{}^k\boldsymbol{s}_{\mathrm{DW}}^{j}\circ{}^k\boldsymbol{s}_{\mathrm{VDT}}^{j}|_{\max}} \tag{4-37}$$

为了评估所有远端力旋量对动平台的综合作用效果,受 Xie 等[111,254] 工作的启发,这里定义每个远端力旋量组中远端力旋量及其虚拟远端运动旋量的最小功率系数的最大值

$$\xi=\max_j\{\bar{\omega}_j\}=\max_j\left\{\min_k\left\{\frac{|{}^k\boldsymbol{s}_{\mathrm{DW}}^{j}\circ{}^k\boldsymbol{s}_{\mathrm{VDT}}^{j}|}{|{}^k\boldsymbol{s}_{\mathrm{DW}}^{j}\circ{}^k\boldsymbol{s}_{\mathrm{VDT}}^{j}|_{\max}}\right\}\right\},$$

$$k=1,2,\cdots,6;\ j=1,2,\cdots,\mathrm{C}_{p+q}^{6} \tag{4-38}$$

其中,$\bar{\omega}_j$ 称为第 j 个远端力旋量组的远端交互特性指标(DII);ζ 称为最小化远端交互指标(minimized distal interaction index,MDII)。特别地,如果所研究并联机器人的动平台退化为一个点而不是一个刚体,则上述远端力

旋量组中的力旋量个数应该由 6 自动调整为 3。在这种情况下,式(4-38)中的变量应对应修改为 $k=1,2,3$ 和 $j=1,2,\cdots,\mathrm{C}_{p+q}^3$。

　　DII 值越大,从远端力旋量到虚拟远端运动旋量的功率传递和(或)约束越有效,力旋量组的远端运动和力交互特性越好。机器人的远端运动和力交互特性越好的具体表现是机器人远端力旋量能够更有效地抵抗外部载荷。由于所有远端力旋量的综合承载能力必定优于每个力旋量组的承载能力,所以 MDII 实际上代表了所研究的并联机器人的远端交互特性指标的下限值。MDII 值越大,冗余驱动和过约束并联机器人的远端交互特性越好。值得注意的是,MDII 的值域为 $[0,1]$,并且指标值的大小仅与机器人的当前位姿有关,与坐标系的选取无关,这将有助于冗余驱动和过约束并联机器人的性能评估和优化设计。

2. 近端交互特性研究策略与指标定义

　　在"驱动"策略下,所研究的并联机器人是一个机构。基于此,每个驱动关节的输入运动旋量都伴随着一个力旋量。该伴随力旋量的功能是将驱动关节的输入运动旋量传递至动平台。本节中,第 i 支链中驱动关节的单位输入运动旋量被称为实际近端运动旋量 ${}^i\boldsymbol{S}_{\mathrm{APT}}$,对应的伴随力旋量被称为近端力旋量 ${}^i\boldsymbol{S}_{\mathrm{PW}}$。

　　第 i 支链中的近端力旋量 ${}^i\boldsymbol{S}_{\mathrm{PW}}$ 的识别可以被描述为一个简单的优化问题,即在条件

$$ {}^i\boldsymbol{S}_{\mathrm{PW}} \in {}^i\Omega_{\mathrm{WS}} = \mathrm{span}\{{}^1\boldsymbol{S}_{\mathrm{W}}^i,{}^2\boldsymbol{S}_{\mathrm{W}}^i,\cdots,{}^t\boldsymbol{S}_{\mathrm{W}}^i,\cdots,{}^s\boldsymbol{S}_{\mathrm{W}}^i\} \tag{4-39} $$

下求解

$$ {}^i\boldsymbol{S}_{\mathrm{PW}} = \sum_{t=1}^{l}\theta_t\,{}^t\boldsymbol{S}_{\mathrm{W}}^i \tag{4-40} $$

使得单位近端力旋量 ${}^i\boldsymbol{S}_{\mathrm{PW}}^u$ 和单位实际近端运动旋量 ${}^i\boldsymbol{S}_{\mathrm{APT}}^u$ 的瞬时功率 ${}^iW_{\mathrm{IP}}^u$ 满足

$$ {}^iW_{\mathrm{IP}}^u = ({}^i\boldsymbol{S}_{\mathrm{PW}}^u \circ {}^i\boldsymbol{S}_{\mathrm{APT}}^u) \longrightarrow \max \tag{4-41} $$

其中,${}^t\boldsymbol{S}_{\mathrm{W}}^i$ 是第 i 支链中的第 t 个远端力旋量;l 表示第 i 支链中的远端力旋量总数;θ_t 是 ${}^t\boldsymbol{S}_{\mathrm{W}}^i$ 的系数;${}^i\Omega_{\mathrm{WS}}$ 表示第 i 支链中所有远端力旋量所张成的力旋量空间。为了评估近端力旋量对驱动关节输入运动的影响及作用效果,本节将实际近端运动旋量 ${}^i\boldsymbol{S}_{\mathrm{APT}}$ 及其对应的近端力旋量 ${}^i\boldsymbol{S}_{\mathrm{PW}}$ 的功率系数定义为

$$\delta_i = \frac{|{}^i\boldsymbol{S}_{\mathrm{PW}} \circ {}^i\boldsymbol{S}_{\mathrm{APT}}|}{|{}^i\boldsymbol{S}_{\mathrm{PW}} \circ {}^i\boldsymbol{S}_{\mathrm{APT}}|_{\max}} \tag{4-42}$$

为了评估所有近端力旋量对驱动单元输入运动的综合作用效果，这里定义近端力旋量${}^i\boldsymbol{S}_{\mathrm{PW}}$及其实际近端运动旋量${}^i\boldsymbol{S}_{\mathrm{APT}}$功率系数的最小值：

$$\psi = \min_i\{\delta_i\} = \min_i\left\{\frac{|{}^i\boldsymbol{S}_{\mathrm{PW}} \circ {}^i\boldsymbol{S}_{\mathrm{APT}}|}{|{}^i\boldsymbol{S}_{\mathrm{PW}} \circ {}^i\boldsymbol{S}_{\mathrm{APT}}|_{\max}}\right\}, \quad i = 1, 2, \cdots, n \tag{4-43}$$

其中，ψ称为近端交互特性指标（proximal interaction index，PII）。PII值越大，从近端力旋量到实际近端运动旋量的功率传递越有效，机器人的近端运动和力交互特性越好。机器人的近端运动和力交互特性越好的具体表现是机器人的近端力旋量能够更有效地传递驱动单元的输入运动。PII的值域为[0,1]，并且指标值的大小仅与机器人的当前位姿有关，与坐标系的选取无关。

3. 局部交互特性与指标定义

本节综合考虑远端和近端运动力相互作用性能，基于最差工况准则定义并联机器人的整体运动和力交互特性指标：

$$\sigma = \min\{\xi, \psi\} \tag{4-44}$$

其中，σ被称为局部交互特性指标（local interaction index，LII）。LII值越大，并联机器人的近端和远端运动和力交互特性越好。这就意味着，并联机器人的输入运动旋量不仅可以通过近端力旋量更有效地传递到其输出，而且机器人的远端力旋量可以更有效地抵抗外部载荷。

LII和基于传运角和压力角的指标类似，将传运角的可接受范围映射到LII中，可得到LII的近似可接受值域为[0.7,1]，LII高于0.7表明并联机器人具有较优的运动和力交互特性。

4.3.3　算例分析

本节以具有两移动自由度的冗余驱动[RS²-RS-RS]-S并联机器人和过约束[2-RS²]-S并联机器人为例来分析冗余驱动和过约束闭环支链型并联机器人的运动和力交互特性。冗余驱动[RS²-RS-RS]-S并联机器人和过约束[2-RS²]-S并联机器人的运动学简图如图4.20所示，两个机构的输入杆由R副驱动。在冗余驱动[RS²-RS-RS]-S并联机器人中，输出点C通过两个S-S杆连接到输入杆A_1B_1，通过一个S-S杆连接到输入杆

$A_{2,1}B_{2,1}$，通过另一个 S-S 杆连接到输入杆 $A_{2,2}B_{2,2}$。在过约束[2-$\underline{\text{RS}}^2$]-S 并联机器人中，输出点 C 与输入杆 A_1B_1 和输入杆 A_2B_2 间分别通过两个 S-S 杆相连。冗余驱动[$\underline{\text{RS}}^2$-$\underline{\text{RS}}$-$\underline{\text{RS}}$]-S 并联机器人和过约束[2-$\underline{\text{RS}}^2$]-S 并联机器人的单侧输入杆上两个球铰连线均与 R 副轴线平行。

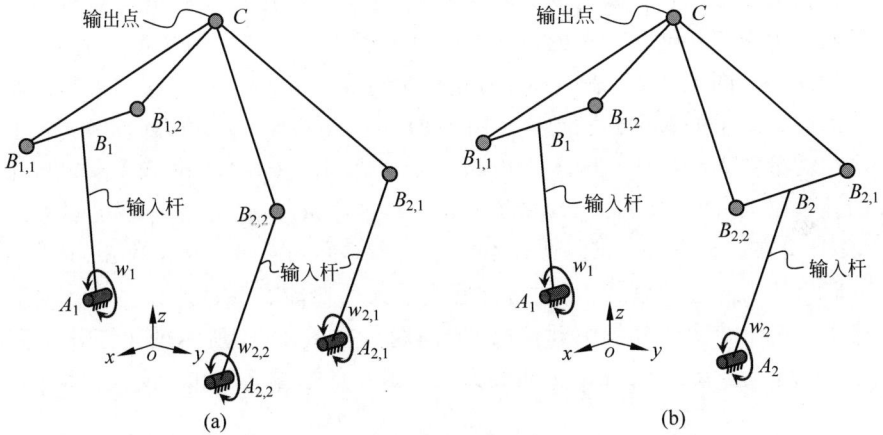

图 4.20　两自由度闭环支链型并联机器人运动学简图

(a) 冗余驱动[$\underline{\text{RS}}^2$-$\underline{\text{RS}}$-$\underline{\text{RS}}$]-S 并联机器人；(b) 过约束[2-$\underline{\text{RS}}^2$]-S 并联机器人

1. 远端交互特性分析

对于冗余驱动[$\underline{\text{RS}}^2$-$\underline{\text{RS}}$-$\underline{\text{RS}}$]-S 并联机器人和过约束[2-$\underline{\text{RS}}^2$]-S 并联机器人，驱动单元锁定后，可辨识出 4 个远端力旋量：${}^1\boldsymbol{S}_{\text{DW}}=(B_{1,1}C;\boldsymbol{c}\times B_{1,1}C)$，${}^2\boldsymbol{S}_{\text{DW}}=(B_{1,2}C;\boldsymbol{c}\times B_{1,2}C)$，${}^3\boldsymbol{S}_{\text{DW}}=(B_{2,1}C;\boldsymbol{c}\times B_{2,1}C)$ 和 ${}^4\boldsymbol{S}_{\text{DW}}=(B_{2,2}C;\boldsymbol{c}\times B_{2,2}C)$。因为动平台为一个输出点，所以仅需要 3 个远端力旋量即可平衡外载荷。将所有 4 个远端力旋量按照每 3 个一组共分为 $C_4^3=4$ 个力旋量组，即 $\Phi_1=\{{}^1\boldsymbol{S}_{\text{DW}}^1\,{}^2\boldsymbol{S}_{\text{DW}}^1,{}^3\boldsymbol{S}_{\text{DW}}^1\}=\{{}^2\boldsymbol{S}_{\text{DW}},{}^3\boldsymbol{S}_{\text{DW}},{}^4\boldsymbol{S}_{\text{DW}}\}$，$\Phi_2=\{{}^1\boldsymbol{S}_{\text{DW}}^2,{}^2\boldsymbol{S}_{\text{DW}}^2,{}^3\boldsymbol{S}_{\text{DW}}^2\}=\{{}^1\boldsymbol{S}_{\text{DW}},{}^3\boldsymbol{S}_{\text{DW}},{}^4\boldsymbol{S}_{\text{DW}}\}$，$\Phi_3=\{{}^1\boldsymbol{S}_{\text{DW}}^3,{}^2\boldsymbol{S}_{\text{DW}}^3,{}^3\boldsymbol{S}_{\text{DW}}^3\}=\{{}^1\boldsymbol{S}_{\text{DW}},{}^2\boldsymbol{S}_{\text{DW}},{}^4\boldsymbol{S}_{\text{DW}}\}$ 和 $\Phi_4=\{{}^1\boldsymbol{S}_{\text{DW}}^4,{}^2\boldsymbol{S}_{\text{DW}}^4,{}^3\boldsymbol{S}_{\text{DW}}^4\}=\{{}^1\boldsymbol{S}_{\text{DW}},{}^2\boldsymbol{S}_{\text{DW}},{}^3\boldsymbol{S}_{\text{DW}}\}$。对每个力旋量组而言，分 3 次移除 1 个远端力旋量将分别产生 3 个对应的虚拟远端运动。定义所有远端力旋量与其对应的虚拟远端运动之间的功率系数的最小值为 DII。因此，这 4 个力旋量组将产生 4 个 DII 值。最后计算 4 个 DII 值的最大值作为机器人的 MDII。

给定冗余驱动[$\underline{\text{RS}}^2$-$\underline{\text{RS}}$-$\underline{\text{RS}}$]-S 并联机器人和过约束[2-$\underline{\text{RS}}^2$]-S 并联机

器人一组几何参数 $A_1A_2=1.1$ mm，$A_1B_1=A_2B_2=0.85$ mm，$B_1C=B_2C=1.6$ mm，图 4.21(a)绘制了结构参数 $B_{i,1}B_{i,2}=2$ mm 时两类并联机器人的 MDII 在 yOz 平面上的分布。该结构参数在下文中将用 k 表示。由分析可知，冗余驱动[$\underline{RS^2}$-$\underline{RS}$-$\underline{RS}$]-S 并联机器人和过约束[2-$\underline{RS^2}$]-S 并联机器人的输出连杆瞬时受力状态相同，因此 MDII 指标显示它们的远端运动和力交互特性是一致的。该结论解决了 4.3.1 节实例分析中现象(1)中的问题。图 4.21(a)表明，MDII 的性能分布与 Oz 轴对称，该结果与机器人远端力旋量的对称性相吻合。图 4.21(b)给出了在 Oz 轴方向上，具有不同结构参数 $k=0.01$ mm、$k=0.5$ mm、$k=1$ mm、$k=4$ mm 和 $k=50$ mm 的冗余驱动[$\underline{RS^2}$-$\underline{RS}$-$\underline{RS}$]-S 并联机器人和过约束[2-$\underline{RS^2}$]-S 并联机器人的 MDII 分布。该分布表明，具有不同结构参数的冗余驱动[$\underline{RS^2}$-$\underline{RS}$-$\underline{RS}$]-S 并联机器人和过约束[2-$\underline{RS^2}$]-S 并联机器人的性能有明显差异。该结论解决了 4.3.1 节实例分析中现象(2)的问题。在图 4.21 所示的主工作空间 M 中，结构参数 $k=1$ mm 的机器人具有最优的远端运动和力交互特性。

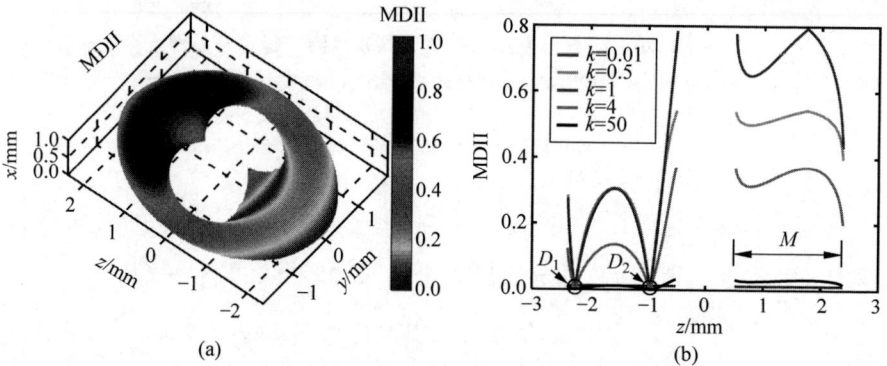

图 4.21　冗余驱动[$\underline{RS^2}$-$\underline{RS}$-$\underline{RS}$]-S 和过约束[2-$\underline{RS^2}$]-S 两类
并联机器人的 MDII 分布图谱(见文前彩图)

(a) $k=2$ mm；(b) $k=0.01$ mm，$k=0.5$ mm，$k=1$ mm，$k=4$ mm，$k=50$ mm

　　结构参数 k 值过小或过大都会降低机器人的远端运动和力交互特性，其物理意义为结构参数 k 值过小或过大都会降低所研究并联机器人的承载能力，如 $k=0.01$ mm 和 $k=50$ mm。值得注意的是，MDII 提供了两类机器人远端运动和力交互特性的下限值。这意味着冗余驱动[$\underline{RS^2}$-$\underline{RS}$-$\underline{RS}$]-S 并联机器人和过约束[2-$\underline{RS^2}$]-S 并联机器人的实际承载能力大于或等于 MDII 分布。

　　虽然机器人的性能随着结构参数 k 的变化而变化，但在两个位姿下，

冗余驱动 $[\mathrm{R\underline{S}^2\text{-}R\underline{S}\text{-}R\underline{S}}]\text{-}S$ 并联机器人和过约束 $[2\text{-}\mathrm{R\underline{S}^2}]\text{-}S$ 并联机器人的性能是保持不变的,即 MDII＝0 所对应的远端运动和力交互特性最差时的机器人位姿不随结构参数 k 的变化而变化。在图 4.21(b)所示的点 D_1 和点 D_2 处,两类机器人均出现了远端交互奇异。两类机器人的远端交互奇异位姿如图 4.22 所示。远端交互奇异意味着并联机器人失去承载能力,即输出点 C 不能沿 $B_{i,1}B_{i,2}C$ 平面的法向抵抗或平衡外部载荷。当机器人处于远端交互奇异位姿时,机器人将失去控制,在机器人的设计和应用中,应尽量避免此类奇异位姿。

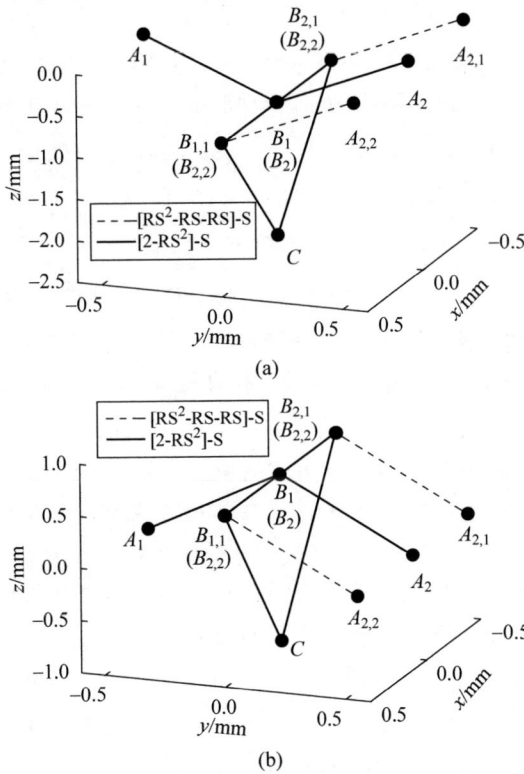

(a)

(b)

图 4.22　在给定参数 $A_1A_2＝1.1$ mm, $A_1B_1＝0.85$ mm, $B_1C＝1.6$ mm, $k＝0.5$ mm 下,冗余驱动和过约束并联机器人的远端运动和力交互奇异位姿

(a) 冗余驱动 $[\mathrm{R\underline{S}^2\text{-}R\underline{S}\text{-}R\underline{S}}]\text{-}S$ 机构；(b) 过约束 $[2\text{-}\mathrm{R\underline{S}^2}]\text{-}S$ 机构

　　通过分析实例,本书总结出 MDII 的一些潜在优势:一方面,MDII 可以用来揭示闭环支链的结构参数对机器人远端运动和力交互特性的影响,因此,利用该方法可以将冗余驱动和过约束闭环支链型并联机器人的闭环支链结构参数作为一个新设计参数,加入参数优化设计中以提升机器人的性能;另一方面,研究表明,所提出的 MDII 能够有效识别冗余驱动和过约束闭环支链型并联机器人的远端运动和力交互奇异位姿。

2. 近端交互特性分析

在冗余驱动 $[\underline{RS}^2\text{-}\underline{RS}\text{-}RS]$-S 并联机器人和过约束 $[2\text{-}\underline{RS}^2]$-S 并联机器人的第 1 支链 $\underline{RS}^2$ 中,沿 S-S 杆有两个力旋量,即 $^1\boldsymbol{S}_{DW}=(B_{1,1}C;\,c\times B_{1,1}C)$, $^2\boldsymbol{S}_{DW}=(B_{1,2}C;\,c\times B_{1,2}C)$。这两个力旋量一起形成一个力旋量空间 $^2\boldsymbol{\Omega}_{WS}=\mathrm{span}\{^1\boldsymbol{S}_W^2,\,^1\boldsymbol{S}_W^2\}=\mathrm{span}\{^1\boldsymbol{S}_{DW},\,^2\boldsymbol{S}_{DW}\}$,该力旋量空间与平面 $\boldsymbol{\Omega}\text{-}B_{1,1}CB_{1,2}$ 重合。在这种情况下,转动副驱动单元所提供的实际近端运动旋量为 $^1\boldsymbol{S}_{APT}=(B_{1,1}B_{1,2};\,a_1\times B_{1,1}B_{1,2})$。为了最有效地驱动实际近端运动旋量 $^1\boldsymbol{S}_{APT}$,可识别出近端力旋量 $^1\boldsymbol{S}_{PW}=(B_1C;\,c\times B_1C)$。同样,冗余驱动 $[\underline{RS}^2\text{-}\underline{RS}\text{-}RS]$-S 并联机器人的实际近端运动旋量 $^2\boldsymbol{S}_{APT}=(B_{1,1}B_{1,2};\,a_{2,1}\times B_{1,1}B_{1,2})$ 和 $^3\boldsymbol{S}_{APT}=(B_{1,1}B_{1,2};\,a_{2,2}\times B_{1,1}B_{1,2})$ 可辨识出对应的近端力旋量 $^2\boldsymbol{S}_{PW}=(B_{2,1}C;\,c\times B_{2,1}C)$, $^3\boldsymbol{S}_{PW}=(B_{2,2}C;\,c\times B_{2,2}C)$。过约束 $[2\text{-}\underline{RS}^2]$-S 并联机器人的实际近端运动旋量 $^2\boldsymbol{S}_{APT}=(B_{1,1}B_{1,2};\,a_2\times B_{1,1}B_{1,2})$ 可辨识出对应的近端力旋量 $^2\boldsymbol{S}_{PW}=(B_2C;\,c\times B_2C)$。

采用前文中远端交互特性分析时的机构参数,图 4.23(a) 和图 4.24(a) 分别给出了冗余驱动 $[\underline{RS}^2\text{-}\underline{RS}\text{-}RS]$-S 并联机器人和过约束 $[2\text{-}\underline{RS}^2]$-S 并联机器人在结构参数 $k=2$ mm 时在 yOz 平面上的 PII 分布。结果表明,冗余驱动 $[\underline{RS}^2\text{-}\underline{RS}\text{-}RS]$-S 并联机器人的近端运动和力交互特性相对 Oy 轴对称,而过约束 $[2\text{-}\underline{RS}^2]$-S 并联机器人的近端运动和力交互特性不仅相对 Oy 轴对称,还相对 Oz 轴对称。图 4.23(b) 和图 4.24(b) 给出了在 Oz 轴方向上,具有不同结构参数 $k=0.01$ mm、$k=0.5$ mm、$k=1$ mm、$k=4$ mm、$k=50$ mm 的冗余驱动 $[\underline{RS}^2\text{-}\underline{RS}\text{-}RS]$-S 并联机器人和过约束 $[2\text{-}\underline{RS}^2]$-S 并联机器人的 PII 分布。该分布表明,具有不同结构参数的冗余驱动 $[\underline{RS}^2\text{-}\underline{RS}\text{-}RS]$-S 并联机器人的近端运动和力交互特性有明显差异,而具有不同结构参数的过约束 $[2\text{-}\underline{RS}^2]$-S 并联机器人的近端运动和力交互特性是相同的。在冗余驱动 $[\underline{RS}^2\text{-}\underline{RS}\text{-}RS]$-S 并联机器人的两个主工作空间 M_1 和 M_2 中,如图 4.23(b) 所示,结构参数 $k=0.01$ mm 的机器人具有最优的近端运动和力交互特性。结构参数 k 值越大,机器人的运动传递能力越差。然而,

对于过约束[2-RS^2]-S并联机器人而言,如图 4.24(b)所示,结构参数 k 对机器人的运动传递能力没有影响。

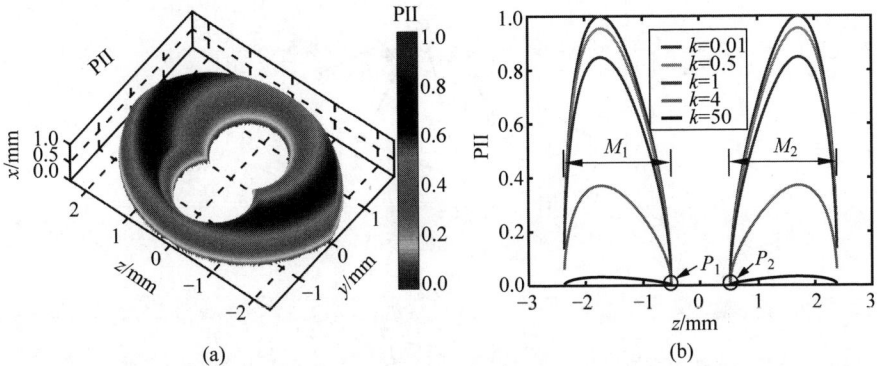

(a)　　　　　　　　　　　　　　　(b)

图 4.23　冗余驱动[RS^2-RS-RS]-S并联机器人的 PII 分布图谱(见文前彩图)

(a) $k=2$ mm; (b) $k=0.01$ mm, $k=0.5$ mm, $k=1$ mm, $k=4$ mm, $k=50$ mm

虽然两个并联机器人的 PII 分布不相同,但它们的近端交互奇异发生在相同的位置。如图 4.23(b)和图 4.24(b)所示,远端相互作用奇点出现在 P_1 点和 P_2 点。它们对应的近端运动和力交互奇异位姿如图 4.25 所示。近端交互奇异性的物理意义是并联机器人失去运动传递能力,也就是说,驱动单元的输入运动不能被传递到输出点 C。这类奇异位姿在机器人的设计和应用中也应该避免。

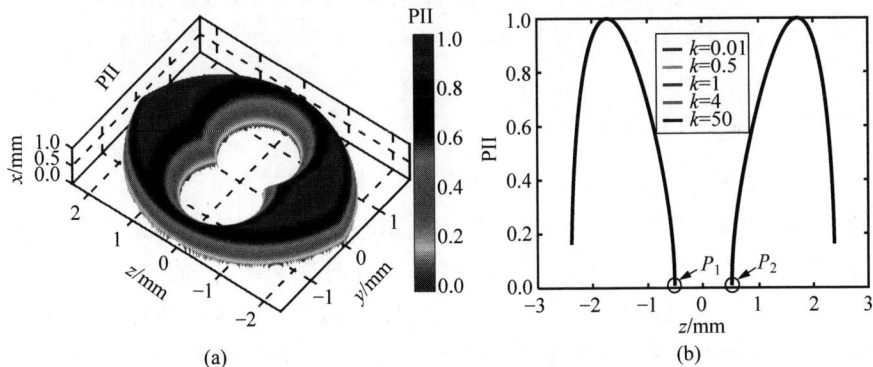

(a)　　　　　　　　　　　　　　　(b)

图 4.24　过约束[2-RS^2]-S并联机器人的 PII 分布图谱(见文前彩图)

(a) $k=2$ mm; (b) $k=0.01$ mm, $k=0.5$ mm, $k=1$ mm, $k=4$ mm, $k=50$ mm

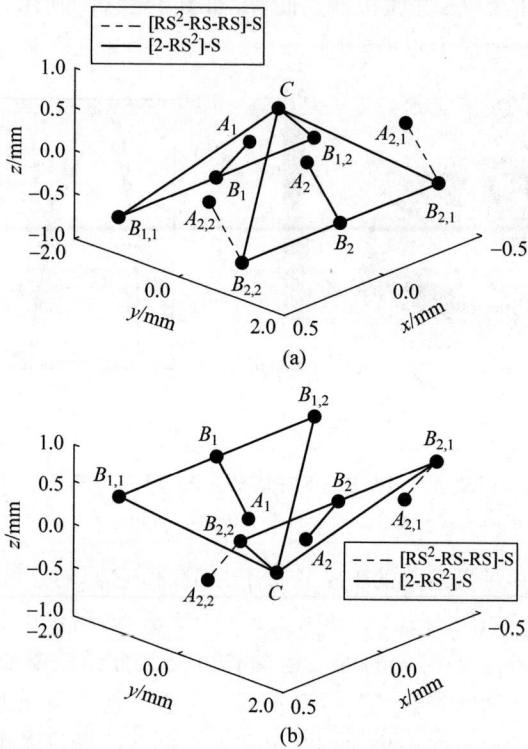

图 4.25   在给定参数 $A_1A_2=1.1$ mm, $A_1B_1=0.85$ mm, $B_1C=1.6$ mm, $k=0.5$ mm
下冗余驱动和过约束并联机器人的近端运动和力交互奇异位姿

(a) 冗余驱动[$\underline{RS}^2$-RS-$\underline{RS}$]-S 并联机器人；(b) 过约束[2-$\underline{RS}^2$]-S 并联机器人

3. 整体交互特性分析

为了更好地了解两类机器人的整体运动和力交互特性，图 4.26(a) 和图 4.27(a) 分别给出了冗余驱动[$\underline{RS}^2$-RS-$\underline{RS}$]-S 并联机器人和过约束[2-$\underline{RS}^2$]-S 并联机器人在结构参数 $k=2$ mm 时在 yOz 平面上的 LII 分布。两个机器人 LII 的对称性与其对应的 PII 一致。图 4.26(b) 和图 4.27(b) 给出了在 Oz 轴方向上，具有不同结构参数 $k=0.01$ mm、$k=0.5$ mm、$k=1$ mm、$k=4$ mm 和 $k=50$ mm 的冗余驱动[$\underline{RS}^2$-RS-$\underline{RS}$]-S 并联机器人和过约束[2-$\underline{RS}^2$]-S 并联机器人的 LII 分布。可以看出，两个机器人在 $k=1$ mm 时均达到了最优的局部运动和力交互特性。

为进一步比较两类机器人的运动和力交互特性，图 4.28(a) 和(b) 分别

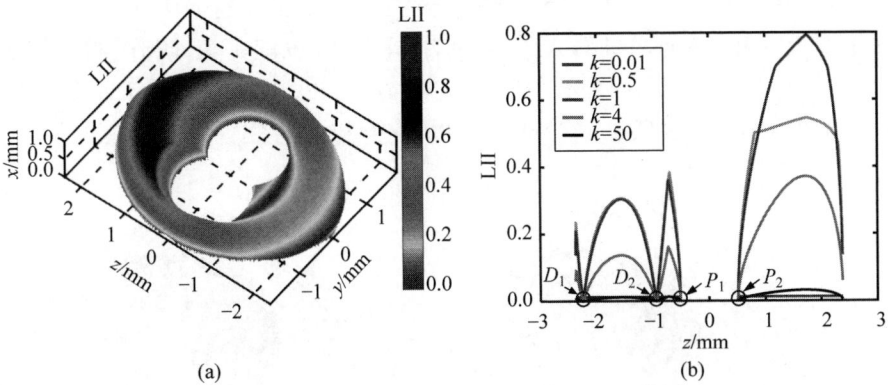

图 4.26　冗余驱动[$\overline{RS^2}$-$\overline{RS}$-RS]-S 并联机器人的 LII 分布图谱（见文前彩图）

（a）$k=2$ mm；（b）$k=0.01$ mm，$k=0.5$ mm，$k=1$ mm，$k=4$ mm，$k=50$ mm

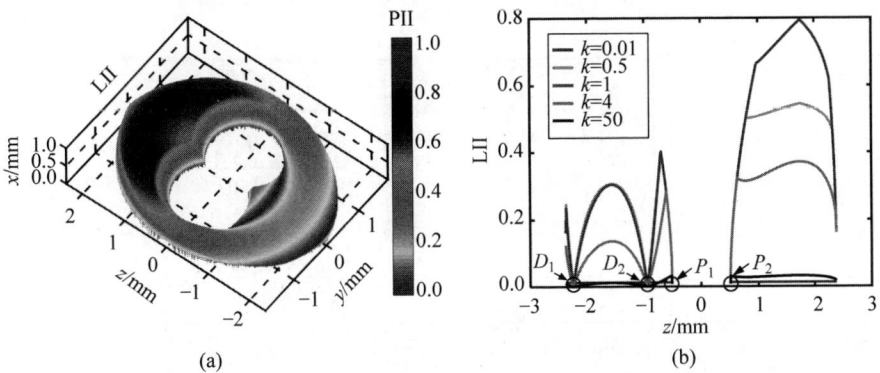

图 4.27　过约束[2-$\overline{RS^2}$]-S 并联机器人的 PII 分布图谱（见文前彩图）

（a）$k=2$ mm；（b）$k=0.01$ mm，$k=0.5$ mm，$k=1$ mm，$k=4$ mm，$k=50$ mm

给出了机器人 LII=0.5、0.55、0.6 时对应的等值轮廓线。显然，给定 3 个 LII 值的过约束[2-$\overline{RS^2}$]-S 并联机器人的轮廓区域均大于冗余驱动[$\overline{RS^2}$-$\overline{RS}$-RS]-S 并联机器人所对应的轮廓区域。为了更准确地描述工作空间的相对大小，将 LII$\geqslant t$ 和 LII$\geqslant 0$ 等值线的工作空间比定义为

$$\text{GII}_t = \frac{\int_{\text{LII}\geqslant t} \mathrm{d}W}{\int_{\text{LII}\geqslant 0} \mathrm{d}W} \tag{4-45}$$

其中，GII_t 被称为全域运动和力交互特性指标；$\mathrm{d}W$ 表示单位空间。图 4.28(c) 绘制了工作空间 $Z>0$ mm 时两个并联机器人的 $\text{GII}_{0.5}$、$\text{GII}_{0.55}$ 和 $\text{GII}_{0.6}$。

结果表明,过约束$[2\text{-}\underline{RS}^2]\text{-}S$并联机器人的相对工作空间大于冗余驱动$[\underline{RS}^2\text{-}RS\text{-}\underline{RS}]\text{-}S$并联机器人的相对工作空间。也就是说,工作空间$Z>0$ mm时,过约束$[2\text{-}\underline{RS}^2]\text{-}S$并联机器人的运动和力交互特性优于冗余驱动$[\underline{RS}^2\text{-}RS\text{-}\underline{RS}]\text{-}S$并联机器人的运动和力交互特性。

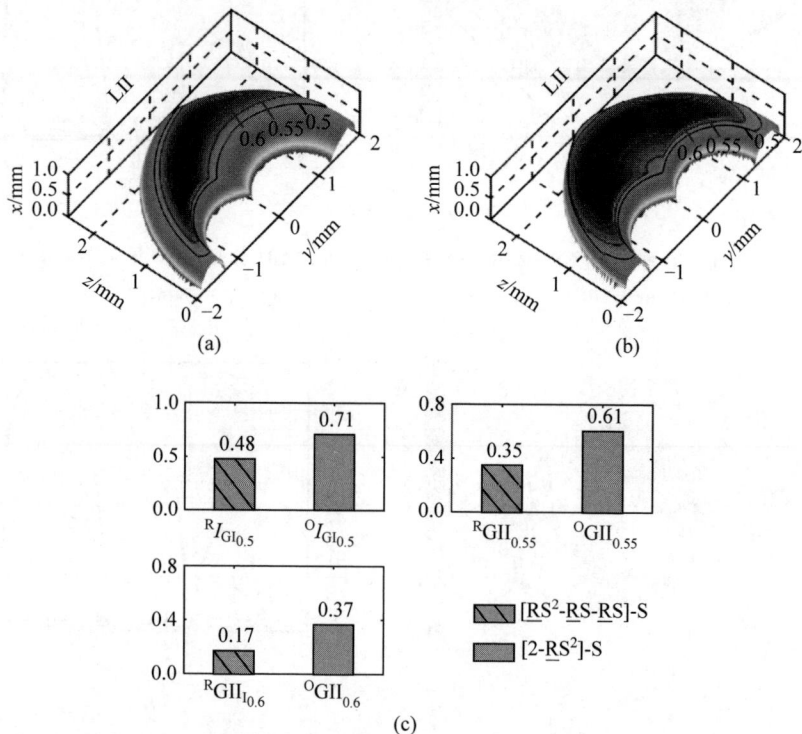

图 4.28　两类并联机器人 LII=0.5、LII=0.55 和 LII=0.6 时的
LII 分布及指标对比(见文前彩图)

(a) 冗余驱动$[\underline{RS}^2\text{-}RS\text{-}\underline{RS}]\text{-}S$并联机器人; (b) 过约束$[2\text{-}\underline{RS}^2]\text{-}S$并联机器人;
(c) 全域运动和力交互特性指标GII_l

4.4　闭环支链型高速并联机器人运动和力交互特性分析与评价

Delta 高速并联机器人是高速分拣作业领域内里程碑式的产品,取得了商业上的成功。与 Delta 机器人相比,具有冗余结构的闭环支链型 R4 并联机器人具有更高的速度和加速度性能[239,256]。本节将采用所提出的运动和力交互特性评价方法,通过分析 Delta 机器人、冗余驱动 Delta 机器人和过约束 Delta 机器人的运动和力交互特性来探讨关键结构参数、冗余驱动和过约束策略对 Delta 机器人性能的影响。

4.4.1　Delta 高速并联机器人

Delta 高速并联机器人的运动学简图如图 4.29 所示,令 $OA_i = R_1$,$A_iB_i = L_1$,$B_iC_i = L_2$,$oC_i = R_2$,$B_{i,1}B_{i,2} = k$。表 4.2 中提供了 Delta 高速并联机器人的尺度参数。

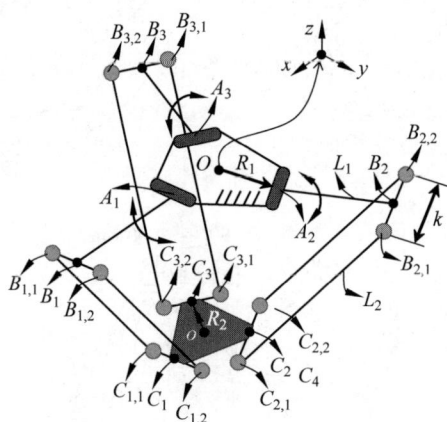

图 4.29　闭环支链型 Delta 高速并联机器人的运动学简图

表 4.2　Delta 高速并联机器人参数

符号	R_1	R_2	L_1	L_2	k
数值/mm	200	120	400	800	150

根据式(4-2)、式(4-11)和式(4-16)可求得 Delta 高速并联机器人的 DII、PII 和 LII 分布图谱,如图 4.30 所示。图 4.30(a)和(b)表明,Delta 高速并联机器人的 PII 和 DII 分布图谱均有较强的对称性。其中,近端交互奇异轨迹出现在 PII 图谱的边界处,表明 Delta 高速并联机器人具有较大的近端非奇异工作空间;远端交互奇异轨迹出现在 DII 图谱的内部,并将工作空间分为 4 个部分。远端非奇异工作空间的中间部分远远大于其他 3 个部分,但略小于近端非奇异工作空间。图 4.30(c)表明,Delta 高速并联机器人的 LII 分布具有 3 条对称轴,即 $\theta = 0°$、$\theta = 60°$ 和 $\theta = 120°$。Delta 高速并联机器人的奇异轨迹出现在 LII 图谱的内部和边界处。工作空间被奇异

轨迹划分为 4 个部分,中间部分的非奇异工作空间最大,对应机器人的常用工作模式。由图 4.30(c)可以看出,LII 的等值线边界取决于 DII 分布图谱。

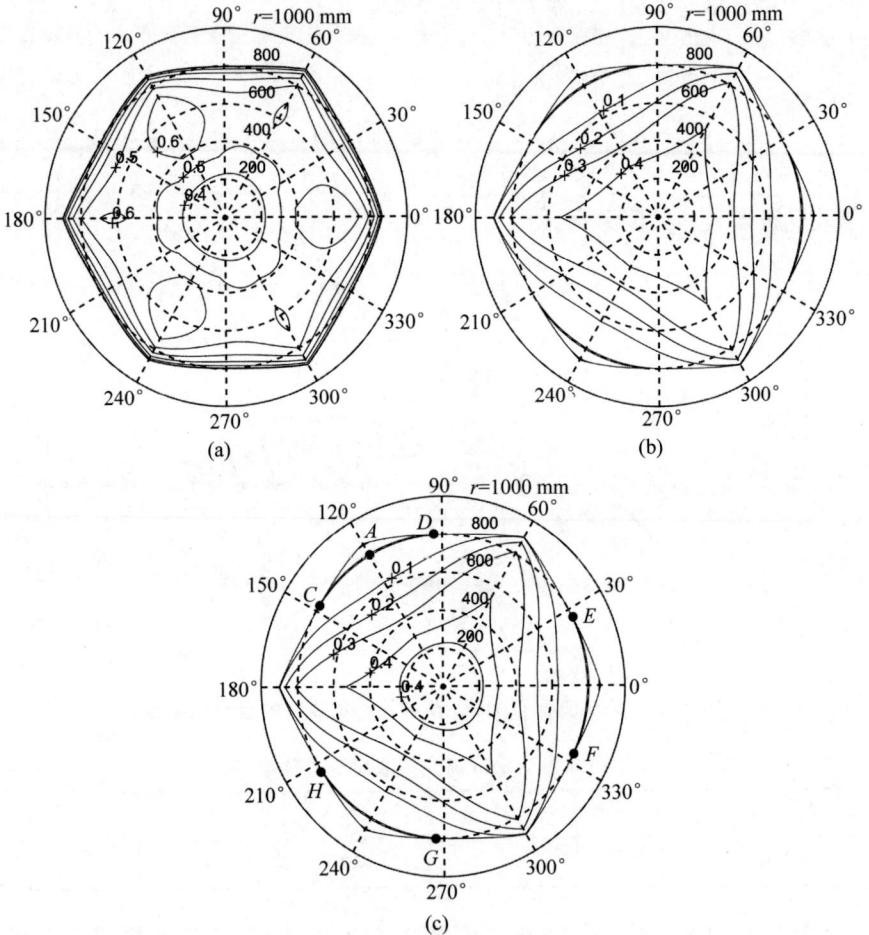

图 4.30　Delta 高速并联机器人在 $Z=-440$ mm 平面上的指标分布

(a) PII;(b) DII;(c) LII

图 4.31 示意了 Delta 高速并联机器人在 $Z=-440$ mm 平面内的奇异轨迹。机器人在奇异轨迹(2)上发生近端交互奇异,此时近端奇异指标 $\nu=0$。机器人在奇异轨迹(1)上发生远端交互奇异,在该轨迹上远端奇异指标 $\mu=0$。奇异轨迹所包围的区域为机器人的非奇异工作空间。

图 4.32(a)给出了对应的远端交互奇异位姿:第 1 支链和第 3 支链中的所有 S-S 杆位于一个平面上且彼此平行。在该位姿下,当 3 条支链的驱

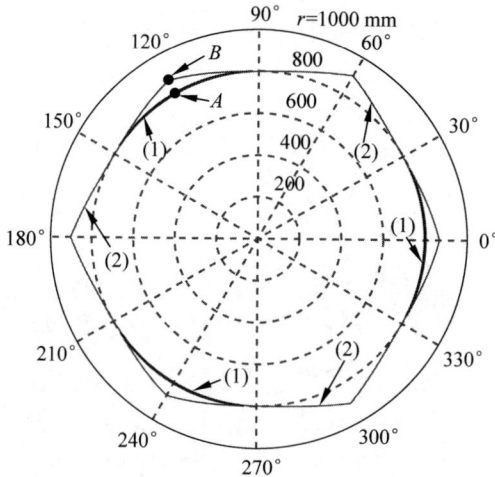

图 4.31　Delta 机器人在 $Z = -440$ mm 平面内的
近端奇异轨迹(2)和远端奇异轨迹(1)

动单元都被"锁定"时,Delta 并联机器人将失去控制。例如,如果在移动平台上施加绕 $C_{21}C_{22}$ 的转动或力偶,则所施加的转动或力偶不能被 Delta 机器人的所有 6 个远端力旋量限制或平衡。此外,如果运动或力垂直于 $B_{21}C_{22}$,并且位于第 1 支链和第 3 支链中的 S-S 杆平面上,则机器人将丧失工作能力。在点 B 处,Delta 机器人出现近端交互奇异。图 4.32(b)给出了对应的近端交互奇异位姿:平面 $A_iB_{i1}B_{i2}$ 与第 1 运动链和第 3 运动链中的平面 $B_{i1}C_{i1}C_{i2}B_{i2}$ 重合。在该位姿下,第 1 支链和第 3 支链中驱动关节的运动不能被传递到动平台。

为了研究闭环支链内部的结构参数对机器人的运动和力交互特性的影响,本节在图 4.33(a)所示的极坐标系中给出了从 U 点到 V 点的选定轨迹。沿此轨迹,图 4.33(b)绘制了 Delta 高速并联机器人在具有不同结构参数 $k=5$ mm、$k=50$ mm、$k=150$ mm、$k=300$ mm、$k=600$ mm 时的 LII 分布。不难发现,结构参数对机器人的运动和力相互作用有着重要影响。当结构参数在给定的考察范围内时,结构参数 k 值越大,Delta 高速并联机器人的性能越好。在不考虑支链干扰的情况下,当 $k=600$ mm 时,机器人的运动和力交互特性均能达到最优。从图 4.33(b)中的奇异点 A 可以看出,结构参数对奇异位姿没有影响。也就是说,通过选择一个非 0 的结构参数,可以有效识别闭环支链型并联机器人的奇异位姿。

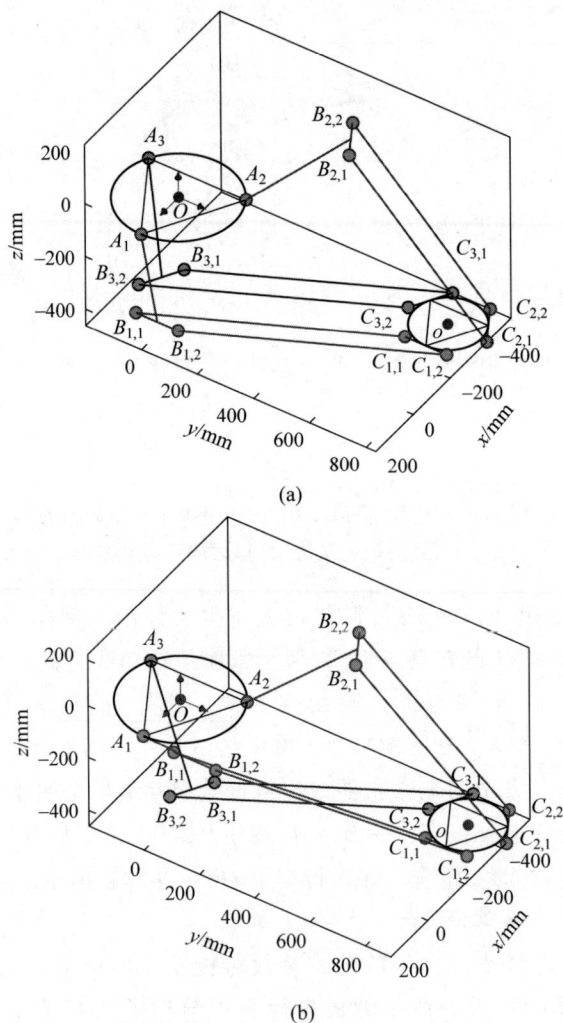

图 4.32　Delta 机器人在 $Z = -440$ mm 平面内的奇异位姿举例

(a) 远端奇异位姿；(b) 近端奇异位姿

图 4.34 绘制了当关键结构参数 $k = 150$ mm、$k = 300$ mm、$k = 600$ mm、$k = 1200$ mm 和 $k = 2400$ mm 时，Delta 高速并联机器人的局域交互指标 LII 的分布图谱。对比图 4.34(a)～(e)可知，在不同的关键结构参数下，Delta 并联机器人具备不同的 LII 分布图谱，GIW 的区域面积经历了从无到有和由小变大两个阶段。在考察范围内，关键结构参数 k 取值越大，则 Delta 高速并联机器人的运动和力交互特性越好。

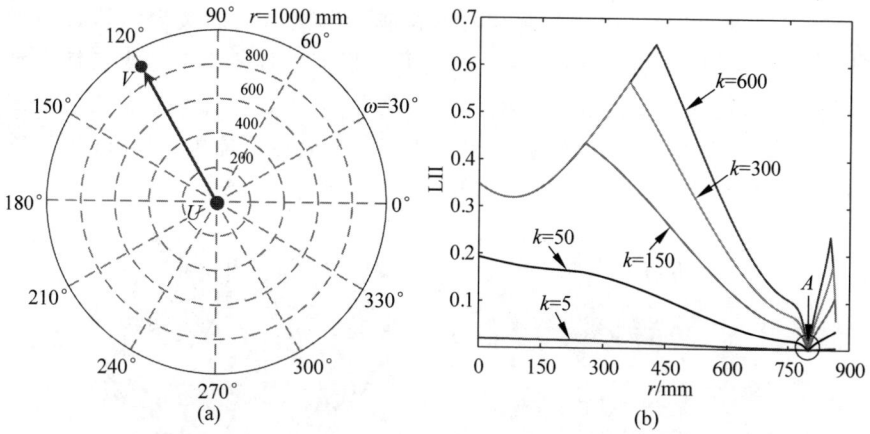

图 4.33　不同结构参数 *k* 下的 Delta 高速并联机器人在 *Z* = −440 mm 平面上的 LII 分布

（a）给定轨迹 $\theta = 120°$，$r \in [0\ mm, 900\ mm]$；（b）Delta 机器人的 LII 分布

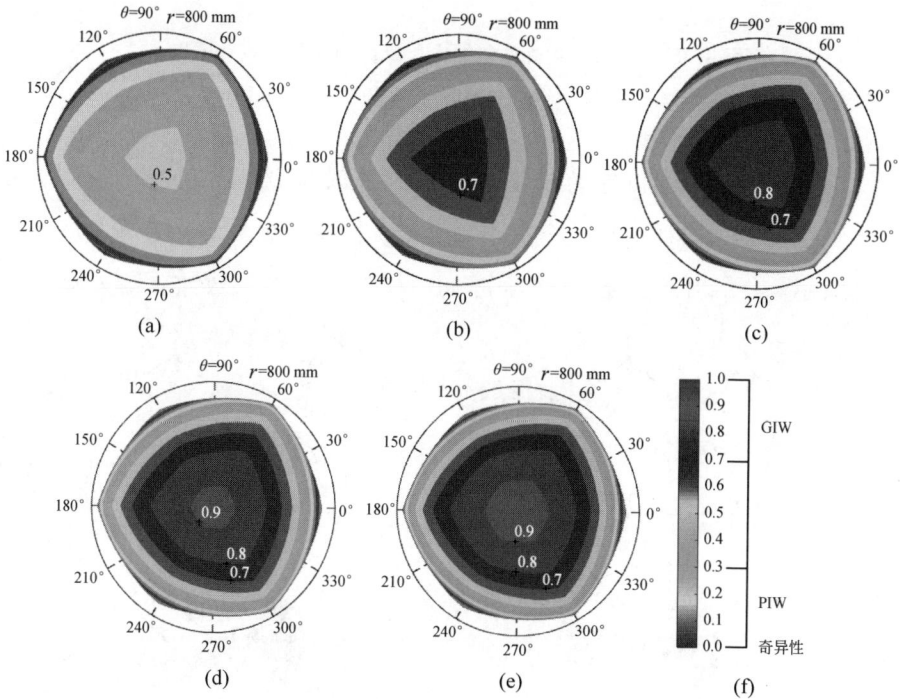

图 4.34　不同关键结构参数 *k* 下 Delta 高速并联机器人的

LII 分布图谱（见文前彩图）

（a）$k = 150$ mm；（b）$k = 300$ mm；（c）$k = 600$ mm；

（d）$k = 1200$ mm；（e）$k = 2400$ mm；（f）对比条

上述分析结果可用于指导 Delta 高速并联机器人的关键结构参数设计。图 4.35(a)所示为一款 Delta 高速并联机器人样机。在考虑支链干涉并给定球铰的装配空间和安全距离的情况下,为了使机器人具备更优的运动和力交互特性,闭环支链的关键结构参数 k 应尽可能大。Delta 高速并联机器人样机中,关键结构参数 k 的设计效果如图 4.35(b)所示。

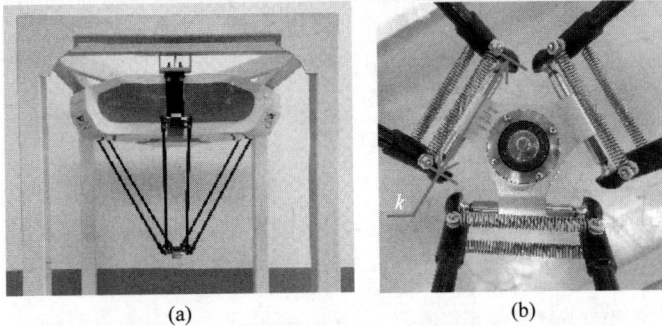

(a)　　　　　　　　　　　(b)

图 4.35　Delta 高速并联机器人关键结构参数 k 设计案例

(a) 整机视图;(b) 局部视图

4.4.2　冗余驱动和过约束 Delta 高速并联机器人

冗余驱动和过约束 Delta 高速并联机器人的结构如图 4.36 所示,$OA_i = R_1$,$A_i B_i = L_1$,$B_i C_i = L_2$,$oC_i = R_2$,$B_{i,1} B_{i,2} = k$,其参数如表 4.3 所示。

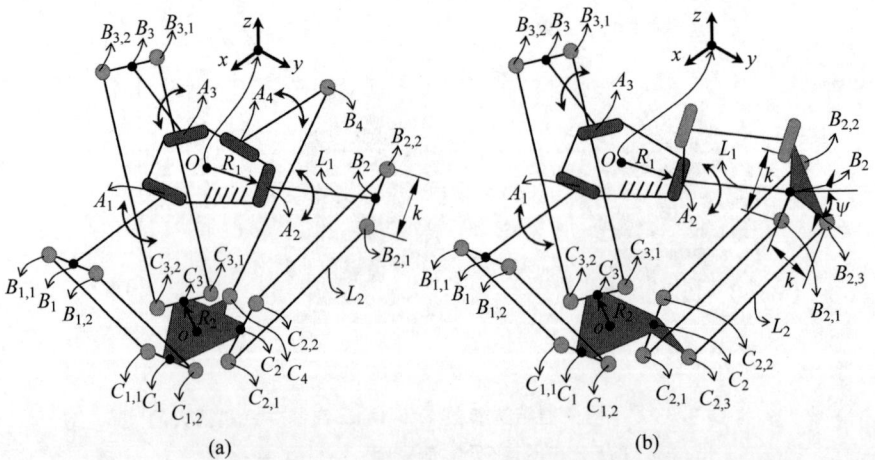

(a)　　　　　　　　　　　(b)

图 4.36　闭环支链型冗余驱动和过约束 Delta 高速并联机器人的结构

(a) 冗余驱动 Delta 机器人;(b) 过约束 Delta 机器人

在冗余驱动 Delta 高速并联机器人中，C_4 位于 $C_{1,1}C_{2,1}C_{3,1}$ 构成的圆弧上。在过约束 Delta 高速并联机器人中，$B_2B_{2,3} = k$，$B_2B_{2,3}$ 与平面 $A_1A_2A_3$ 之间的夹角 $\Psi = 60°$。

表 4.3　冗余驱动和过约束 Delta 高速并联机器人参数

符号	R_1	R_2	L_1	L_2	k	ψ
数值	200 mm	120 mm	400 mm	800 mm	150 mm	60°

图 4.37 和图 4.38 分别绘制了 $Z = -440$ mm 时冗余驱动 Delta 和过

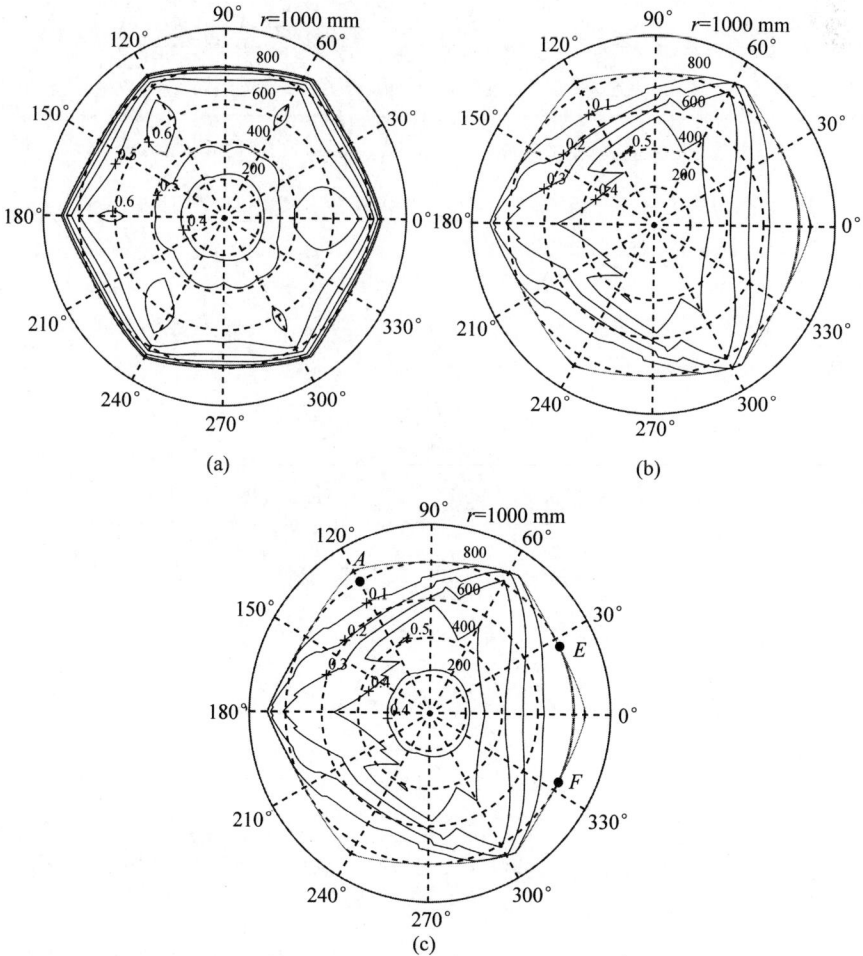

(a)　　　　　　　　　　(b)

(c)

图 4.37　冗余驱动 Delta 高速并联机器人在 $Z = -440$ mm 平面上的指标分布图谱

(a) PII；(b) MDII；(c) LII

约束 Delta 高速并联机器人的 DII、PII 和 LII 分布图谱。可以看出,冗余驱动 Delta 机器人和过约束 Delta 机器人的 LII 分布图谱仅呈现一个对称轴,分别是当 $\theta=0°$ 和 $\theta=120°$ 时。该结果与机器人结构的对称性一致。冗余驱动 Delta 机器人和过约束 Delta 机器人的所有近端交互奇异发生在可达工作空间边界处,而它们的远端交互奇异则发生在可达工作空间内,且在点 C、D、E、F、G、H 处出现了组合奇异。

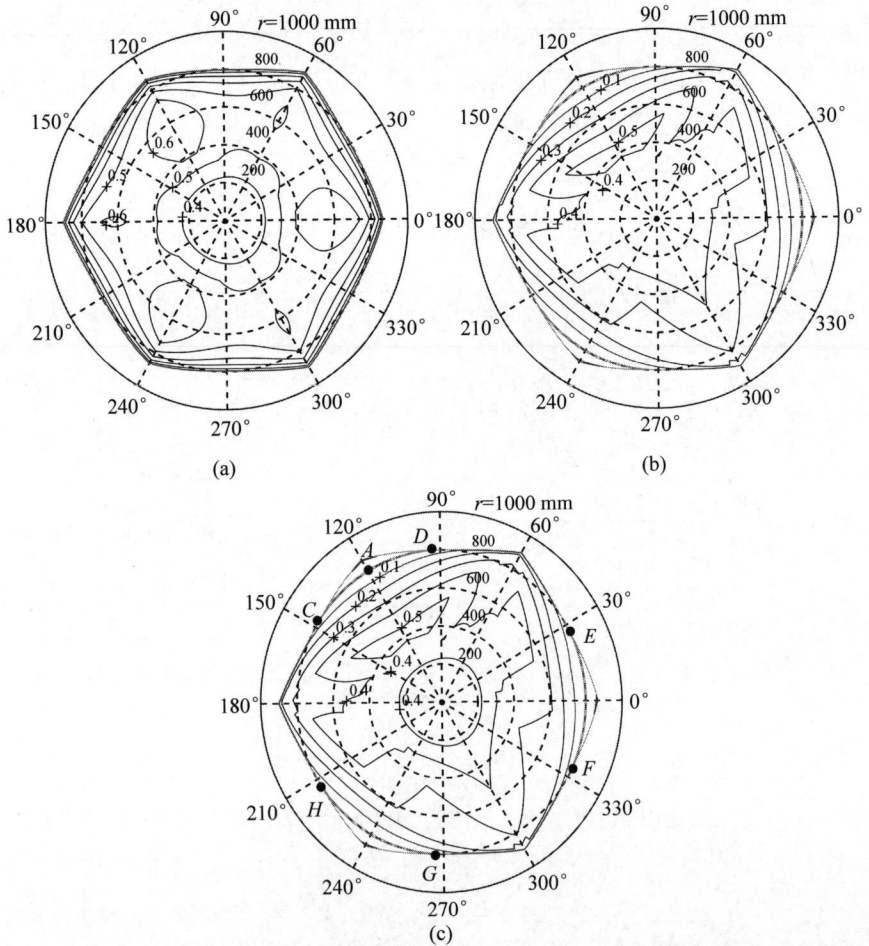

(a)　　　　　　　　　　　　(b)

(c)

图 4.38　过约束 Delta 高速并联机器人在 $Z=-440$ mm 平面上的指标分布图谱

(a) PII;(b) MDII;(c) LII

　　冗余驱动 Delta 机器人和过约束 Delta 机器人在点 A 处的位姿如图 4.39 所示。图 4.39(a)所示的冗余驱动 Delta 机器人位姿可以有效抵抗或平衡平

面 $B_{1,2}C_{1,2}C_{3,1}B_{3,1}$ 上绕 $C_{21}C_{22}$ 和垂直 $B_{21}C_{22}$ 的力旋量。如图 4.39(b)
所示的过约束 Delta 机器人的位姿只能抵抗或平衡绕 $C_{21}C_{22}$ 的力旋量。
如果运动或力垂直于 $B_{21}C_{22}$ 并位于平面 $B_{1,2}C_{1,2}C_{3,1}B_{3,1}$ 上,则过受约
束 Delta 机器人将失去控制。

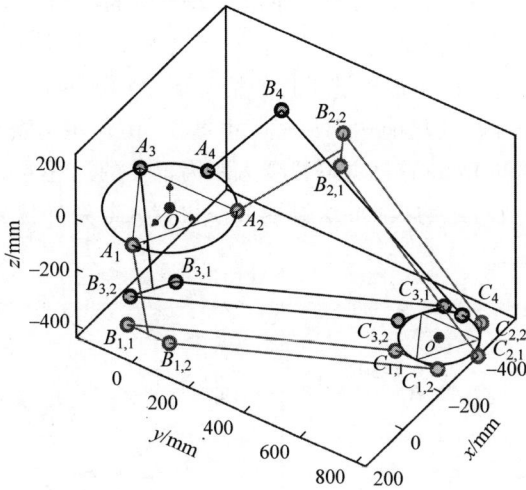

(a)

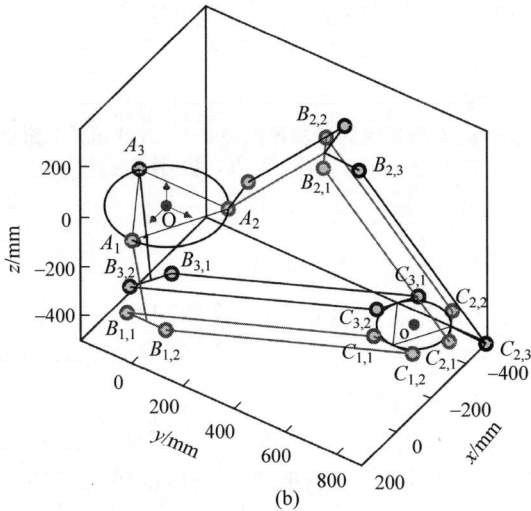

(b)

图 4.39　在 $r=800$ mm、$\theta=120°$ 处的机器人位姿

(a) 冗余驱动 Delta 机器人;(b) 过约束 Delta 机器人

为了研究闭环支链内部的结构参数对机器人的运动和力交互特性的影响,沿如图 4.33(a)所示的轨迹,本节在图 4.40(a)和图 4.40(b)中绘制了冗余驱动和过约束 Delta 高速并联机器人在具有不同结构参数 $k=5$ mm、$k=50$ mm、$k=150$ mm、$k=300$ mm、$k=600$ mm 时的 LII 分布。不难发现,结构参数对机器人的运动和力相互作用有着重要的影响。当结构参数在给定的考察范围内时,结构参数 k 值越大,冗余驱动和过约束 Delta 高速并联机器人的性能越好。在不考虑支链干扰的情况下,当 $k=600$ mm 时,两类机器人的运动和力交互特性均能达到最优。由图 4.40(a)可以看出,结构参数可有效改变冗余驱动 Delta 高速并联机器人距离奇异的远近。由图 4.40(b)可以看出,结构参数对过约束 Delta 高速并联机器人的奇异位姿没有影响。

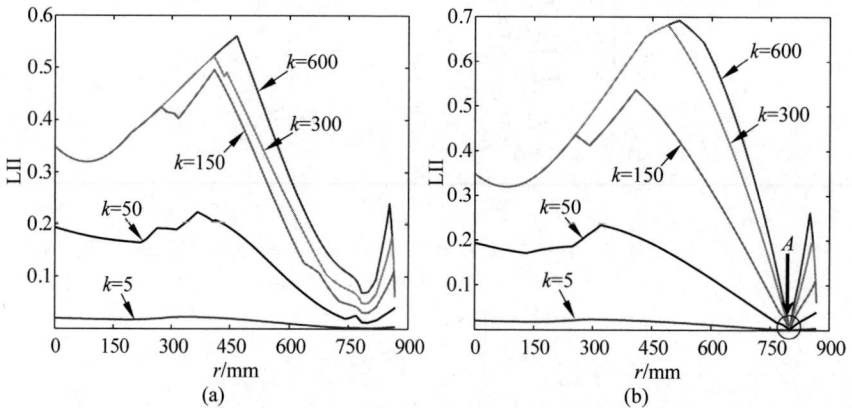

图 4.40　不同结构参数 k 下高速并联机器人在 $Z=-440$ mm 平面上的 LII 分布图谱
(a) 冗余驱动 Delta 机器人;(b) 过约束 Delta 机器人

4.4.3　性能比较

对比分析 Delta 高速并联机器人、冗余驱动 Delta 高速并联机器人和过约束 Delta 高速并联机器人在 $Z=-440$ mm 平面内的运动和力交互特性指标分布图谱,我们还能得到如下结论。

(1) 如图 4.30(a)和图 4.37(a)所示,冗余驱动 Delta 机器人的 PII$=0.5$ 和 PII$=0.6$ 的轮廓面积小于 Delta 机器人对应的轮廓面积。这意味着冗余驱动 Delta 机器人在所关注区域内的运动传递能力比 Delta 机器人更差。与冗余驱动 Delta 机器人不同,过约束 Delta 机器人的 PII 分布与 Delta 机器人的相同,如图 4.30(a)和图 4.38(a)所示。

（2）如图 4.30(b)、图 4.37(b)和图 4.38(b)所示，与 Delta 机器人相比，冗余驱动 Delta 机器人和过约束 Delta 机器人在MDII＝0.1、0.2、0.3 和 0.4 时的轮廓面积都增大了。这意味着冗余驱动 Delta 机器人和过约束 Delta 机器人在所关注区域内的承载能力优于 Delta 机器人。原因是冗余驱动 Delta 机器人和过约束 Delta 机器人的支链提供了更多的远端力旋量来抵抗或平衡外部载荷。

（3）如图 4.30(c)和图 4.37(c)所示，冗余驱动 Delta 机器人与 Delta 机器人相比，在点 A 处未产生远端交互奇异。这意味着驱动冗余策略可以在一定程度上抑制远端交互奇异的发生。然而，如图 4.38(c)所示，过约束 Delta 机器人在点 A 处仍产生了远端交互奇异。

图 4.41 绘制了 Delta 高速并联机器人、冗余驱动 Delta 高速并联机器人和过约束 Delta 高速并联机器人在工作空间边界处的 LII 分布图谱，由图中的 W 区可以看出，Delta 机器人的可达工作空间等于过约束 Delta 机器人的可达工作空间，但大于冗余驱动 Delta 机器人的可达工作空间。

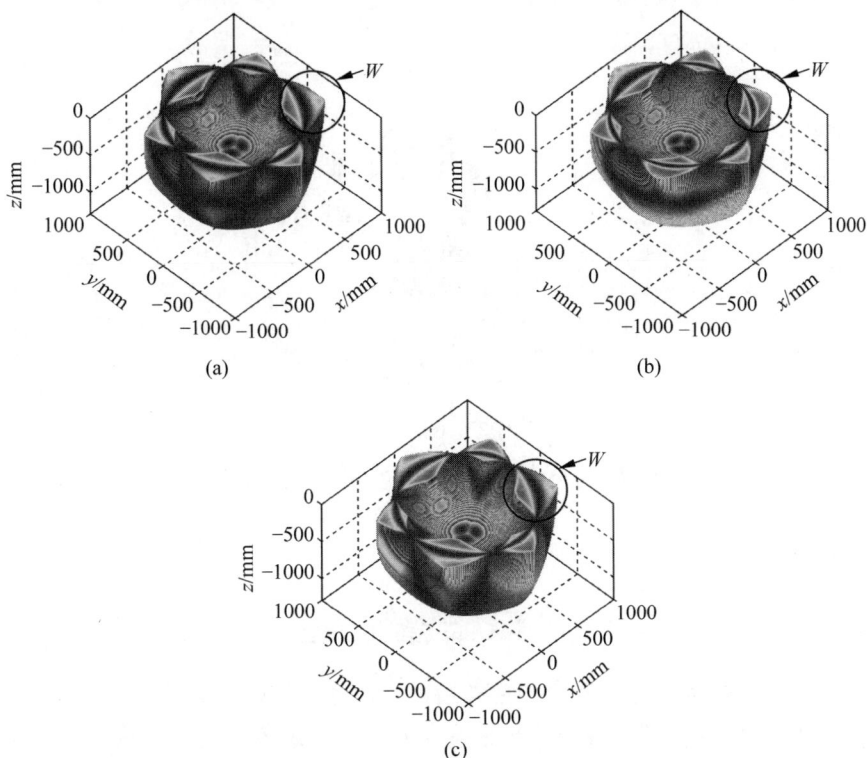

图 4.41　高速并联机器人工作空间边界处的 LII 分布图谱（见文前彩图）

（a）Delta；（b）冗余驱动 Delta；（c）过约束 Delta

图 4.42 绘制了 Delta 高速并联机器人、冗余驱动 Delta 高速并联机器人和过约束 Delta 高速并联机器人的奇异轨迹,从图中可以看出,采用冗余驱动策略和过约束策略可以有效抑制 Delta 机器人的奇异性,但冗余驱动策略和过约束策略抑制奇异性的效果并不相同。根据 3 个机器人奇异轨迹的分布范围可知,冗余驱动策略对 Delta 机器人奇异性的抑制效果要优于过约束策略对 Delta 机器人奇异性的抑制效果。

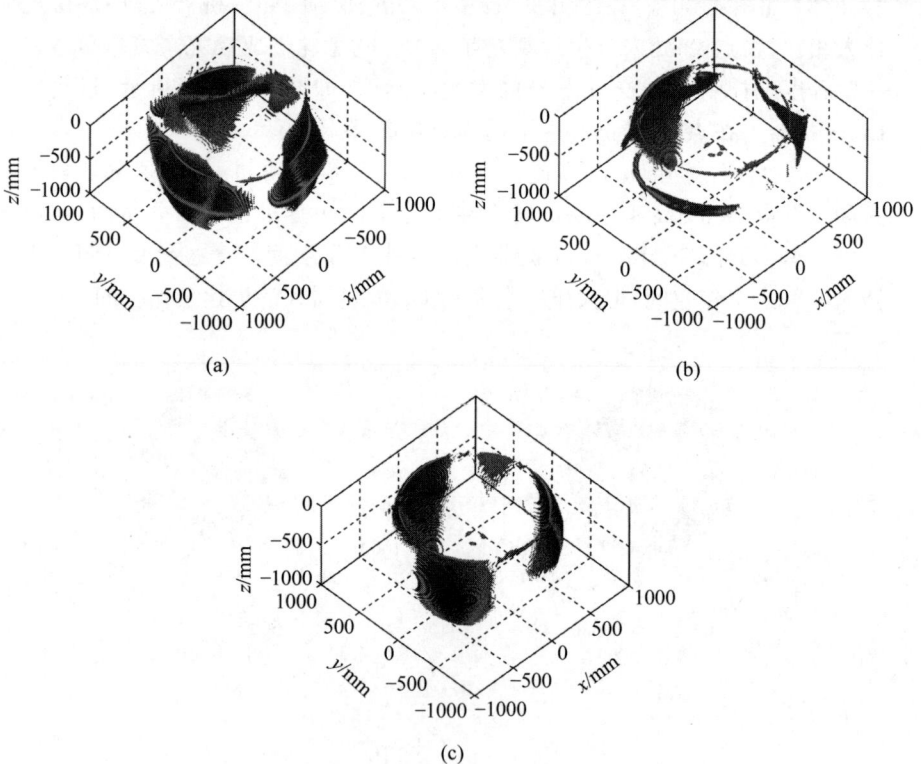

图 4.42   高速并联机器人的奇异轨迹(见文前彩图)

(a) Delta;(b) 冗余驱动 Delta;(c) 过约束 Delta

4.5   本 章 小 结

并联机器人的运动和力传递与约束特性分析是衡量机器人本质属性的重要手段,然而闭环支链型并联机器人的传递力旋量和约束力旋量呈现出强耦合特性,难以对其进行有效的辨识和分离,这一现状为闭环支链型并联机器人的性能分析带来了困难。本章围绕如何揭示闭环支链型并联机器人关键结构参数对机器人性能的影响、如何表征闭环支链中内力对输入运动的传递能力和对动平台承载能力的影响两个关键问题,开展闭环支链型高速并联机器人运动和力交互特性研究,解决了闭环支链型高速并联机器人的性能评价难题。本章研究内容为闭环支链型高速并联机器人的性能分析与构型优选设计奠定了重要的理论基础,得出如下结论。

(1)本章探索了闭环支链型并联机器人支链运动层面的功能属性,即支链内力传递机器人的输入运动;提出了驱动单元的"驱动"研究策略来考察并联机器人在近端的运动和力交互特性;定义了运动和力近端交互指标和近端交互奇异指标,可有效分析闭环支链型并联机器人的近端交互特性,并辨识近端交互奇异。

(2)本章探索了闭环支链型并联机器人支链在力学层面的功能属性,即支链内力抵抗机器人的外部载荷;提出了驱动单元的"锁定"研究策略来考察并联机器人在远端的运动和力交互特性;定义了运动和力远端交互指标和远端交互奇异指标,可有效分析闭环支链型并联机器人的远端交互特性,并辨识远端交互奇异。

(3)本章综合考虑支链内力对输入运动的传递效果和对外部载荷的抵抗效果,基于最差工况准则定义了运动和力局域交互指标和相关全域指标,系统地建立了闭环支链型并联机器人运动和力交互特性评价方法与流程;与现有方法相比,本章建立的运动和力交互特性评价方法可有效揭示闭环支链内部关键结构参数对机器人性能的影响。该方法同样适用于常规支链型并联机器人的性能评价,此时并联机器人的运动和力交互特性内涵与其运动和力传递与约束特性一致。

(4)本章将所提出的运动和力交互特性评价方法推广到冗余驱动和过约束闭环支链型并联机器人领域,定义了最小化远端交互特性指标来表征并联机器人的远端交互特性的下限水平,为冗余驱动和过约束闭环支链型并联机器人的性能评价提供了新方法。

(5)本章将所提出的运动和力交互特性评价方法应用于 3-$\underline{PS}^2$S 闭环支链型并联机器人性能分析,结果表明,随着关键结构参数的增大,机器人性能先变好后变差,即存在最优关键结构参数使机器人性能最优;将运动和力交互特性评价方法应用于 Delta 闭环支链型高速并联机器人性能分析,结果表明,关键结构参数越大,机器人性能越优。上述分析结果可用于指导闭环支链型并联机器人的关键结构参数设计。

（6）本章提出的近端交互指标、远端交互指标、最小化远端交互指标和局域交互指标的值域均为$[0,1]$，并且指标值的大小仅与机器人当前位姿有关，与坐标系的选取无关。这一特性为不同并联机器人间的性能比较提供了准则。

（7）本章提出的运动和力交互特性评价方法反映了机器人尺度参数和支链内关键结构参数对机器人性能的影响，可进一步应用于闭环支链型并联机器人尺度参数和关键结构参数的整体优化设计。

第 5 章　高速并联机器人的样机研发与应用实验

5.1　本章引论

　　第 2 章从实际应用需求出发,开展了高速并联机器人构型设计方法研究,并提出了高速高加速并联机器人 TH-SR4、高速高精度并联机器人 TH-HR4 和高速高负载并联机器人 TH-UR2 的原理构型。其中,TH-SR4 和 TH-HR4 为典型双动平台型高速并联机器人,TH-UR2 为典型闭环支链型高速并联机器人。为分析和评价双动平台型和闭环支链型两类高速并联机器人的本质属性,第 3 章和第 4 章分别研究了双动平台型高速并联机器人的运动和力传递特性,以及闭环支链型高速并联机器人的运动和力交互特性评价方法与性能指标。在上述研究的基础上,本章将针对所提出的 TH-SR4 和 TH-HR4 高速并联机器人开展尺度优化研究,针对所提出的 TH-UR2 高速并联机器人开展构型优选研究,并根据尺度优化和构型优选结果进行三类高速并联机器人的样机研发和应用实验。

　　考虑到并联机器人的机构和应用场景的差异,其优化设计指标和构型优选指标的选取应该各有侧重点。不难理解,高速高加速并联机器人的首要功能是要实现运动和力的高效传递,需重点关注机器人在输入、输出和中间环节过程中的运动和力传递能力。为此本章将采用所提出的运动和力传递指标开展 TH-SR4 并联机器人的尺度优化设计。对于高速高精度并联机器人而言,其不仅要实现自由度空间内运动和力的高效传递,还需严格限制非自由度空间的运动,所以我们不但要关注机器人的运动和力传递能力,还需考察其运动和力约束特性。为此本章引入约束传递指标并结合所提出的运动和力传递指标开展 TH-HR4 高速并联机器人的尺度优化设计。对于高速高负载并联机器人而言,其既需要将运动从输入端传递至输出端,同时又需要通过支链内力抵抗外载荷,因此在分析机器人对输入运动的传递能力的基础上,我们更要重点考察机器人在输出端对力的承载能力。为此本章将采用运动和力交互特性评价方法的核心思想来指导 TH-UR2 并联机器人的构型优选研究。

　　本章首先在并联机器人尺度优化设计和构型优选结果的指导下,研发高速高加速并联机器人 TH-SR4、高速高精度并联机器人 TH-HR4 和高速高负载并联机器人 TH-UR2 样机,然后有针对性地开展性能实验并委托机械工业机器人产品质量监督检测中心进行关键指标检测。在上述基础上,本章最后对三类高速并联机器人进行应用推广。本章的剩余部分按照如下方式组织:5.2 节介绍高速高加速并联机器人 TH-SR4 的尺度优化、样机研发、性能实验与推广应用;5.3 节介绍高速高精度并联机器人 TH-HR4 的尺度优化、样机研发、性能实验与推广应用;5.4 节介绍高速高负载并联机器人 TH-UR2 的构型优选、样机研发、性能实验与推广应用;5.5 节对本章内容进行总结。

5.2　高速高加速并联机器人 TH-SR4

　　第 2 章基于线几何图谱化并联机器人构型综合方法,采用摇杆滑块机构为平台间运动转换机构,设计出双动平台型高速高加速并联机器人 TH-SR4 的原理构型。本节将针对该机器人构型开展尺度优化研究,在此基础上进行样机研发、性能实验与推广应用。

5.2.1　逆运动学

　　TH-SR4 高速并联机器人的运动学简图如图 5.1 所示,机架与主动臂的连接点记为 $A_i(i=1,2,3,4)$,主动臂与被动臂的连接点记为 $B_i(i=1,2,3,4)$。被动臂与动平台的连接点记为 $C_i(i=1,2,3,4)$。全局坐标系 $\mathfrak{R}$: $O\text{-}XYZ$ 位于机架的中心,平面 $O\text{-}XY$ 与定平台平面重合,X 轴和 Y 轴分别与 A_3A_1 和 A_4A_2 重合。在动平台中心位置建立移动坐标系 $\mathfrak{R}'$: $O'\text{-}xyz$,其中 O' 与 C_1C_3 的中点重合。

　　如图 5.1(a)所示,该并联机器人除动平台中间转换机构外,具有 4 个关键几何参数分别是机架半径 R_1,动平台半径 R_2,主动臂长度 L_1 和被动臂长度 L_2。如果末端执行器的位置和姿态以 $O'(x,y,z)$ 和绕 z 轴的转角 θ 给出,则可获得主动臂输入角度 $\alpha_i(i=1,2,3,4)$。

　　在全局坐标系 $\mathfrak{R}$: $O\text{-}XYZ$ 下,点 $A_i(i=1,2,3,4)$ 的坐标可表示为

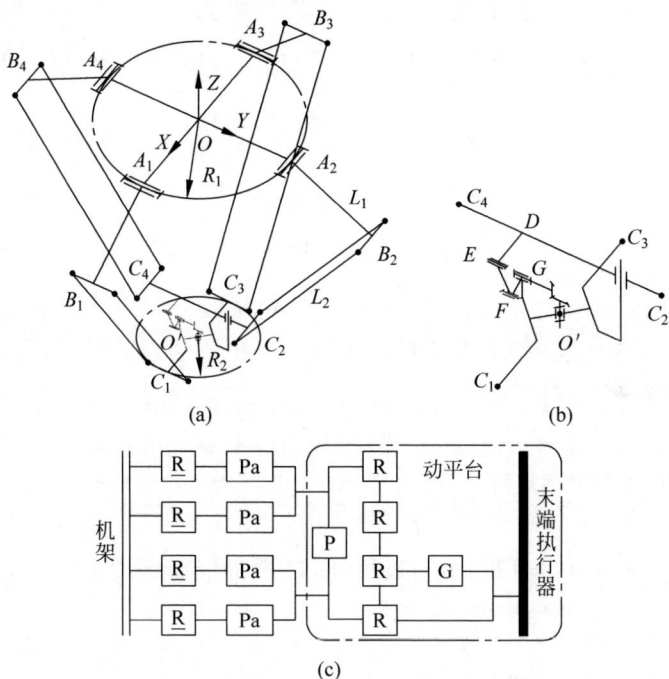

图 5.1　高速高加速并联机器人 TH-SR4 运动学简图

（a）整机运动学简图；（b）动平台运动学简图；（c）整机铰链图

$$
\begin{cases}
A_1 = [R_1, 0, 0]^{\mathrm{T}} \\
A_2 = [0, R_1, 0]^{\mathrm{T}} \\
A_3 = [-R_1, 0, 0]^{\mathrm{T}} \\
A_4 = [0, -R_1, 0]^{\mathrm{T}}
\end{cases}
\tag{5-1}
$$

点 $B_i (i=1,2,3,4)$ 的坐标可表示为

$$
\begin{cases}
B_1 = [R_1 - L_1 \cos\alpha_1, 0, -L_1 \sin\alpha_1]^{\mathrm{T}} \\
B_2 = [0, R_1 - L_1 \cos\alpha_2, -L_1 \sin\alpha_2]^{\mathrm{T}} \\
B_3 = [-R_1 + L_1 \cos\alpha_3, 0, -L_1 \sin\alpha_3]^{\mathrm{T}} \\
B_4 = [0, -R_1 + L_1 \cos\alpha_4, -L_1 \sin\alpha_4]^{\mathrm{T}}
\end{cases}
\tag{5-2}
$$

根据双动平台型高速并联机器人的工作原理可知，动平台沿竖直方向的相对移动 Δz 产生末端转动 θ，即动平台间的相对位置 Δz 是末端执行器转角 θ 的函数。在 TH-SR4 高速并联机器人中，$\Delta z(\theta)$ 为动平台中间转换

机构,即滑块摇杆机构的逆解,文献[257]中提供了详细求解过程,本节不做赘述。在移动坐标系 $\mathfrak{R}'$: O'-xyz 下,点 $C'_i(i=1,2,3,4)$ 的坐标可表示为

$$
\begin{cases}
C'_1 = [R_2, 0, 0]^T \\
C'_2 = [0, R_2, \Delta z(\theta)]^T \\
C'_3 = [-R_2, 0, 0]^T \\
C'_4 = [0, -R_2, \Delta z(\theta)]^T
\end{cases}
\tag{5-3}
$$

TH-SR4 高速并联机器人的动平台仅产生移动自由度,因此动平台的旋转矩阵为单位阵:

$$
\boldsymbol{R}_z(\theta) = \boldsymbol{I}
\tag{5-4}
$$

此外,动平台的位移矩阵为

$$
\boldsymbol{T} = [x, y, z]^T
\tag{5-5}
$$

结合式(5-3)、式(5-4)和式(5-5)可知,在全局坐标系 $\mathfrak{R}$: O-XYZ 下,点 $C_i(i=1,2,3,4)$ 的坐标可表示为

$$
\begin{cases}
C_1 = [x_1, y_1, z_1]^T = [x+R_2, y, z]^T \\
C_2 = [x_2, y_2, z_2]^T = [x, y+R_2, z+\Delta z(\theta)]^T \\
C_3 = [x_3, y_3, z_3]^T = [x-R_2, y, z]^T \\
C_4 = [x_4, y_4, z_4]^T = [x, y-R_2, z+\Delta z(\theta)]^T
\end{cases}
\tag{5-6}
$$

将式(5-2)和式(5-6)代入被动臂长度约束方程 $|B_iC_i| = L_2(i=1)$,可得

$$
\alpha_1 = \arccos v_1 \quad \text{或} \quad \alpha_1 = 2\pi - \arccos v_1
\tag{5-7}
$$

其中,

$$
v_1 = \frac{-p_{11}p_{12} \pm \sqrt{4L_1^2 z_1^2(z_1^2 + p_{12}^2) - p_{11}^2 z_1^2}}{2L_1(z_1^2 + p_{12}^2)}
\tag{5-8}
$$

$$
p_{11} = L_2^2 - L_1^2 - (R_1 - x_1)^2 - y_1^2 - z_1^2
\tag{5-9}
$$

$$
p_{12} = R_1 - x_1
\tag{5-10}
$$

将式(5-2)和式(5-6)代入被动臂长度约束方程 $|B_iC_i| = L_2(i=2)$,可得

$$
\alpha_2 = \arccos v_2 \quad \text{或} \quad \alpha_2 = 2\pi - \arccos v_2
\tag{5-11}
$$

其中,

$$v_2 = \frac{-p_{21}p_{22} \pm \sqrt{4L_1^2 z_2^2(z_2^2 + p_{22}^2) - p_{21}^2 z_2^2}}{2L_1(z_2^2 + p_{22}^2)} \tag{5-12}$$

$$p_{21} = L_2^2 - L_1^2 - x_2^2 - (R_1 - y_2)^2 - z_2^2 \tag{5-13}$$

$$p_{22} = (R_1 - y_2) \tag{5-14}$$

将式(5-2)和式(5-6)代入被动臂长度约束方程 $|B_i C_i| = L_2 (i=3)$,可得

$$\alpha_3 = \arccos v_3 \quad \text{或} \quad \alpha_3 = 2\pi - \arccos v_3 \tag{5-15}$$

其中,

$$v_3 = \frac{-p_{31}p_{32} \pm \sqrt{4L_1^2 z_3^2(z_3^2 + p_{32}^2) - p_{31}^2 z_3^2}}{2L_1(z_3^2 + p_{32}^2)} \tag{5-16}$$

$$p_{31} = L_2^2 - L_1^2 - (R_1 + x_3)^2 - y_3^2 - z_3^2 \tag{5-17}$$

$$p_{32} = R_1 + x_3 \tag{5-18}$$

将式(5-2)和式(5-6)代入被动臂长度约束方程 $|B_i C_i| = L_2 (i=4)$,可得

$$\alpha_4 = \arccos v_4 \quad \text{或} \quad \alpha_4 = 2\pi - \arccos v_4 \tag{5-19}$$

其中,

$$v_4 = \frac{-p_{41}p_{42} \pm \sqrt{4L_1^2 z_4^2(z_4^2 + p_{42}^2) - p_{41}^2 z_4^2}}{2L_1(z_4^2 + p_{42}^2)} \tag{5-20}$$

$$p_{41} = L_2^2 - L_1^2 - x_4^2 - (R_1 + y_4)^2 - z_4^2 \tag{5-21}$$

$$p_{42} = (R_1 + y_4) \tag{5-22}$$

通过式(5-7)~式(5-22)可求得多组逆解,我们最终需要辨识唯一的正确逆解。为此,本节首先利用被动臂长度约束方程 $|B_i C_i| = L_2 (i=1,2,3,4)$ 剔除式(5-7)、式(5-11)、式(5-15)和式(5-19)引入反三角函数所产生的错误逆解,然后建立如下辨识条件筛选出唯一的正确逆解:

$$\begin{cases} \dfrac{\pi}{2} - \arctan\left(\dfrac{x_1 - R_1}{z_1}\right) < \alpha_1 < \dfrac{3\pi}{2} - \arctan\left(\dfrac{x_1 - R_1}{z_1}\right) \\[2mm] \dfrac{\pi}{2} - \arctan\left(\dfrac{y_2 - R_1}{z_2}\right) < \alpha_2 < \dfrac{3\pi}{2} - \arctan\left(\dfrac{y_2 - R_1}{z_2}\right) \\[2mm] \dfrac{\pi}{2} + \arctan\left(\dfrac{y_3 + R_1}{z_3}\right) < \alpha_3 < \dfrac{3\pi}{2} + \arctan\left(\dfrac{y_2 + R_1}{z_3}\right) \\[2mm] \dfrac{\pi}{2} + \arctan\left(\dfrac{y_4 + R_1}{z_4}\right) < \alpha_4 < \dfrac{3\pi}{2} + \arctan\left(\dfrac{y_4 + R_1}{z_4}\right) \end{cases} \tag{5-23}$$

5.2.2 尺度优化

尺度参数的选取直接影响并联机器人样机的性能,尺度参数的优选是保障并联机器人性能的关键环节,也是并联机器人领域的重要问题之一。多目标和多约束参数优化问题数学模型一般可建立为

$$\begin{cases} \text{变量:} & X=[x_1,x_2,\cdots,x_N]^T \in R^N \\ \text{目标:} & F_k(X) \\ \text{约束:} & g_j(X) \leqslant 0, \\ & \boldsymbol{x}_i^L \leqslant \boldsymbol{x}_i \leqslant \boldsymbol{x}_i^U, \quad i=1,2,\cdots,N \end{cases} \tag{5-24}$$

其中,$X=[x_1,x_2,\cdots,x_N]^T$ 是 N 维设计变量;$F(X)$ 和 $g_j(X)$ 是目标函数和约束函数。高速并联机器人的关键尺度参数共 4 个,分别是机架半径 R_1,动平台半径 R_2,主动臂长度 L_1 和被动臂长度 L_2。假设主动臂长度 L_1 和被动臂长度 L_2 之间的关系满足 $L_2=\lambda L_1$,按照著名的 Delta 高速并联机器人和 Quattro 高速并联机器人的实践经验,一般有 $\lambda \in [1.8,2.5]$。本节选取 $\lambda=2.30$ 来约束主动臂和被动臂的长度关系。

相比于基于目标函数的优化设计方法,基于性能图谱法的优化设计方法的优化结果比较灵活,对于一个特定的优化设计任务,该方法可以得到不止一个优化结果,因此设计人员可以根据自己的设计条件灵活地对优化结果进行调整。采用性能图谱法首先要将设计变量进行无量纲化,无量纲因子为

$$D=\frac{R_1+R_2+L_1}{3} \tag{5-25}$$

令 $r_1=\dfrac{R_1}{D}$、$r_2=\dfrac{R_2}{D}$ 及 $l_1=\dfrac{L_1}{D}$,设计变量为 $[r_1,r_2,l_1]^T$。以第 3 章提出的双动平台型高速并联机器人 LTI 指标 $\gamma_{\mathrm{LTI}}=\min\{\gamma_{\mathrm{I}},\gamma_{\mathrm{O}},\gamma_{\mathrm{M}}\}$ 构建全域运动和力传递特性指标(global transmission index,GTI):

$$\gamma_{\mathrm{GTI}}=\frac{\displaystyle\int_{\mathrm{GTW}}\gamma_{\mathrm{LTI}}\mathrm{d}W}{\displaystyle\int_{\mathrm{GTW}}\mathrm{d}W} \tag{5-26}$$

其中,GTW 为高速并联机器人的优质工作空间,即 $\gamma_{\mathrm{LTI}} \geqslant 0.7$ 的工作空间区域。令 γ_{GTI} 为目标函数,TH-SR4 高速并联机器人的参数优化问题可根据式(5-24)建立如下:

$$\begin{cases} 变量: X = [r_1, r_2, l_1]^T \\ 目标: \gamma_{\mathrm{GTI}}(X) \rightarrow \max \\ 约束: 0 < r_1, r_2, l_1 < 3; \ r_1 + r_2 + l_1 = 3; \\ \qquad l_1 > r_1 > r_2; \ (\lambda+1)l_1 + r_2 > r_1 \end{cases} \tag{5-27}$$

其中,$0 < r_1, r_2, l_1 < 3$,$r_1 + r_2 + l_1 = 3$,$l_1 > r_1 > r_2$ 和 $(\lambda+1)l_1 + r_2 > r_1$ 是考虑机构装配关系及运动能力所建立的约束方程。根据式(5-27)所示的约束方程可以绘制三维参数设计空间,如图 5.2 所示,设计空间为图中的三角形区域 AFH。

为直观表达设计变量与目标函数或约束条件之间的映射关系,本节将图 5.2 中三角形区域 AFH 投影到平面 $l_1 = 0$ 上,获得如图 5.3 所示的二维参数设计空间,即三角形区域 OIJ。计算 TH-SR4 高速并联机器人的性能指标值,并在二维参数设计空间 OIJ 上绘制机器人的 γ_{GTI} 分布图谱,如图 5.4 所示。

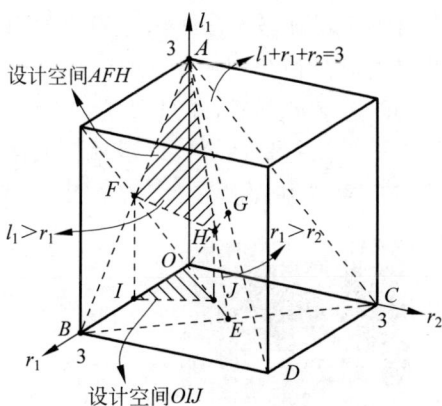

图 5.2　TH-SR4 高速并联机器人的
三维参数设计空间

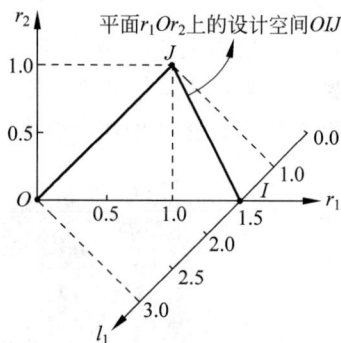

图 5.3　TH-SR4 高速并联机器人的
二维参数设计空间

值得注意的是,TH-SR4 高速并联机器人动平台的中间传动机构在设计时需选用标准件,其大小无法进行自由设计。因此,为了给滑块摇杆机构预留足够的安装空间,将动平台半径的无量纲参数 r_2 的范围定为 $[0.4t, t]$,其中 t 是动平台半径 R_2 在其设计域内的最大值。由图 5.3 可知,本设计中 $t = 1$。若将设计要求选定为 $\gamma_{\mathrm{GTI}} \geqslant 0.78$,可得如图 5.5 中阴影部分所示的优化区域。取优化区域中的一组优化参数为 $l_1 = 1.638$、$r_1 = 0.882$ 和 $r_2 = 0.478$,给定 $D = 198.4$,可得高速高加速并联机器人 TH-SR4 的几何参数:

$L_1=325$ mm、$L_2=750$ mm、$R_1=175$ mm 和 $R_2=95$ mm。

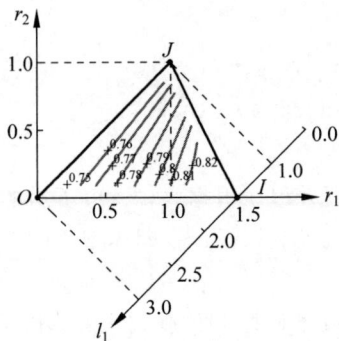

图 5.4　TH-SR4 高速并联机器人在设计空间内的 γ_{GTI} 分布图谱

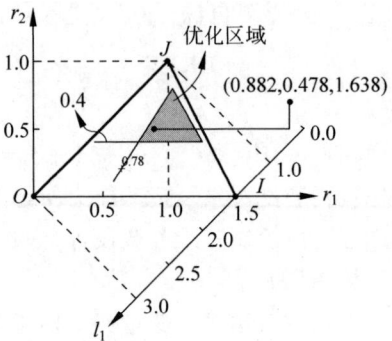

图 5.5　满足 $\gamma_{GTI}\geqslant0.78$ 和 $r_2\in[0.4,1]$ 的优化区域

5.2.3　样机研发

　　基于上述工作,本节完成了高速高加速并联机器人 TH-SR4 样机的设计、加工、装配与调试,机器人本体和机器人电控柜分别如图 5.6(a)和(b)所示。该机器人的控制系统基于 Beckhoff 运动控制器,通过解式(5-1)～式(5-23)所示的逆运动学,可实现机器人末端执行器的 3T1R 运动。该样机的研发为后续性能测试和推广应用奠定了硬件基础。

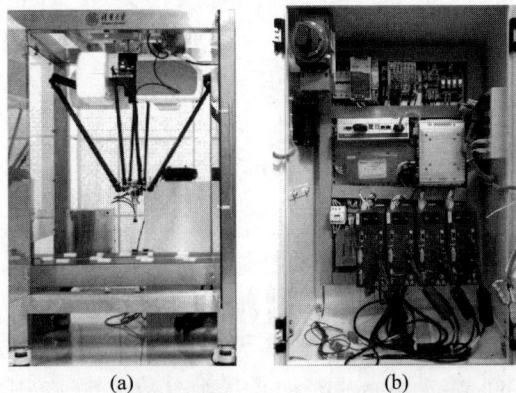

(a)　　　　　　　　　(b)

图 5.6　高速高加速并联机器人 TH-SR4 物理样机

(a) TH-SR4 机器人本体;(b) TH-SR4 机器人电控柜

5.2.4　性能实验

本节结合高速高加速并联机器人 TH-SR4 的任务需求和性能指标分析，给出图 5.7(a)所示的任务工作空间，该工作空间参数见表 5.1 和表 5.2。性能测试工作将在该工作空间内开展。

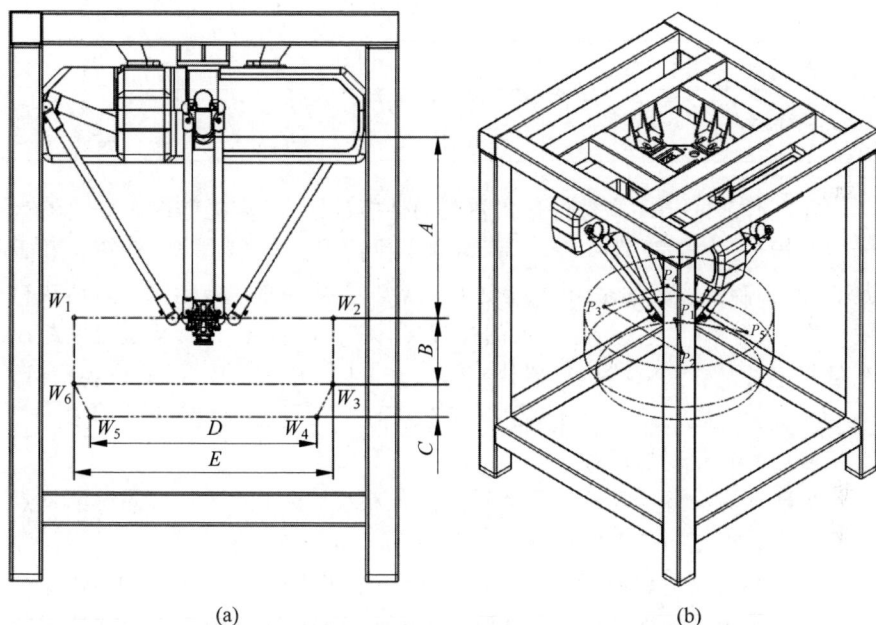

<table>
<tr><td>(a)</td><td>(b)</td></tr>
</table>

图 5.7　高速高加速并联机器人 TH-SR4 工作空间及测量点选取

（a）TH-SR4 工作空间；（b）TH-SR4 测量点

表 5.1　高速高加速并联机器人 TH-SR4 的工作空间边界点　单位：mm

W_1	W_2	W_3	W_4	W_5	W_6
(0，−400，−600)	(0，400，−600)	(0，400，−750)	(0，−350，−850)	(0，350，−850)	(0，−400，−750)

表 5.2　高速高加速并联机器人 TH-SR4 工作空间参数　单位：mm

A	B	C	D	E
600	150	100	700	800

为检测 TH-SR4 高速并联机器人的位置重复性和位置准确度，根据 GB/T 12642—2013/ISO 9283：1998《工业机器人性能规范及其试验方法》

中的性能测试条件和检测方法,本节在图 5.7(a)所示的工作空间内部选取长方体区域,并在长方体区域选取 5 个测量点,如图 5.7(b)所示。所选 5 个测量点位于同一平面的矩形对角线上,分别标记为 P_1、P_2、P_3、P_4 和 P_5,5 个测量点在工作空间中的坐标见表 5.3。

表 5.3　高速高加速并联机器人 TH-SR4 位置重复性测量点坐标

单位:mm

P_1	P_2	P_3	P_4	P_5
$(0,0,-675)$	$(226,-226,-615)$	$(-226,-226,-615)$	$(-226,226,-735)$	$(226,226,-735)$

在进行 TH-SR4 高速并联机器人的性能检测前,需提前编写好机器人的控制指令:控制机器人从 P_5 开始顺序执行 P_1、P_2、P_3、P_4 和 P_5,并重复 30 次。需要注意的是,执行上述位姿点时需采用单一方向来接近所执行的位姿点,在机器人执行位姿点的过程中,采用 R80 RADIAN 激光跟踪仪测量并记录机器人末端执行器执行 P_1、P_2、P_3、P_4 和 P_5 时的位姿信息。图 5.8 所示为激光跟踪仪测量并记录 TH-SR4 高速并联机器人顺序执行 5 个位姿点的检测现场照片。

机器人的位置重复性又称为重复定位精度,表征机器人对同一测量点从相同方向重复执行多次后所到达位置的一致程度。直观而言,对同一测量点进行多次测量,所测得的坐标点构成一个实测点集合,可以构造出一个包括所有实测点三维坐标的外接球,如图 5.9 所示。所构造外接球的半径 RP_l 即为机器人末端执行器的位置重复精度,也被称作机器人的位置重复性,计算方法如下:

$$RP_l = \bar{l} + 3S_t \tag{5-28}$$

其中,$\bar{l} = \dfrac{1}{n}\sum\limits_{j=1}^{n}l_j$,$l_j = \sqrt{(x_j-\bar{x})^2+(y_j-\bar{y})^2+(z_j-\bar{z})^2}$,$\bar{x} = \dfrac{1}{n}\sum\limits_{j=1}^{n}x_j$,

$\bar{y} = \dfrac{1}{n}\sum\limits_{j=1}^{n}y_j$,$\bar{z} = \dfrac{1}{n}\sum\limits_{j=1}^{n}z_j$,$n$ 为同一测量点的执行次数,一般取为 30,x_j、y_j 和 z_j 是第 j 次执行同一测量点所获得的实际测量值,$\bar{x}$、$\bar{y}$ 和 $\bar{z}$ 是 n 次重复执行同一测量点后所得到的实际测量值的平均值;$S_t = \sqrt{\dfrac{\sum\limits_{j=1}^{n}(l_j-\bar{l})^2}{n-1}}$。

机器人的位置准确度指的是指令位置点与实测位置点集合所构成的外

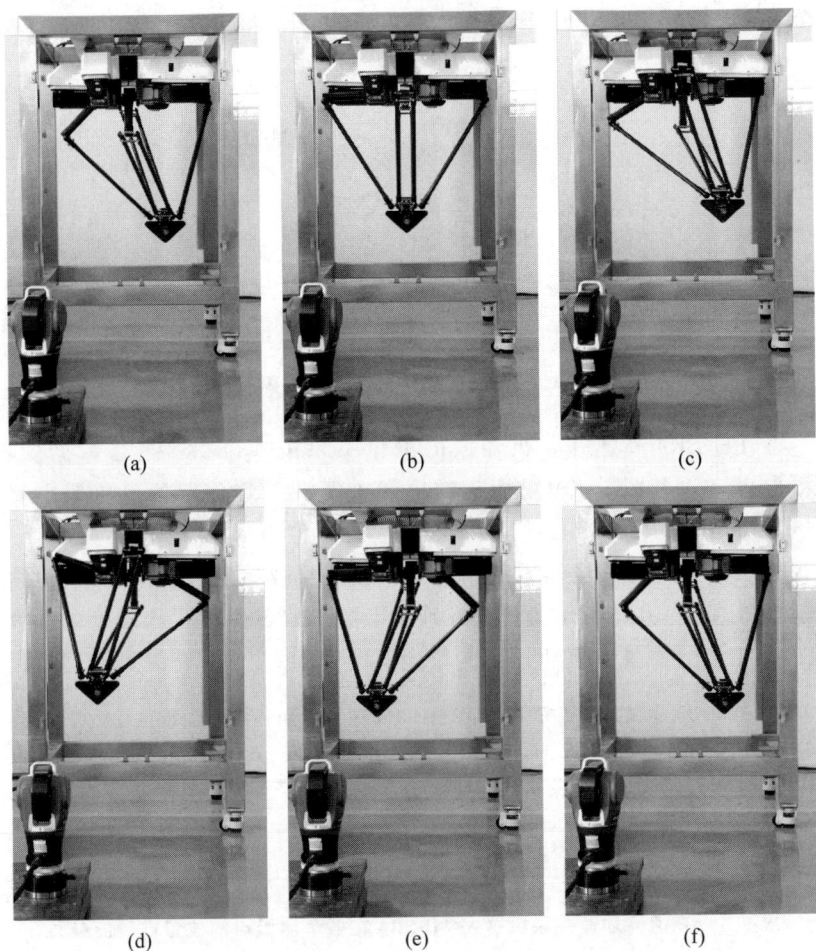

图 5.8　高速高加速并联机器人 TH-SR4 执行位置重复性测试点
(a) P_5 等待；(b) 执行 P_1；(c) 执行 P_2；
(d) 执行 P_3；(e) 执行 P_4；(f) 执行 P_5

接球圆心的距离，如图 5.9 所示。位置准确度记为 A_P，其计算过程如下：

$$A_P = \sqrt{(x - \bar{x})^2 + (y - \bar{y})^2 + (z - \bar{z})^2} \tag{5-29}$$

其中，$\bar{x} = \dfrac{1}{n}\sum_{j=1}^{n} x_j$；$\bar{y} = \dfrac{1}{n}\sum_{j=1}^{n} y_j$；$\bar{z} = \dfrac{1}{n}\sum_{j=1}^{n} z_j$；$n$ 为同一测量点的执行次数，一般取为 30，x_j、y_j 和 z_j 是第 j 次执行同一测量点所获得的实际测量值，$\bar{x}$、$\bar{y}$ 和 $\bar{z}$ 是 n 次重复执行同一测量点后所得到的实际测量值的平均值；

x、y 和 z 为机器人的指令位置点坐标。

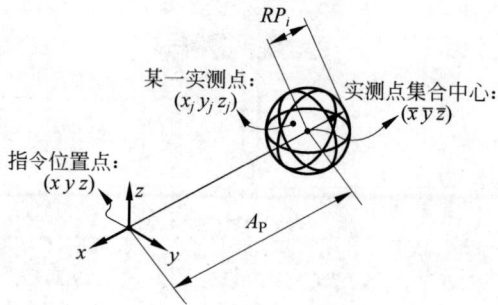

图 5.9　机器人位置重复性和位置准确度示意图

　　将 TH-SR4 高速并联机器人的测量结果按式(5-28)进行数据处理，可得如表 5.4 和图 5.10(a)所示的位置重复性参数。取各点位置重复性的最大值可知，TH-SR4 高速并联机器人的位置重复性为 0.0200 mm。将 TH-SR4 高速并联机器人的测量结果按式(5-29)进行数据处理，可得如表 5.5 和图 5.10(b)所示的位置准确度参数。取各点位置准确度的最大值可知，TH-SR4 高速并联机器人的位置准确度为 0.2230 mm。

表 5.4　高速高加速并联机器人 TH-SR4 在各个测量点的位置重复性参数

单位：mm

P_1	P_2	P_3	P_4	P_5
0.0140	0.0173	0.0141	0.0200	0.0177

表 5.5　高速高加速并联机器人 TH-SR4 在各个测量点的位置准确度参数

单位：mm

P_1	P_2	P_3	P_4	P_5
0.1126	0.0917	0.1077	0.1937	0.2230

　　高速并联机器人执行标准行程的节拍反映了机器人的快速分拣能力。在此，标准行程设置成参数为 25 mm/305 mm/25 mm 的标准 Adept Motion "门"字框轨迹，如图 5.11 所示。在不同负载和最大速度条件下，机器人需按标准行程从 A 点运动到 D 点，并从 D 点返回至 A 点(按 AD—DA)进行循环运行。

　　在 TH-SR4 高速并联机器人节拍测试过程中，负载分别设置为 0.1 kg 和 1.0 kg 两种情况。机器人以最大速度执行标准行程并用仪表计计数，测量一定时间内完成规定动作的次数。每种负载条件下重复测试 3 次,然后将测试数据换算成往复运动周期和每分钟执行次数,最终计算结果取平均值可得 TH-SR4 高速并联机器人的节拍参数如表 5.6 所示。由表 5.6 可知,TH-SR4 高速并联机器人在 0.1 kg 负载下执行标准行程的往复运动周期为 0.22 s,节拍约为 272 次/min,在 1.0 kg 负载下执行标准行程的往复运动周期为 0.28 s,节拍约为 214 次/min。

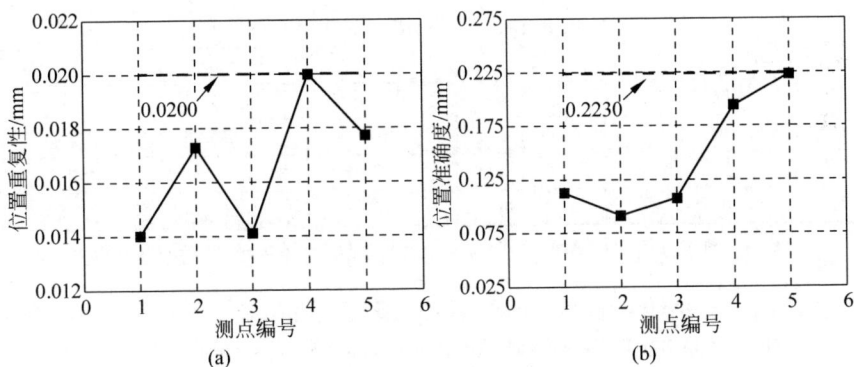

图 5.10　高速高加速并联机器人 TH-SR4 的精度检测结果
(a) 各测量点位置重复性;(b) 各测量点位置准确度

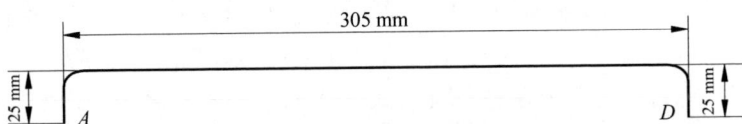

图 5.11　标准行程示意图

表 5.6　高速高加速并联机器人 TH-SR4 的节拍参数

标准行程/mm	负载/kg	往复运动周期/s	节拍/(次/min)
25/305/25	0.1	0.22	272
	1.0	0.28	214

　　TH-SR4 高速并联机器人的最大负载检测结果显示,机器人末端执行器可平稳操作 8 kg 有效负载。此外,作为高速高加速并联机器人,TH-SR4 机器人的速度和加速度信息是需要重点关注的技术参数。速度检测结果显示,TH-SR4 高速并联机器人沿着半径为 380 mm 的圆周运行,可实现匀速 8.15 m/s 的最大速度。加速度检测结果显示,其最大瞬时加速度可达 189 m/s^2。上述性能参数全部经机械工业机器人产品质量监督检测中心

检测，并出具检测报告。本研究的高速高加速并联机器人 TH-SR4 与其他品牌机器人的关键性能指标参数对比如表 5.7 所示。从表 5.7 中可以看出，本研究中机器人的最大加速度、同样负载情况下的节拍时间等各项性能参数均优于国内外同类型机器人产品。

表 5.7　TH-SR4 并联机器人与国内外同类型机器人产品的性能参数对比

品　　牌		本研究	ABB[①]	Adept[②]	李群自动化[③]
型号		TH-SR4	IRB 360	S650H	AP-1130
额定负载/kg		3	3	3	3
重复定位精度/mm		0.02	0.10	0.10	0.10
最大加速度/(m/s^2)		189	150	150	150
节拍时间/s	0.1 kg 负载	0.22	0.30	0.30	0.30
	1.0 kg 负载	0.28	0.36	0.36	0.35

① 机器人性能参数来自 ABB 官网：http://new.abb.com/products/robotics/zh/industrial-robots/irb-360。

② 机器人性能参数来自 Adept 官网：http://www.adept.com/。

③ 机器人性能参数来自李群自动化官网：http://www.qkmtech.com/。

5.2.5　推广应用

为满足食品、医药和电子等行业对大批量、高速无污染生产作业的需求，作者所在课题组结合视觉感知、高加速平稳性运动控制和系统集成等技术研发出包含高速高加速并联机器人 TH-SR4 的作业系统，如图 5.12 和图 5.13 所示。其中，高速高加速并联机器人 TH-SR4 可实现生产线上小体积、轻量化物品的快速分拣和装箱操作。在北京市科技计划智能制造技术创新与培育专项（项目编号：Z171100000817007）的资助下，高速高加速并联机器人 TH-SR4 已经在食品行业得到了推广应用。

在第二届全国机器人专利创新创业大赛中，高速高加速并联机器人 TH-SR4 作为参赛项目从 700 多项专利产品中脱颖而出，获得全国唯一特等奖。随后，高速高加速并联机器人 TH-SR4 作为创新性科技产品，亮相中国国际工业博览会并受到同行关注（见图 5.14）。最终，以高速高加速并联机器人 TH-SR4 为机器人本体的"高速多并联机器人协同作业系统关键技术与成套装备"项目（编号：1809053）申报并获得中国机械工业科学技术奖（技术发明）一等奖。

图 5.12　包含高速高加速并联机器人 TH-SR4 的作业系统一

图 5.13　包含高速高加速并联机器人 TH-SR4 的作业系统二

(a)　　　　　　　　　　　　　　　(b)

图 5.14　高速高加速并联机器人 TH-SR4 亮相中国国际工业博览会

(a) 亮相展会；(b) 接受参观

5.3　高速高精度并联机器人 TH-HR4

第 2 章基于线几何图谱化并联机器人构型综合方法,采用滚珠丝杠机构为平台间运动转换机构,设计出双动平台型高速高精度并联机器人 TH-HR4 原理构型。本节将针对该机器人构型开展尺度优化研究,在此基础上进行样机研发、性能实验与推广应用。

5.3.1　逆运动学

高速高精度并联机器人 TH-HR4 是典型的双动平台型高速并联机器人,由双动平台、定平台及连接于双动平台和定平台间的 4 条 RU^2U^2 支链组成。图 5.15 给出了高速高精度并联机器人 TH-HR4 的运动学简图,其原理构型可表示为 $2RU^2U^2$-H/$2RU^2U^2$-R。机器人末端执行器通过螺旋副连接到一个副平台(上动平台),通过转动副连接到另一个副平台(下动平台)。该机器人的输入运动由安装在底座上的 4 个驱动电机提供,通过控制 4 个电机的输入运动,可以实现机器人末端执行器的 3T1R 运动。

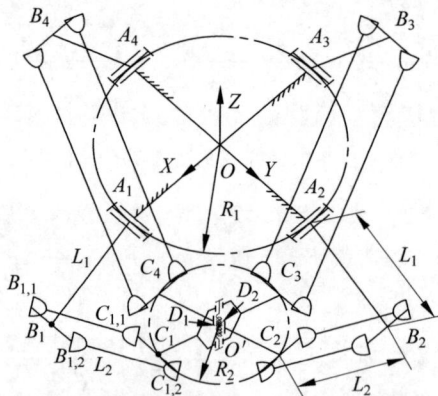

图 5.15　高速高精度并联机器人 TH-HR4 运动学简图

根据 TH-HR4 高速高精度并联机器人的运动学简图,机架与主动臂的连接点记为 $A_i(i=1,2,3,4)$,主动臂与被动臂的连接点记为 $B_i(i=1,2,3,4)$。被动臂与动平台的连接点记为 $C_i(i=1,2,3,4)$。全局坐标系 $\mathfrak{R}$: $O\text{-}XYZ$ 位于机架的中心,平面 $O\text{-}XY$ 与定平台平面重合,X 轴和 Y 轴分别与 A_3A_1 和 A_4A_2 重合。在动平台中心位置建立移动坐标系 $\mathfrak{R}'$: $O'\text{-}xyz$,

其中 O' 与 C_1C_3 的中点重合。如图 5.15 所示,该并联机器人除动平台中间转换机构外,具有 4 个关键几何参数 R_1、L_1、L_2 和 R_2,分别代表定平台半径、主动臂长度、被动臂长度和动平台半径。如果末端执行器的位置和姿态以 $O'(x,y,z)$ 和绕 z 轴的转角 θ 给出,则可获得主动臂输入角度 $\theta_i(i=1,2,3,4)$。

在全局坐标系 $\Re: O\text{-}XYZ$ 下,TH-HR4 高速并联机器人中点 $A_i(i=1,2,3,4)$ 的位置矢量 $\boldsymbol{a}_i$ 和点 $B_i(i=1,2,3,4)$ 的位置矢量 $\boldsymbol{b}_i$ 可表示为

$$\begin{cases} \boldsymbol{a}_i = R_1[\cos\beta_i\ \sin\beta_i\ 0]^T; & \beta_i = (i-1)\pi/2 \\ \boldsymbol{b}_i = \boldsymbol{a}_i + L_1\boldsymbol{u}_i; & \boldsymbol{u}_i = R_Z(\beta_i)R_Y(\theta_i)\boldsymbol{i} \end{cases} \tag{5-30}$$

其中,$\theta_i = \pi - \alpha_i(i=1,2,3,4)$。令末端执行器的位姿为 $[x,y,z,\phi]^T$,其中 $\boldsymbol{p} = [x,y,z]^T$ 为位置信息,φ 为绕 Z 轴的角度信息。则 TH-HR4 高速并联机器人中点 $C_i(i=1,2,3,4)$ 的位置矢量 $\boldsymbol{c}_i$ 可表示为

$$\boldsymbol{c}_i = r_2 R_Z(\alpha_i)\boldsymbol{i} + \mathrm{mod}(i+1,2)\frac{h\varphi}{2\pi}\boldsymbol{k} + \boldsymbol{p} \tag{5-31}$$

其中,$\boldsymbol{i}$、$\boldsymbol{k}$ 分别表示沿 X、Z 方向的单位向量;$\mathrm{mod}(P,Q)$ 是求余函数,表示 P 和 Q 作除法运算后的余数;h 表示丝杠螺母机构中螺旋副的螺距。

通过求解机器人的被动臂长度约束方程 $|B_iC_i| = L_2(i=4)$ 可以获得机器人的运动学逆解,即求解方程

$$B_iC_i = \sqrt{(\boldsymbol{c}_i - \boldsymbol{b}_i)^T(\boldsymbol{c}_i - \boldsymbol{b}_i)} = L_2 \tag{5-32}$$

将式(5-30)和式(5-31)代入式(5-32),可进一步得到如下三角函数方程:

$$S_i\sin\theta_i + M_i\cos\theta_i + N_i = 0 \tag{5-33}$$

其中,

$$S_i = -2L_1(\boldsymbol{c}_i - \boldsymbol{a}_i)^T\boldsymbol{k} \tag{5-34}$$

$$M_i = -2L_1(\boldsymbol{c}_i - \boldsymbol{a}_i)^T(\cos\alpha_i\boldsymbol{i} + \sin\alpha_i\boldsymbol{j}) \tag{5-35}$$

$$N_i = (\boldsymbol{c}_i - \boldsymbol{a}_i)^T(\boldsymbol{c}_i - \boldsymbol{a}_i) + L_1^2 - L_2^2 \tag{5-36}$$

其中,$\boldsymbol{k}$、$\boldsymbol{i}$、$\boldsymbol{j}$ 分别表示沿着 X、Y、Z 方向的单位向量。求解式(5-33)并考虑机器人工作模式,可得 TH-HR4 高速高精度并联机器人的运动学逆解:

$$\theta_i = 2\arctan\frac{-S_i - \sqrt{S_i^2 - M_i^2 + N_i^2}}{M_i^2 - N_i^2} \tag{5-37}$$

5.3.2　尺度优化

如前文所述,高速高精度并联机器人不仅要实现自由度空间内运动和

力的高效传递，还需严格限制非自由度空间的运动。因此我们不但要关注机器人的运动和力传递能力，还需考察其运动和力约束特性。为此本节引入约束传递指标，并结合第 3 章提出的双动平台型高速并联机器人的运动和力传递指标来开展 TH-HR4 高速高精度并联机器人的尺度优化设计。

末端执行器的约束力旋量辨识是考察并联机器人约束特性的前提条件。在 TH-HR4 高速并联机器人中，双动平台中的下动平台承受的第 1 支链和第 3 支链所提供的约束力旋量为

$$\begin{cases} \boldsymbol{S}_1^{\tau 1} = (\boldsymbol{0}\,;\,\boldsymbol{\tau}_1^1)\,, & \boldsymbol{S}_1^{\tau 2} = (\boldsymbol{0}\,;\,\boldsymbol{\tau}_1^2) \\ \boldsymbol{S}_3^{\tau 1} = (\boldsymbol{0}\,;\,\boldsymbol{\tau}_3^1)\,, & \boldsymbol{S}_3^{\tau 2} = (\boldsymbol{0}\,;\,\boldsymbol{\tau}_3^2) \end{cases} \tag{5-38}$$

其中，$\boldsymbol{\tau}_1^1$ 和 $\boldsymbol{\tau}_3^1$ 分别为第 1 支链和第 3 支链中 U 副的两个转动轴所构成平面的法向量；$\boldsymbol{\tau}_1^2$ 和 $\boldsymbol{\tau}_3^2$ 分别为第 1 支链和第 3 支链中 U^2U^2 闭环支链所构成平面的法向量；向量 $\boldsymbol{\tau}_1^1$、$\boldsymbol{\tau}_3^1$、$\boldsymbol{\tau}_1^2$ 和 $\boldsymbol{\tau}_3^2$ 均共面，构成二维向量系。由旋量理论可知，与第 1 支链和第 3 支链相连接的下动平台的运动旋量系为

$$\mathrm{span}\{\boldsymbol{S}_L^{\nu 1}, \boldsymbol{S}_L^{\nu 2}, \boldsymbol{S}_L^{\nu 3}, \boldsymbol{S}_L^{\omega 4}\} \tag{5-39}$$

其中，$\boldsymbol{S}_L^{\nu 1} = (\boldsymbol{0}\,;\,\boldsymbol{i})$、$\boldsymbol{S}_L^{\nu 2} = (\boldsymbol{0}\,;\,\boldsymbol{j})$、$\boldsymbol{S}_L^{\nu 3} = (\boldsymbol{0}\,;\,\boldsymbol{k})$ 和 $\boldsymbol{S}_L^{\omega 4} = (\boldsymbol{\tau}_1 \times \boldsymbol{\tau}_3\,;\,\boldsymbol{d}_1 \times (\boldsymbol{\tau}_1 \times \boldsymbol{\tau}_3))$。

根据 TH-HR4 高速并联机器人的构型可知，末端执行器与下动平台之间通过转动副连接，因此连接于下动平台、第 1 支链和第 3 支链的末端执行器具有如下运动旋量系：

$$\mathrm{span}\{\boldsymbol{S}_L^{\nu 1}, \boldsymbol{S}_L^{\nu 2}, \boldsymbol{S}_L^{\nu 3}, \boldsymbol{S}_L^{\omega 4}, \boldsymbol{S}_L^{\omega 5}\} \tag{5-40}$$

其中，$\boldsymbol{S}_L^{\omega 5} = (\boldsymbol{z}\,;\,\boldsymbol{d}_1 \times \boldsymbol{z})$ 表示连接于末端执行器和下动平台之间的转动副所产生的转动运动旋量。由旋量理论可进一步求得式(5-40)所示运动旋量系的反旋量系，即末端执行器承受下动平台、第 1 支链和第 3 支链所提供的约束力旋量为

$$^1\boldsymbol{S}_{\mathrm{CWS}} = (\boldsymbol{0}\,;\,(\boldsymbol{\tau}_1 \times \boldsymbol{\tau}_3) \times \boldsymbol{z}) \tag{5-41}$$

同理，通过分析上动平台、第 2 支链和第 4 支链可求得末端执行器承受上动平台、第 2 支链和第 4 支链所提供的约束力旋量为

$$^2\boldsymbol{S}_{\mathrm{CWS}} = (\boldsymbol{0}\,;\,(\boldsymbol{\tau}_2 \times \boldsymbol{\tau}_4) \times \boldsymbol{z}) \tag{5-42}$$

TH-HR4 高速高精度并联机器人的等效传递力旋量与 Heli4 并联机器人一致，根据前文研究可知：TH-HR4 高速高精度并联机器人的等效传递力旋量为

$$^i\boldsymbol{S}_{\mathrm{ETWS}} = \begin{cases} (\boldsymbol{f}_i\,;\,\boldsymbol{d}_1 \times \boldsymbol{f}_i)\,, & i = 1,3 \\ (\boldsymbol{f}_i\,;\,\boldsymbol{d}_2 \times \boldsymbol{f}_i - h \cdot \boldsymbol{f}_i)\,, & i = 2,4 \end{cases} \tag{5-43}$$

根据式(5-44)可求得 TH-HR4 高速高精度并联机器人的约束传递指标(constraint transmission index,CTI):

$$\gamma_{\mathrm{C}} = \min_j\{v_j\} = \min_j\left\{\frac{|{}^j\boldsymbol{S}_{\mathrm{CWS}} \circ {}^j\boldsymbol{S}_{\mathrm{CTS}}|}{|{}^j\boldsymbol{S}_{\mathrm{CWS}} \circ {}^j\boldsymbol{S}_{\mathrm{CTS}}|_{\max}}\right\}, \quad j = 1,2 \quad (5\text{-}44)$$

为评价 TH-HR4 高速高精度并联机器人的运动和力传递与约束特性,结合式(3-48)所示的 CTI 指标,并基于最差工况准则定义机器人局域奇异指标(local singularity index,LSI):

$$\gamma_{\mathrm{LSI}} = \min\{\gamma_{\mathrm{I}}, \gamma_{\mathrm{O}}, \gamma_{\mathrm{M}}, \gamma_{\mathrm{C}}\} \quad (5\text{-}45)$$

本节根据 γ_{LSI} 的大小来评价并联机器人的整体运动和力传递与约束特性优劣。γ_{LSI} 值越大说明该机器人的运动和力传递与约束效率越高,或者说该机器人的运动和力传递与约束特性越好。与 γ_{LTI} 一样,γ_{LSI} 取值与坐标系的选取无关,其值域为[0,1]。

TH-HR4 高速高精度并联机器人的关键尺度参数共 4 个,分别是机架半径 R_1、动平台半径 R_2、主动臂长度 L_1 和被动臂长度 L_2。假设主动臂长度 L_1 和被动臂长度 L_2 之间的关系满足 $L_2 = \lambda L_1$,按照著名的 Delta 高速并联机器人和 Quattro 高速并联机器人的实践经验,一般有 $\lambda \in [1.8, 2.5]$。本节选取 $\lambda = 2.34$ 来约束主动臂和被动臂的长度关系。

相比于基于目标函数的优化设计方法,基于性能图谱法的优化设计方法的优化结果比较灵活,对于一个特定的优化设计任务,该方法可以得到不止一个优化结果,因此设计人员可以根据自己的设计条件灵活地对优化结果进行调整。采用性能图谱法首先要将设计变量进行无量纲化,无量纲因子为

$$D = \frac{R_1 + R_2 + L_1}{3} \quad (5\text{-}46)$$

令 $r_1 = \dfrac{R_1}{D}, r_2 = \dfrac{R_2}{D}$ 及 $l_1 = \dfrac{L_1}{D}$,设计变量为 $[r_1, r_2, l_1]^{\mathrm{T}}$。以式(3-49)提出的局域奇异指标 LSI 来构建全域奇异指标 GSI 和全域工作空间指标 GWI 如下:

$$\gamma_{\mathrm{GSI}} = \frac{\displaystyle\int_{\mathrm{GW}} \gamma_{\mathrm{LSI}}\,\mathrm{d}W}{\displaystyle\int_{\mathrm{GW}} \mathrm{d}W} \quad \text{和} \quad g_{\mathrm{GWI}} = \frac{\displaystyle\int_{\mathrm{GW}} \mathrm{d}W}{\displaystyle\int_{\mathrm{w}} \mathrm{d}W} \quad (5\text{-}47)$$

其中,GW 为高速并联机器人优质工作空间,即 $\gamma_{\mathrm{LSI}} \geqslant 0.7$ 的工作空间区域。

　　以 γ_{LSI} 和 g_{GWI} 为优化目标,建立 TH-HR4 高速并联机器人的参数优化设计问题如下:

$$\begin{cases} \text{变量:} \boldsymbol{X} = [r_1, r_2, l_1]^{\text{T}} \\ \text{目标:} \gamma_{\text{LSI}}(\boldsymbol{X}), g_{\text{GWI}}(\boldsymbol{X}) \\ \text{约束:} 0 < r_1, r_2, l_1 < 3;\ r_1 + r_2 + l_1 = 3;\ l_1 > r_1 > r_2; \\ \qquad (\lambda + 1)l_1 + r_2 > r_1 \end{cases} \tag{5-48}$$

其中,$0 < r_1 < 3$、$0 < r_2 < 3$、$0 < l_1 < 3$、$r_1 + r_2 + l_1 = 3$、$l_1 > r_1 > r_2$ 和 $(\lambda + 1)l_1 + r_2 > r_1$ 是考虑机构装配关系及运动能力所建立的约束方程。值得注意的是,TH-HR4 高速高精度并联机器人动平台的中间传动机构在设计时需选用标准件,其大小无法进行自由设计。因此,为了给滚珠丝杠机构预留足够的安装空间,将动平台半径的无量纲参数 r_2 的范围定为 $[0.4t, t]$,其中 t 是 r_2 在其值域内的最大值。如图 5.16 所示,本设计中的 $t = 1$。根据式(5-48)所示的约束方程和 $r_2 \geqslant 0.4t$ 可以绘制设计变量的优化参数设计空间,如图 5.16 所示,设计区域为图中的三角形区域 KHJ。

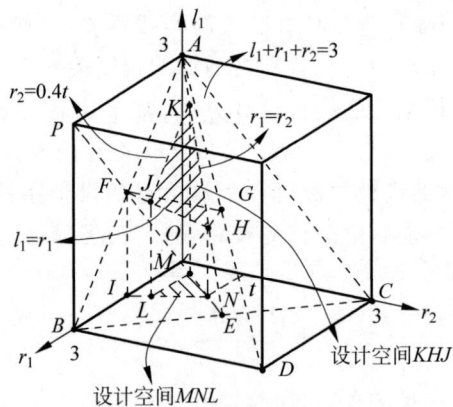

图 5.16　TH-HR4 高速并联机器人参数设计空间

　　为直观表达设计参数与目标函数间的映射关系,本节将图 5.16 所示的三角形区域 KHJ 投影到 $l_1 = 0$ 的平面上,获得如图 5.17 所示的二维参数设计空间,即三角形区域 MNL。计算 TH-HR4 高速高精度并联机器人的性能指标值,并在二维参数设计空间 MNL 上绘制机器人的 γ_{LSI} 和 g_{GWI} 分布图谱,如图 5.18 和图 5.19 所示。

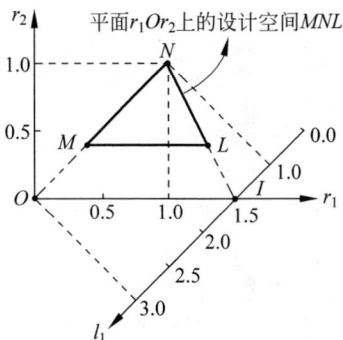

图 5.17　TH-HR4 高速并联机器人的二维参数设计空间

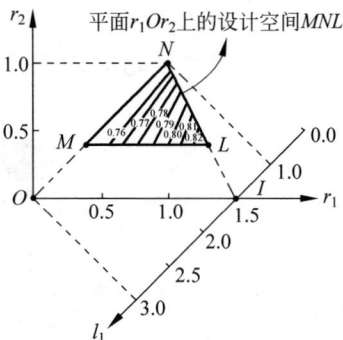

图 5.18　TH-HR4 高速并联机器人在设计空间内的 γ_{LSI} 分布图谱

若将设计要求选定为 $\gamma_{\mathrm{LSI}} \geqslant 0.78$ 和 $g_{\mathrm{GWI}} \geqslant 0.5$，则可得如图 5.20 中阴影部分所示的优化区域。取优化区域中的一组优化参数为 $l_1 = 1.506$、$r_1 = 0.941$ 和 $r_2 = 0.553$，给定 $D = 212.5$，可得高速高精度并联机器人 TH-HR4 的关键几何参数：$L_1 = 320$ mm、$L_2 = 750$ mm、$R_1 = 200$ mm 和 $R_2 = 117.5$ mm。

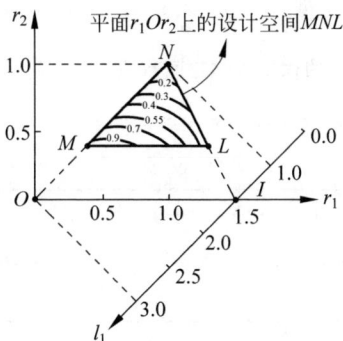

图 5.19　TH-HR4 高速并联机器人在设计空间内的 g_{GWI} 分布图谱

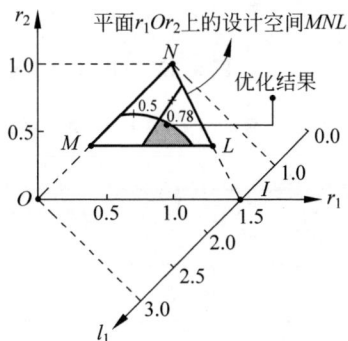

图 5.20　满足 $\gamma_{\mathrm{LSI}} \geqslant 0.78$ 和 $g_{\mathrm{GWI}} \geqslant 0.5$ 的优化区域

在上述优化参数下绘制机器人满足 $\gamma_{\mathrm{LSI}} \geqslant 0.7$ 的优质工作空间及 γ_{LSI} 在该空间内的分布情况，如图 5.21 所示。根据图 5.21 所示的优质工作空间在 $y = 0$ 平面上的分布可得如图 5.22 所示的优质工作空间边界特征点，边界特征点的坐标见表 5.8。

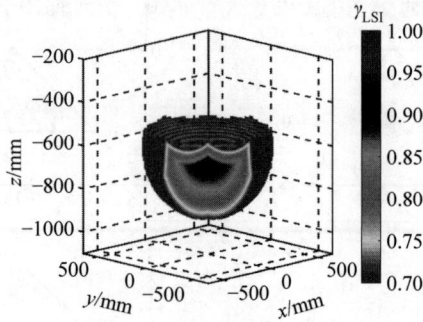

图 5.21　TH-HR4 高速并联机器人的优质工作
空间及 γ_{LSI} 分布（见文前彩图）

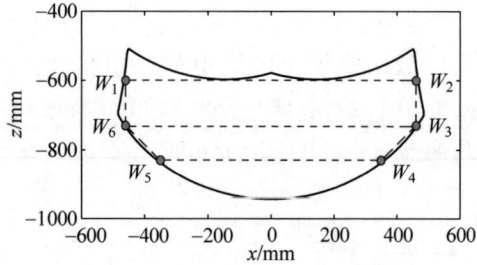

图 5.22　TH-HR4 高速并联机器人的优质工作空间辨识

表 5.8　TH-HR4 高速并联机器人的优质工作空间边界特征点

单位：mm

W_1	W_2	W_3	W_4	W_5	W_6
$(0,-460,$ $-600)$	$(0,460,$ $-600)$	$(0,460,$ $-730)$	$(0,350,$ $-830)$	$(0,-350,$ $-830)$	$(0,-460,$ $-730)$

5.3.3　样机研发

本节根据优化参数，设计高速高精度并联机器人 TH-HR4 样机模型，并完成样机的加工、装配与调试工作。机器人本体和机器人电控柜分别如图 5.23(a)和(b)所示。通过解算式(5-30)～式(5-37)所示的逆运动学，可实现机器人末端执行器的 3T1R 运动。该样机的研发为后续性能测试和推广应用奠定了硬件基础。

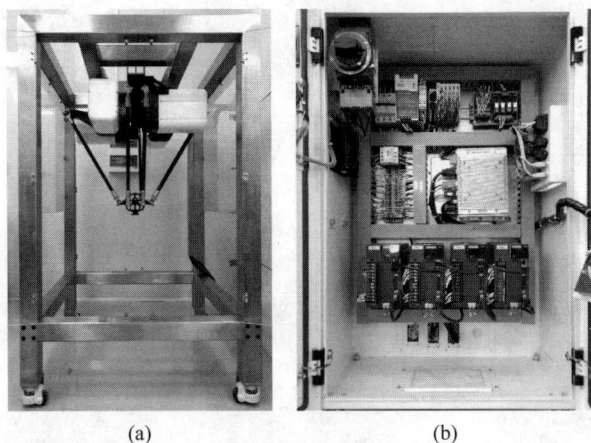

图 5.23　高速高精度并联机器人 TH-HR4 物理样机

(a) TH-HR4 机器人本体；(b) TH-HR4 机器人电控柜

5.3.4　性能实验

为检测 TH-HR4 高速并联机器人的位置重复性和位置准确度，根据 GB/T 12642—2013/ISO 9283:1998《工业机器人性能规范及其试验方法》中的性能测试条件和检测方法，在图 5.22 所示的工作空间内部选取长方体区域，并在长方体区域选取 5 个测量点。所选 5 个测量点位于同一平面的矩形对角线上，分别标记为 P_1、P_2、P_3、P_4 和 P_5，5 个测量点在工作空间中的坐标见表 5.9。检测过程与高速高加速并联机器人 SR4 的检测过程类似，图 5.24 所示为激光跟踪仪测量并记录 TH-SR4 高速并联机器人顺序执行 5 个位姿点的检测现场照片。

表 5.9　高速高精度并联机器人 TH-HR4 的位置重复性和准确度测量点坐标

单位：mm

P_1	P_2	P_3	P_4	P_5
$(0,0,-650)$	$(226,-226,$ $-650)$	$(-226,-226,$ $-650)$	$(-226,226,$ $-730)$	$(226,226,$ $-730)$

TH-HR4 高速高精度并联机器人在各测量点的检测结果见表 5.10、表 5.11 和图 5.25。检测结果表明：所研制的高速高精度并联机器人 TH-HR4 样机的位置重复性达到 0.0188 mm（±0.0094 mm），位置准确度达到 0.0844 mm（±0.0422 mm）。

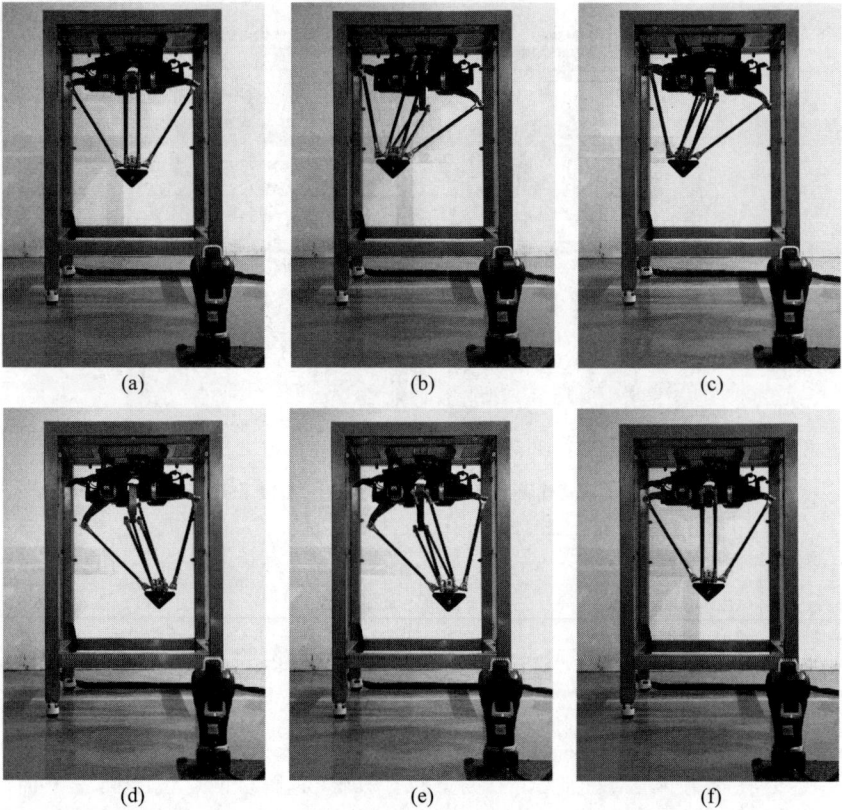

图 5.24　高速高精度并联机器人 TH-HR4 执行位置重复性测试点
(a) P_5 等待；(b) 执行 P_1；(c) 执行 P_2；
(d) 执行 P_3；(e) 执行 P_4；(f) 执行 P_5

表 5.10　高速高精度并联机器人 TH-HR4 在各个测量点的位置重复性参数

单位：mm

P_1	P_2	P_3	P_4	P_5
0.0178	0.0180	0.0188	0.0176	0.0159

表 5.11　高速高精度并联机器人 TH-HR4 在各个测量点的位置准确度参数

单位：mm

P_1	P_2	P_3	P_4	P_5
0.0805	0.0708	0.0094	0.0767	0.0844

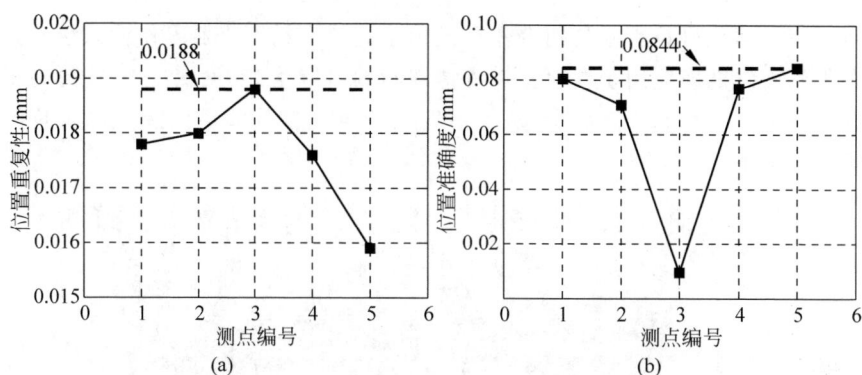

图 5.25 高速高精度并联机器人 TH-HR4 的精度检测结果

(a) 各测量点位置重复性；(b) 各测量点位置准确度

节拍检测结果显示,所研制的高速高精度并联机器人 TH-HR4 样机在 0.1～1 kg 负载下执行标准轨迹周期最快可达 0.25 s,即节拍约为 240 次/min。最大负载检测结果显示,所研制的高速高精度并联机器人 TH-HR4 样机可平稳操作 10 kg 有效负载。速度检测结果显示,TH-HR4 高速高精度并联机器人沿着半径为 380 mm 的圆周运行,可实现匀速 6.8 m/s 的最大速度。加速度检测结果显示,其最大瞬时加速度可达 160 m/s^2。上述性能参数全部经机械工业机器人产品质量监督检测中心检测,并出具检测报告。

目前国内外尚无同类型的高速高精度并联机器人产品。本节现将所研制的高速高精度并联机器人 TH-HR4 的性能参数与市场上主流的 SCARA 机器人的性能参数进行比较,如表 5.12 所示。从表 5.12 中可以看出,所研制的高速高精度并联机器人 TH-HR4 的最大负载和精度性能均优于市场上的国内外 SCARA 机器人产品,该结果在一定程度上反映了本书所提出的构型设计和性能评价方法的有效性。

表 5.12 TH-HR4 并联机器人与市场上主流的 SCARA 机器人性能对比

品 牌	本研究	ABB	EPSON	李群自动化
型号	TH-HR4-800	IRB 910SC-3/0.45	G6-45X	AH3-0400
最大负载/kg	10	6	3	3
重复定位精度/mm	±0.0094	±0.015	±0.015	±0.010
绝对定位精度/mm	±0.0422	—	—	—

5.3.5 推广应用

基于所研发的高速高精度并联机器人 TH-HR4,作者所在课题组与济南翼菲自动化科技有限公司合作开发出了高速高精度机器人作业系统。该作业系统已推广应用于新冠肺炎疫情期间的口罩生产(见图 5.26),提高了口罩的生产效率和生产质量,从本研究的角度出发为我国的新冠肺炎疫情防治贡献了一份力量。

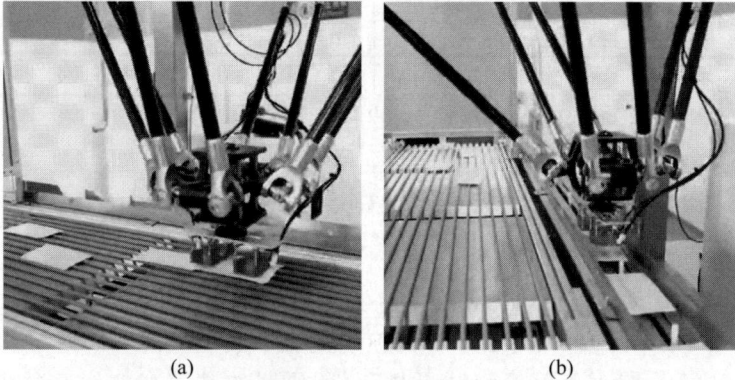

图 5.26 高速高精度并联机器人 TH-HR4 推广应用

(a) 视图一;(b) 视图二

5.4 高速高负载并联机器人 TH-UR2

第 2 章基于线几何图谱化并联机器人构型综合方法设计出两款闭环支链型高速高负载并联机器人 TH-UR2 原理构型。本节将针对所设计的两款机器人构型开展构型优选研究,在此基础上进行样机研发、性能实验与推广应用。

5.4.1 逆运动学

TH-UR2 高速并联机器人的运动学简图如图 5.27 所示,机架与主动臂的连接点记为 $O_{i,1}(i=1,2)$,主动臂末端点记为 $A_{i,1}(i=1,2)$,驱动单元与被动臂的连接点记为 $B_{i,1}(i=1,2)$。被动臂与动平台的连接点记为 $C_{i,1}(i=1,2)$。全局坐标系 $\mathfrak{R}$: O-XZ 位于机架的中心,X 轴与 $O_{1,1}O_{2,1}$ 重合。在动平台中心位置建立移动坐标系 $\mathfrak{R}'$: O'-xz,其中 O' 位于 $C_{1,1}C_{2,1}$ 的中点。

如图 5.27 所示,两款并联机器人具有关键几何参数 R_1、L_1、L_2、L_3、L_4、L_5 和 R_2,分别代表定平台尺寸 $OO_{1,1}$(或 $OO_{2,1}$)、主动臂长度 $O_{i,1}A_{i,1}$、$A_{i,1}$ 和 $B_{i,2}$ 沿 X 轴的距离、$B_{i,1}$ 和 $B_{i,2}$ 的距离、$A_{i,1}$ 和 $B_{i,1}$ 沿

Z 轴的距离、被动臂长度 $B_{i,1}C_{i,1}$、动平台尺寸 $O'C_{1,1}$（或 $O'C_{2,1}$）。如果末端执行器的位置表示为 $O'(x,z)$，则可获得主动臂输入角度 $\theta_i(i=1,2)$。

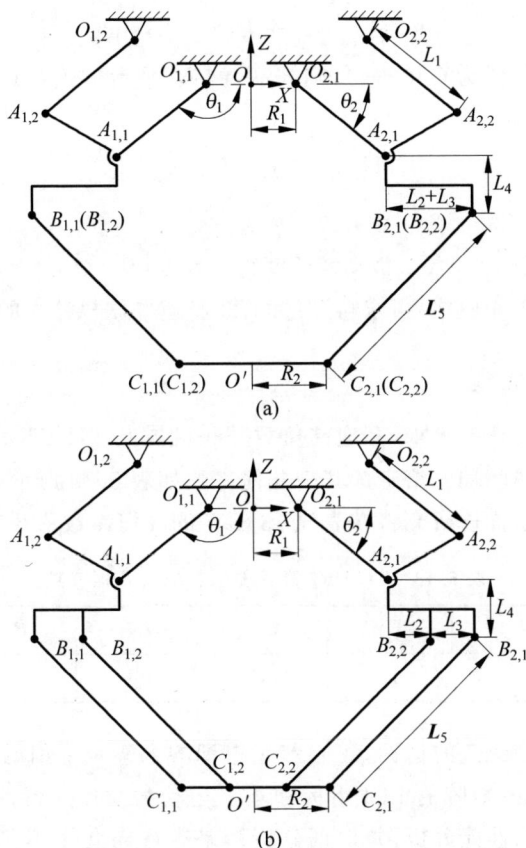

图 5.27 高速高负载并联机器人 TH-UR2 运动学简图

（a）运动学简图一；（b）运动学简图二

在全局坐标系 $\mathfrak{R}$：$O\text{-}XZ$ 下，点 $O_{i,1}(i=1,2)$ 的坐标可表示为

$$\begin{cases} O_1^1 = [-R_1,0]^T \\ O_2^1 = [R_1,0]^T \end{cases} \tag{5-49}$$

点 $A_{i,1}(i=1,2)$ 的坐标可表示为

$$\begin{cases} A_{1,1} = [-R_1+L_1\cos\theta_1, -L_1\sin\theta_1]^T \\ A_{2,1} = [R_1+L_1\cos\theta_2, -L_1\sin\theta_2]^T \end{cases} \tag{5-50}$$

点 $B_{i,1}(i=1,2)$ 的坐标可表示为

$$
\begin{cases}
B_{1,1} = \left[-R_1 + L_1\cos\theta_1 - L_2 - L_3, -L_1\sin\theta_1 - L_4 \right]^{\mathrm{T}} \\
B_{2,1} = \left[R_1 + L_1\cos\theta_2 + L_2 + L_3, -L_1\sin\theta_2 - L_4 \right]^{\mathrm{T}}
\end{cases}
\tag{5-51}
$$

末端执行器的位置为 $O'(x,z)$,则被动臂与动平台的连接点 $C_{i,1}(i=1,2)$ 的坐标可表示为

$$
\begin{cases}
C_{1,1} = \left[x - R_2, z \right]^{\mathrm{T}} \\
C_{2,1} = \left[x + R_2, z \right]^{\mathrm{T}}
\end{cases}
\tag{5-52}
$$

将式(5-51)和式(5-52)代入被动臂长度约束方程 $|B_{i,1}C_{i,1}| = L_5(i=1,2)$,并考虑机器人的工作模式,可求得 TH-UR2 高速并联机器人的运动学逆解。

5.4.2　构型优选

根据特定的任务需求,高速高负载并联机器人 TH-UR2 的关键几何参数和任务工作空间均已给定。其中几何参数如表 5.13 所示,高速高负载并联机器人的构型优选研究将在表 5.13 给定的几何参数下开展。

表 5.13　TH-UR2 高速并联机器人几何参数　　　单位:mm

L_1	L_2	L_3	L_4	L_5	P_6	P_7
260	535	15	145	106	910	140

为实现构型优选的目标,我们首先想到的方案是采用已有的性能指标(如基于 Jacobian 矩阵的 LCI 指标和基于运动和力传递特性的 LTI 指标)来进行机器人的性能分析,并根据分析结果进行构型优选。然而运动学研究发现,两款高速高负载并联机器人的逆运动学相同。这一情况使两款高速高负载并联机器人的 Jacobian 矩阵也相同,因此基于 Jacobian 矩阵的 LCI 指标并不能区分两款待优选机器人的性能差异。采用运动和力传递特性分析方法进行分析发现:两款机器人具有相同的运动和力传递特性,机器人的 ITI、OTI 和 LTI = min {ITI,OTI} 的性能指标分布如图 5.28 所示。对于这类功能相同、结构近似的并联机器人构型,如何以性能导向更具针对性地进行构型之间的性能比较并实现构型优选是机器人设计人员需解决的问题与面临的挑战。

为解决上述问题,本节采用第 4 章中闭环支链型高速并联机器人运动和力交互特性的研究思想,将动平台所受力旋量系进行分组,根据机器人的

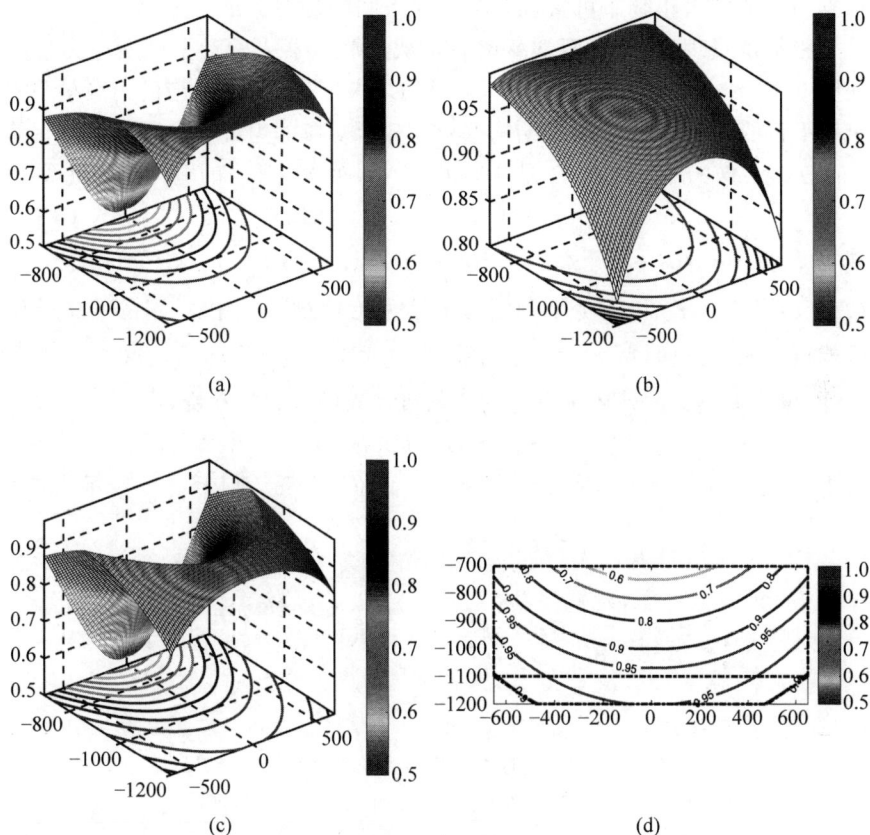

图 5. 28　TH-UR2 高速并联机器人在工作空间内的指标分布图谱（见文前彩图）

（a）ITI；（b）OTI；（c）LTI＝min｛ITI，OTI｝；（d）LTI＝min｛ITI，OTI｝等值线

支链结构特征将支链划分为结构相同部分和结构差异部分，令支链的结构相同部分所对应的力旋量系限定动平台的主体运动，然后考察支链的结构差异部分所对应的力旋量系 Φ_W 对动平台剩余敏感运动 $\boldsymbol{S}_T$ 的限定效果。采用功率系数的概念定义如下局部最优交互指标（local optimal-interaction index，LOII）：

$$\vartheta = \max_k \{\varepsilon_k\} = \max_k \left\{ \frac{|{}^k\boldsymbol{S}_W \circ \boldsymbol{S}_T|}{|{}^k\boldsymbol{S}_W \circ \boldsymbol{S}_T|_{\max}} \right\},$$

$$k = 1, 2, \cdots, m;\ {}^k\boldsymbol{S}_W \in \Phi_W \tag{5-53}$$

根据式（5-53）可以更有针对性地探讨闭环支链型高速并联机器人的闭环支链结构差异对机器人性能的影响，指标值越大，则机器人的相对性能越优。

根据指标值的大小分布可实现并联机器人间的构型优选。

根据旋量理论分析,两款高速高负载并联机器人的动平台所受力旋量如图 5.29 和图 5.30 所示。其中,支链的结构相同部分所对应的力旋量系限定动平台的两个平动,支链的结构差异部分所对应的力旋量系限定动平台绕平面法线方向的一个转动,于是我们可以得到两款机器人的差异力旋量系:

$$\Phi_{\mathrm{Dif}} = \{{}^1\boldsymbol{S}_{\mathrm{W}}, {}^2\boldsymbol{S}_{\mathrm{W}}, {}^3\boldsymbol{S}_{\mathrm{W}}, {}^4\boldsymbol{S}_{\mathrm{W}}\} \tag{5-54}$$

其 中,${}^1\boldsymbol{S}_{\mathrm{W}} = (\boldsymbol{0}; \boldsymbol{\tau}_1)$,${}^2\boldsymbol{S}_{\mathrm{W}} = (\boldsymbol{0}; \boldsymbol{\tau}_2)$,${}^3\boldsymbol{S}_{\mathrm{W}} = (\boldsymbol{f}_2; \boldsymbol{c}_1^2 \times \boldsymbol{f}_2)$ 和 ${}^4\boldsymbol{S}_{\mathrm{W}} = (\boldsymbol{f}_3; \boldsymbol{c}_2^2 \times \boldsymbol{f}_3)$,$\boldsymbol{\tau}_1$ 和 $\boldsymbol{\tau}_2$ 分别为闭环支链中 UU 被动链中 U 副的两条转轴所构成平面的法向量;$\boldsymbol{c}_1^2$ 和 $\boldsymbol{c}_2^2$ 分别是 UU 支链与动平台的连接点 C_1^1 和 C_2^1 的位置矢量。此外还可以得到两款机器人的敏感运动旋量:

$$\boldsymbol{S}_{\mathrm{T}} = (\boldsymbol{\omega}; \boldsymbol{I} \times \boldsymbol{\omega}) \tag{5-55}$$

其中,$\boldsymbol{I}$ 为闭环支链中 RR 被动链的交点的位置矢量,如图 5.30 所示。

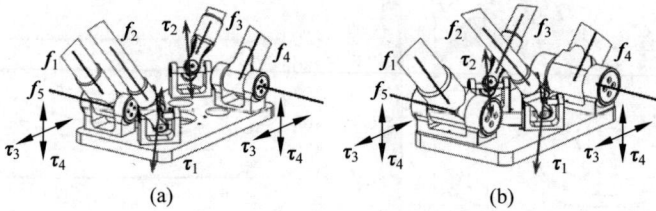

图 5.29 TH-UR2 高速并联机器人动平台所受力旋量示意

(a) 图 5.27(a)对应的动平台;(b) 图 5.27(b)对应的动平台

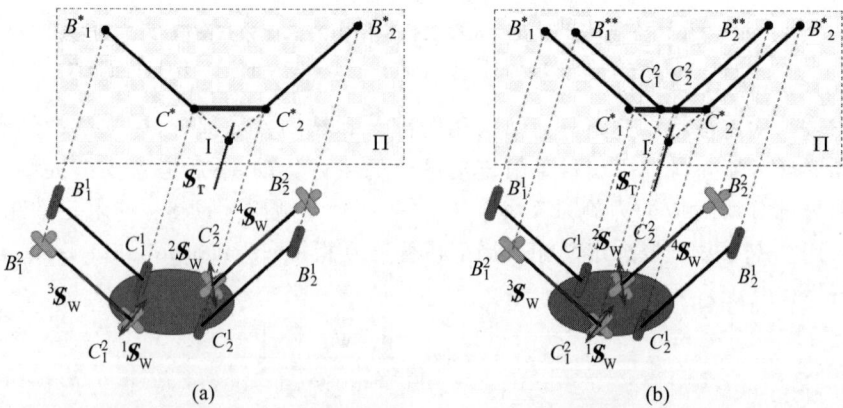

图 5.30 TH-UR2 高速并联机器人的闭环支链差异力旋量系

(a) 图 5.27(a)对应的动平台;(b) 图 5.27(b)对应的动平台

　　将式(5-54)中的差异力旋量$^k\boldsymbol{S}_W(k=1,2,3,4)$和式(5-55)中的敏感运动旋量$\boldsymbol{S}_T$代入式(5-53)中,可以得到两款高速并联机器人在工作空间内的 LOII 分布,如图 5.31 所示。对比两款机器人的 LOII 可知,两款机器人的 LOII 分布趋势是一致的,但在相同位置处,Ⅱ型机器人的 LOII 指标值要明显优于Ⅰ型机器人的 LOII 指标值。因此,最终选择Ⅱ型机器人作为优势构型进行样机研发。

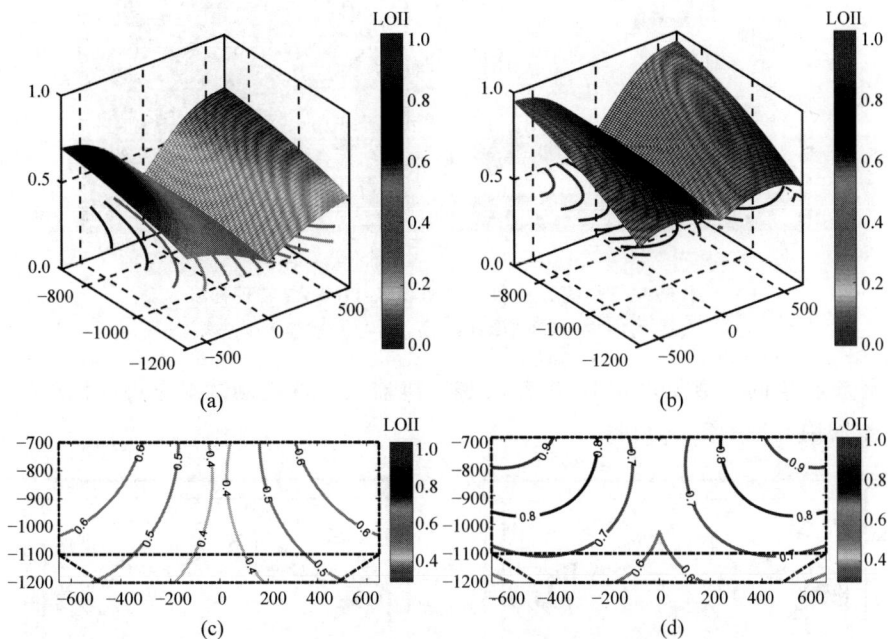

图 5.31　TH-UR2 高速并联机器人的 LOII 分布图谱(见文前彩图)

(a) Ⅰ型机器人 LOII 分布;(b) Ⅱ型机器人 LOII 分布;
(c) Ⅰ型机器人 LOII 等值线分布;(d) Ⅱ型机器人 LOII 等值线分布

5.4.3　样机研发

　　根据构型优选结果,本节完成了高速高负载并联机器人 TH-UR2 样机的设计、加工、装配与调试,机器人本体和机器人电控柜分别如图 5.32(a)和(b)所示,通过解算逆运动学,可实现机器人末端执行器的 2T 运动。该样机的研发为后续性能测试和推广应用奠定了硬件基础。

5.4.4　性能实验

　　高速高加速并联机器人 TH-SR4 的任务工作空间如图 5.33(a)所示,

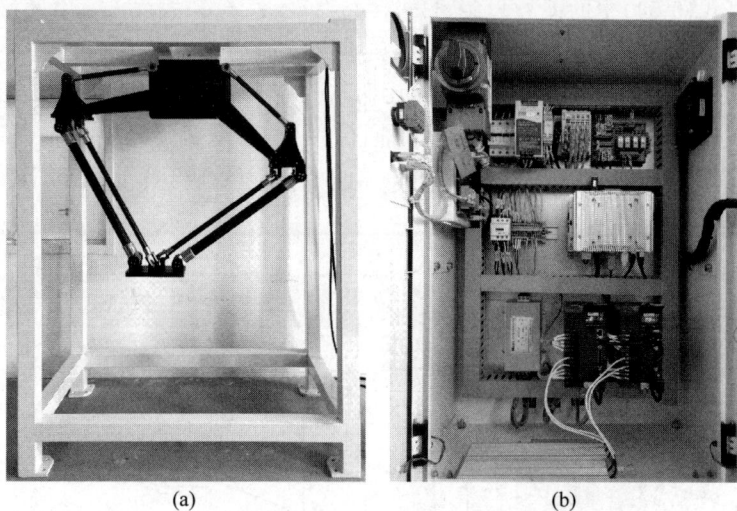

图 5.32　高速高负载并联机器人 TH-UR2 物理样机
(a) TH-UR2 机器人本体；(b) TH-UR2 机器人电控柜

该工作空间参数见表 5.14 和表 5.15。机器人的性能测试工作将在该工作空间内开展。

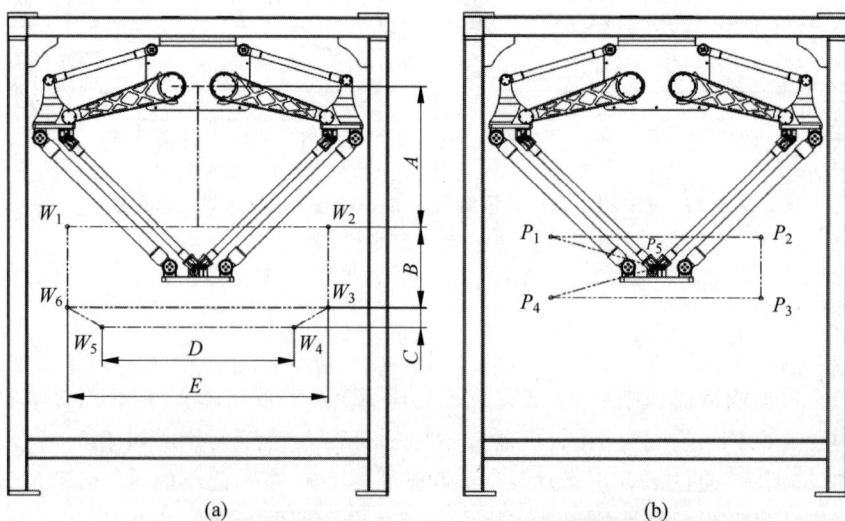

图 5.33　高速高负载并联机器人 TH-UR2 测量点选取
(a)TH-UR2 机器人工作空间；(b) TH-UR2 机器人测量点选取

表 5.14　高速高负载并联机器人 TH-UR2 工作空间边界点

单位：mm

W_1	W_2	W_3	W_4	W_5	W_6
$(-650,-700)$	$(650,-700)$	$(650,-1100)$	$(480,-1200)$	$(-480,-1200)$	$(-650,-1100)$

表 5.15　高速高负载并联机器人 TH-UR2 工作空间参数

单位：mm

A	B	C	D	E
700	400	100	960	1300

为检测 TH-UR2 高速并联机器人的位置重复性，本节根据 GB/T 12642—2013/ISO 9283:1998《工业机器人性能规范及其试验方法》中的性能测试条件和检测方法，在图 5.33(a)所示的工作空间内部选取长方形区域，并在长方体区域选取选取 5 个测量点，如图 5.33(b)所示。所选 5 个测量点位于同一平面的矩形对角线上，分别标记为 P_1、P_2、P_3、P_4 和 P_5，5 个测量点在工作空间中的坐标见表 5.16。如图 5.34 所示为激光跟踪仪测量并记录 TH-UR2 高速并联机器人顺序执行 5 个位姿点的检测现场照片。

表 5.16　高速高负载并联机器人 TH-UR2 位置重复性测量点参数

单位：mm

P_1	P_2	P_3	P_4	P_5
$(-520,-750)$	$(520,-750)$	$(520,-1070)$	$(-520,-1070)$	$(0,-910)$

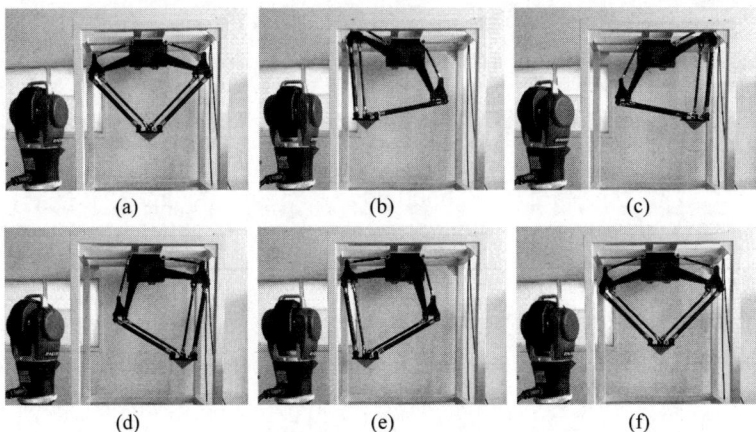

图 5.34　高速高负载并联机器人 TH-UR2 执行位置重复性测试点
(a) P_5 等待；(b) 执行 P_1；(c) 执行 P_2；(d) 执行 P_3；(e) 执行 P_4；(f) 执行 P_5

　　TH-UR2 并联机器人在各测量点的检测结果见表 5.17。检测结果表明：所研制的高速高负载并联机器人 TH-UR2 样机的位置重复性达到 0.015 mm。

表 5.17　高速高负载并联机器人 TH-UR2 在各个测量点的位置重复性参数

单位：mm

P_1	P_2	P_3	P_4	P_5
0.011	0.011	0.014	0.015	0.014

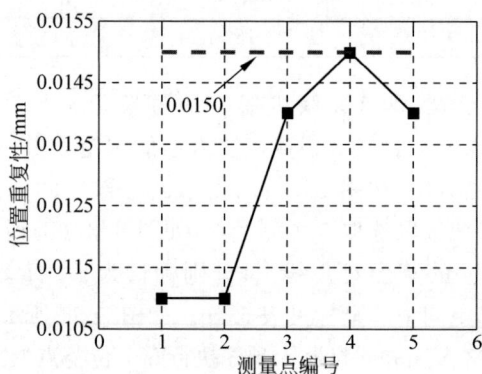

图 5.35　高速高负载并联机器人 TH-UR2 的精度检测结果

　　为检测 TH-UR2 高速并联机器人的距离重复性，本节根据 GB/T 12642—2013/ISO 9283：1998《工业机器人性能规范及其试验方法》中的性能测试条件和检测方法，在如图 5.33(a)所示的工作空间内部选取两个测量点。所选两个测量点分别标记为 P_{D1} 和 P_{D2}，它们在工作空间中的坐标见表 5.18。

表 5.18　高速高负载并联机器人 TH-UR2 距离重复性测量点参数

单位：mm

P_{D1}	P_{D2}
(−520,−750)	(520,−1070)

　　机器人的距离重复性表征机器人对同一距离从相同方向重复执行多次后所实到距离的一致程度。结合图 5.36 给出机器人的距离重复性计算方法：

$$R_D = \pm 3 \sqrt{\frac{\sum_{j=1}^{n}(D_j - \overline{D})^2}{n-1}} \tag{5-56}$$

其中，$\overline{D} = \dfrac{1}{n}\displaystyle\sum_{j=1}^{n} D_j$；$D_j = \sqrt{(x_{1j} - x_{2j})^2 + (y_{1j} - y_{2j})^2 + (z_{1j} - z_{2j})^2}$。

式(5-56)中的 n 为同一测量点的执行次数，一般取为 30，D_j 是第 j 次执行同一测量距离所获得的实际测量值，$\overline{D}$ 是 n 次重复执行同一测量距离后所得到的实际测量值的平均值。

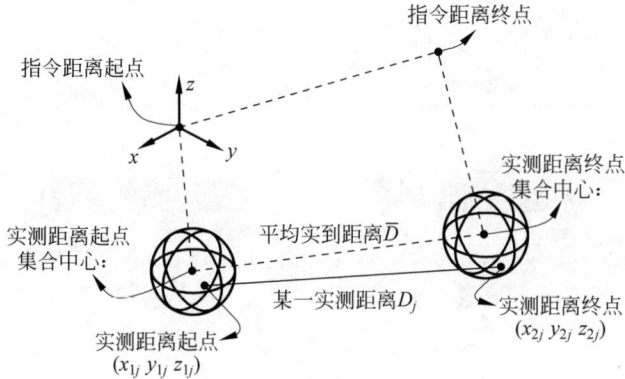

图 5.36　机器人距离重复性计算示意

将 TH-UR2 高速并联机器人的测量结果按式(5-58)进行数据处理，可得 TH-UR2 高速并联机器人的距离重复性为 0.0011 mm。

按照图 5.37 所示的高负载并联机器人的标准行程进行 TH-UR2 高速并联机器人的节拍检测。标准行程参数如表 5.19 所示，分别为 50 mm/300 mm/100 mm 和 200 mm/500 mm/300 mm。在不同负载和最大速度条件下，机器人需按标准行程从 A 点运动到 D 点，并从 D 点返回至 A 点（按 AD—DA）进行循环运行。

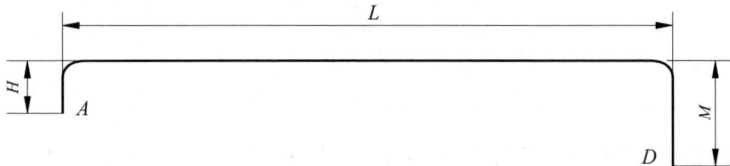

图 5.37　标准行程示意图

表 5.19　高速高负载并联机器人 TH-UR2 标准轨迹　单位：mm

标准行程 1($H/L/M$)	标准行程 2($H/L/M$)
50/300/100	200/500/300

　　在 TH-UR2 高速并联机器人节拍测试过程中,负载分别设置 5 kg、10 kg、25kg 和 50 kg 四种情况。如图 5.38 所示为 TH-UR2 高速并联机器人动平台上设置四种不同负载的检测现场照片。

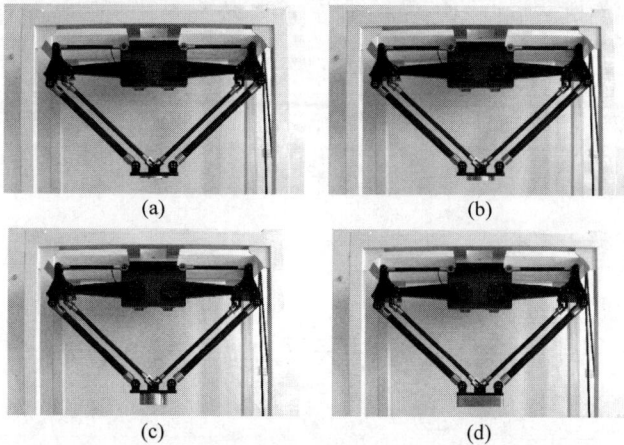

(a)　　　　　　　　　　　(b)

(c)　　　　　　　　　　　(d)

图 5.38　高速高负载并联机器人 TH-UR2 带载荷测试

(a) 5 kg 负载;(b) 10 kg 负载;(c) 25 kg 负载;(d) 50 kg 负载

　　机器人以最大速度执行如表 5.19 所示的标准行程并用仪表计计数,测取一定时间内完成规定动作的次数。每种负载条件下重复测试 3 次,然后将测试数据换算成往复运动周期和每分钟执行次数,最终计算结果取平均值可得 TH-UR2 高速并联机器人的节拍参数如表 5.20 和表 5.21 所示。

表 5.20　高速高负载并联机器人 TH-UR2 执行 50 mm/300 mm/100 mm 轨迹的节拍参数

标准行程/mm	负载/kg	往复运动周期/s	节拍/(次/min)
50/300/100	5	0.90	66
	10	1.10	54
	25	1.26	47
	50	1.76	34

表 5.21　高速高负载并联机器人 TH-UR2 执行 200 mm/500 mm/300 mm 轨迹的节拍参数

标准行程/mm	负载/kg	往复运动周期/s	节拍/(次/min)
200/500/300	5	1.35	44
	10	1.67	35
	25	2.10	28
	50	2.90	20

　　表 5.20 所示的检测结果表明,当标准行程参数为 50 mm/300 mm/100 mm 时,TH-UR2 高速并联机器人在 5 kg 负载下执行标准行程的往复运动周期为 0.90 s、节拍约为 66 次/min,在 10 kg 负载下执行标准行程的往复运动周期为 1.10 s、节拍约为 54 次/min,在 25 kg 负载下执行标准行程的往复运动周期为 1.26 s、节拍约为 47 次/min,在 50 kg 负载下执行标准行程的往复运动周期为 1.76 s、节拍约为 34 次/min。

　　表 5.21 所示的检测结果表明,当标准行程参数为 200 mm/500 mm/300 mm 时,TH-UR2 高速并联机器人在 5 kg 负载下执行标准行程的往复运动周期为 1.35 s、节拍约为 44 次/min,在 10 kg 负载下执行标准行程的往复运动周期为 1.67 s、节拍约为 35 次/min,在 25 kg 负载下执行标准行程的往复运动周期为 2.10 s、节拍约为 28 次/min,在 50 kg 负载下执行标准行程的往复运动周期为 2.90 s、节拍约为 20 次/min。

　　加速度检测结果显示,TH-UR2 高速并联机器人进行两点直线运动(运动距离为 1000 mm)可实现最大瞬时加速度 8.8 m/s²。上述性能参数全部经机械工业机器人产品质量监督检测中心检测,并出具检测报告。本研究的高速高负载并联机器人 TH-UR2 与国外品牌机器人关键性能参数对比如表 5.22 所示,从表中可以看出,本研究机器人的额定负载和同样负载下的节拍时间均优于国外同类型机器人产品水平。

表 5.22　TH-UR2 并联机器人与国外同类型机器人产品的性能参数对比

品　　牌		本研究	CODIAN
型　　号		TH-UR2	D2-1000
额定负载/kg		50	30
50 mm/300 mm/100 mm 行程节拍时间/s	5 kg 负载	0.90	1.20
	10 kg 负载	1.10	1.71
	25 kg 负载	1.26	2.00
	50 kg 负载	1.76	—
200 mm/500 mm/300 mm 行程节拍时间/s	5 kg 负载	1.36	1.71
	10 kg 负载	1.67	2.40
	25 kg 负载	2.10	2.73
	50 kg 负载	2.90	—

5.4.5　推广应用

　　基于所研发的高速高负载并联机器人 TH-UR2,本书作者所在课题组在与济南翼菲自动化科技有限公司的合作下开发出了高速高负载机器人作业系统。该作业系统已推广应用于联合利华新沙司车间(见图 5.39),现场应用情况表明,所研发的高速高负载并联机器人 TH-UR2 运行稳定且满足生产需求。

图 5.39　高速高负载并联机器人 TH-UR2 推广应用
(a) 正视图；(b) 侧视图

5.5　本 章 小 结

　　本章根据前文提出的高速并联机器人原理构型及性能评价方法开展了三类高速并联机器人的优化设计、构型优选和样机开发。密切结合三类高速并联机器人的性能需求,有针对性地开展了性能实验并实现了机器人的推广应用。总结相关研究内容,本章得出如下结论。

　　(1) 基于前文提出的双动平台型高速并联机器人的运动和力传递特性评价方法,本章建立了双动平台型高速并联机器人 TH-SR4 和 TH-HR4 的优化设计问题,并采用图谱化的最优设计域求解方法获得了机器人优化后的几何参数,为 TH-SR4 和 TH-HR4 并联机器人的样机搭建提供了理论基础。

　　(2) 基于前文提出的闭环支链型高速并联机器人的运动和力交互特性评价方法,本章定义了闭环支链型高速高负载并联机器人 TH-UR2 的构型优选指标,通过对比分析获得了性能更优的机器人构型,为 TH-UR2 并联机器人样机搭建提供了理论基础。

(3) TH-SR4 并联机器人样机可实现最大匀速 8.15 m/s、最大瞬时加速度 189 m/s^2。节拍测试表明,机器人在 0.1 kg 负载下执行标准行程的往复运动周期为 0.22 s、节拍约为 272 次/min;机器人在 1 kg 负载下执行标准行程的往复运动周期为 0.28 s、节拍约为 214 次/min。上述性能检测结果表明,TH-SR4 机器人具备高速高加速品质。

(4) TH-HR4 并联机器人样机的位置重复性为 0.0188 mm(±0.0094 mm),位置准确度为 0.0844 mm(±0.0422 mm)。节拍测试表明,机器人在 0.1~1 kg 负载下执行标准轨迹周期最快可达 0.25 s,即节拍约为 240 次/min。上述性能检测结果表明,TH-HR4 机器人具备高速高精度品质。

(5) TH-UR2 并联机器人样机的额定负载为 50 kg。节拍测试表明,机器人在 50 kg 负载下执行标准行程 50 mm/300 mm/100 mm 的往复运动周期为 1.76 s、节拍约为 34 次/min;机器人在 50 kg 负载下执行标准行程 200 mm/500 mm/300 mm 的往复运动周期为 2.90 s、节拍约为 20 次/min。上述性能检测结果表明,TH-UR2 机器人具备高速高负载品质。

高速并联机器人的推广应用表明:所研发的 TH-SR4 并联机器人、TH-HR4 并联机器人和 TH-UR2 并联机器人均能满足生产需求。本章的研究结果为高速并联机器人的进一步推广应用奠定了基础。

第 6 章 总结与展望

6.1 本书主要研究内容总结

电子、食品、医药、日化和新能源等行业是国民生活和经济中的重要产业，对满足大批量、高速无污染生产作业要求的新技术、新装备需求迫切。高速并联机器人因其通用性和适用性，有望成为上述生产中保障质量、提高效率和降低成本的核心装备，具有重要的学术研究和工程应用价值。本书以高速并联机器人为研究对象，根据典型应用需求系统性地开展高速并联机器人的构型设计、双动平台型高速并联机器人的运动和力传递特性、闭环支链型高速并联机器人的运动和力交互特性、高速并联机器人尺度优化设计和构型优选等方面的理论研究工作，研发了三类高速并联机器人样机并进行了推广应用，得出如下主要结论。

（1）通过经典的高性能高速并联机器人特征分析，闭环支链方案具有约束特性强和承载能力高的特点，双动平台方案具有摆角能力高和动态特性好等优势，闭环支链和双动平台设计方案已然成为高速并联机器人的优势特征。为此本书有针对性地提出平台间耦合策略和支链间耦合策略，建立了线几何图谱化高速并联机器人构型综合方法，并在方法的指导下创新设计出若干双动平台型高速并联机器人和闭环支链型高速并联机器人原理新构型。

（2）通过调研和分析，在轻质、大批量操作需求日益旺盛的轻工领域，高速高加速并联机器人仍有长期的应用发展空间，在高精度和大载荷拾取和放置操作领域，高速并联机器人存在着巨大的应用需求空间和关键技术创新空间。本书结合工程应用领域的典型需求，从所设计的高速并联机器人构型中发掘出具有高速高加速潜质的 TH-SR4 并联机器人原理构型、具有高速高精度潜质的 TH-HR4 并联机器人原理构型，以及具有高速高负载潜质的 TH-UR2 并联机器人原理构型。

（3）本书回顾旋量理论和已有的运动和力传递特性评价指标，在此基础上研究双动平台型高速并联机器人的工作机理,提出等效传递力概念;建立了副平台的自由度特性约束方程,消除了副平台在机器人运动和力传递过程中的影响,获得机器人等效运动和力传递模型;基于等效运动和力传递模型辨识出等效传递力旋量,进而定义了修正的输出传递指标,将运动和力传递特性评价指标推广至双动平台型高速并联机器人领域。

(4)本书考虑到双动平台型高速并联机器人的动平台间存在相对运动,该相对运动生成末端执行器的转动自由度,提出中间传递力旋量和中间运动旋量概念,据此定义了中间传递指标来评价机器人动平台内部的运动和力传递特性;进而基于输入传递指标、修正的输出传递指标和中间传递指标建立起双动平台型高速并联机器人运动和力传递特性指标体系,实现了此类机器人的性能分析并为机器人的尺度优化提供了理论基础。

(5)本书建立了主动臂的"锁定-驱动"策略,探索考察闭环支链型并联机器人在近架端和远架端的运动和力学行为,根据支链内力旋量功能属性提出近端力旋量和远端力旋量概念,进一步延伸出近端实际运动旋量和远端虚拟运动旋量概念,并给出相关力旋量和运动旋量的辨识方法。考虑近端力旋量和近端实际运动旋量、远端力旋量和远端虚拟运动旋量的交互关系,分别定义了近端交互指标和远端交互指标。进而建立起并联机器人的运动和力交互特性指标体系和评价方法,实现了此类机器人的性能分析并为更复杂的闭环支链型并联机器人的性能分析奠定了理论基础。

(6)本书针对冗余驱动和过约束的闭环支链型并联机器人,定义了近端交互指标和最小化远端交互指标。将近端交互指标和最小化远端交互指标的较小值定义为机器人的局域交互指标,用以评价机器人整机的运动和力交互特性。经过典型闭环支链型高速并联机器人的性能分析,所提出的运动和力交互指标可反映支链内关键结构参数对机器人性能的影响。结合上述第(5)部分工作,本书建立起闭环支链型高速并联机器人的运动和力交互特性指标体系和评价方法,为此类机器人的性能分析和构型优选提供了理论依据。

(7)基于上述理论工作,本书实现了双动平台型高速并联机器人的尺度优化设计和闭环支链型高速并联机器人的构型优选。依据尺度优化和构型优选结果研发了三类高速并联机器人样机:TH-SR4 并联机器人、TH-HR4 并联机器人和 TH-UR2 并联机器人。性能测试表明:所研发的TH-SR4 并联机器人、TH-HR4 并联机器人和 TH-UR2 并联机器人可分别实现高速高加速、高速高精度和高速高负载的应用目标。实际应用表明,三类机器人均运行可靠且满足企业生产需求,上述研究成果为机器人的进一步推广应用奠定了坚实基础。

6.2　本书主要创新点

(1)本书提出了平台间耦合和支链间耦合策略,建立了一种基于耦合策略的线几何图谱化高速并联机器人构型综合方法,发明了多款具有优势特征的高速并联机器人原理新构型,为高性能高速并联机器人的研发奠定了构型基础。

(2)本书揭示了双动平台型高速并联机器人的运动发生机理,提出等效传递力概念并定义了修正的输出传递指标和中间传递指标,建立了以输入、输出和中间传递指标为核心的运动和力传递特性评价指标体系,实现了双动平台型高速并联机器人的性能分析和尺度优化。

(3)本书揭示了闭环支链型并联机器人支链内力对机器人近端运动传递和远端力承载能力的影响机理,建立了运动和力交互作用特性评价方法和指标体系,解决了闭环支链型高速并联机器人支链内关键结构参数设计和机器人构型优选难题。

6.3　研　究　展　望

本书以高速并联机器人为研究对象,系统性地开展了构型设计和性能评价方法研究,实现了高性能的高速并联机器人设计和研发,并取得了一定的应用效果。基于本书的研究,我们可进一步分析和探讨以下问题。

(1)本书基于平台间耦合策略和支链间耦合策略,提出线几何图谱化高速并联机器人构型综合方法,应用于高速并联机器人构型综合。采用该方法进行其他类型的并联机器人构型综合研究有待进一步开展。

(2)本书探讨的运动和力作用特性属于机器人运动学和静力学层面,可以看作并联机器人动力学特性分析的基础。从并联机器人的运动和力作用特性出发,探讨机器人动力学性能的影响规律有待进一步研究。

(3)已有实验研究表明,并联机器人的运动和力作用特性与并联机器人精度之间存在关联。从理论分析层面探讨运动和力作用特性在并联机器人误差传递过程中的影响规律,对并联机器人的精度设计与提升具有重要意义,该内容有待深入研究。

参 考 文 献

[1] Yang S F,Sun T,Huang T. Type synthesis of parallel mechanisms having 3T1R motion with variable rotational axis[J]. Mechanism and Machine Theory,2017,109：220-230.

[2] Briot S,Bonev I A. Accuracy analysis of 3T1R fully-parallel robots[J]. Mechanism and Machine Theory,2010,45(5)：695-706.

[3] Alessandro C,Rosario S. Elastodynamic optimization of a 3T1R parallel manipulator [J]. Mechanism and Machine Theory,2014,73：184-196.

[4] Amine S,Mokhiamar O,Caro S. Classification of 3T1R parallel manipulators based on their wrench graph[J]. Journal of Mechanisms and Robotics,2017,9(1)：011003.

[5] 刘辛军,谢福贵,汪劲松. 当前中国机构学面临的机遇[J]. 机械工程学报,2015(13)：2-12.

[6] 李海虹. 一种含柔性杆件的高速并联机器人优化设计方法研究[D]. 天津：天津大学,2009.

[7] 白普俊. 高速并联抓放机器人的精度设计与运动学标定方法研究[D]. 天津：天津大学,2017.

[8] SCARA robots in the electronics industry[EB/OL]. https://www. robots. com/ articles/s cara-robots-in-the-electronics-industry.

[9] Orbit type SCARA robots YK-TW[EB/OL]. https://global. yamaha-motor. com/ busines s/rob ot /lineup/ykxg/orbit/.

[10] Clavel R. Device for displacing and positioning an element in space,WO8703528A1, 1987.

[11] Clavel R. Device for the movement and positionning of an element in space,U. S. Patent,No. 4,976,582,1990.

[12] Clavel R. Conception d'un robot parallèle rapide à 4 · degrés de liberté[D]. Lausanne,Switzerland：EPFL,1991.

[13] I. Bonev. Delta parallel robot—the story of success,Newsletter,http://www. parallemic. org/ Reviews/Review002. html.

[14] IRB 360 FlexPicker. https://new. abb. com/products/robotics/industrial-robots/ irb-360.

[15] Hornet Parallel Robot. https://automation. omron. com/en/us/products/family/

Hornet.

[16] 李玉航. 一种 SCARA 型高速并联机器人集成设计与振动控制方法研究[D]. 天津：天津大学,2018.

[17] Pierrot F,Company O. H4：A new family of 4-DOF parallel robots[C]. Atlanta, GA,USA：Proceedings of the 1999 IEEE/ASME International Conference on Advanced Intelligent Mechatronics (ICAIM 1999),1999：508-513.

[18] Krut S,Benoit M, Ota H, et al. I4：A new parallel mechanism for SCARA motions[C]. Proceedings of the IEEE International Conference on Robotics and Automation (ICRA 2003),Taipei,Taiwan,China,Sept. 14-19,2003：1875-1880.

[19] Krut S,Nabat V, Company O, et al. A high-speed parallel robot for SCARA motions[C]. Proceedings of the IEEE International Conference on Robotics and Automation (ICRA 2004), New Orleans, LA, USA, Apr. 26-May. 1, 2004：4109-4115.

[20] Nabat V,de la O Rodriguez M,Company O,er al. Par4：very high speed parallel robot for pick-and-place[C]. Edmonton,Alberta,Canda：Proceedings of the 2005 IEEE/RSJ International Conference on Intelligent Robots and Systems (IROS 2005),2005：553-558.

[21] Pierrot F,Nabat V,Company O,et al. Optimal design of a 4-dof parallel manipulator：from academia to industry[C]. IEEE Transactions on Robotics,2009,25(2)：213-224.

[22] Krut S,Company O,Nabat V,et al. Heli4：a parallel robot for scara motions with a very compact traveling plate and a symmetrical design[C]. Beijing,China：Proceedings of the 2006 IEEE/RSJ International Conference on Intelligent Robots and Systems (IROS 2006),2006：1656-1661.

[23] Corbel D,Gouttefarde M, Company O, et al. Actuation redundancy as a way to improve the acceleration capabilities of 3T and 3T1R pick-and-place parallel manipulators[J]. Journal of Mechanisms and Robotics,2010,2(4)：041002.

[24] Quattro Parallel Robot. https://automation. omron. com/en/us/products/family/Quattro.

[25] Veloce. https://pentarobotics. com/products/.

[26] 黄田,赵学满,王攀峰,等.杆轮组合式三平一转并联机构[P]：201110107857. X. 2012-05-23.

[27] 黄田,赵学满,王攀峰,等.平行错动式三平一转并联机构[P]：201110107380. 5. 2012-05-16.

[28] Huang T,Bai P J,Mei J P,et al. Tolerance design and kinematic calibration of a four-degrees-of-freedom pick-and-place parallel robot[J]. Journal of Mechanisms and Robotics,2016,8(6)：061018.

[29] Li Y H,Huang T,Chetwynd D G. An approach for smooth trajectory planning of high-speed pick-and-place parallel robots using quintic B-splines[J]. Mechanism

and Machine Theory,2018,126: 479-490.

[30] Kong X W,Gosselin C M. Type synthesis of parallel mechanisms[J]. Springer tracts in advanced robotics,Springer,2007.

[31] 高峰,郭为忠,孟祥敦.并联机器人构型综合研究进展与思考[M]//李瑞琴,郭为忠. 现代机构学理论与应用研究进展. 北京：高等教育出版社,2014：99-115.

[32] 谢福贵.高灵活度五轴联动混联铣床的机构设计方法及应用[D]. 北京：清华大学,2012.

[33] 许华旸. 一类 2R1T 并联机构构型综合与优化设计研究[D]. 北京：清华大学,2017.

[34] Liu X J,Wang J S. Parallel Kinematics: Type,Kinematics,and Optimal Design [J]. Tracts in Mechanical Engineering,Springer,2014.

[35] Gough V E. Contribution to Discussion of Papers on Research in Automobile Stability,Control and Tyre Performance,1956-1957[J]. Proc. Proceedings of the Institute of Mechanical Engineering,Part D (J. Automob. Eng.),pp. 392-394.

[36] Stewart D. A Platform with Six Degree of Freedom [J]. Proceedings of the Institute of Mechanical Engineering,180(1): 371-386,1965.

[37] Merlet J P. Optimal design for the micro robot MIPS[J]. IEEE ICRA,2002,2: 1149-1154.

[38] Hunt K H. Structural Kinematics of In-Parallel-Actuated Robot-Arms[J]. Journal of Mechanisms Transmissions and Automation in Design1983,105(4): 705.

[39] Neumann K E. Robot: US4732525A[P]. 1988-03-22.

[40] Neumann K E. Parallel-Kinematical Machine: WO 2006 054935A1 [P]. 2006-05-26.

[41] 黄鹏. 一类三自由度空间并联机器精度保证研究[D]. 北京：清华大学,2011.

[42] 刘海涛.少自由度机器人机构一体化建模理论、方法及工程应用[D]. 天津：天津大学,2010.

[43] 于广. 一类五轴混联机床静刚度及铣削稳定性研究[D]. 北京：清华大学,2017.

[44] 王冬. 空间并联主轴头的运动特性及控制技术研究[D]. 北京：清华大学,2018.

[45] Brinker J,Corves B. A survey on parallel robots with delta-like architecture[C]. Taipei,Taiwan,China: Proceedings of the 14th IFToMM World Congress,2015: 407-414.

[46] Merlet J P. Parallel Robots[M]. London: Kluwer Academic Publishers,2000.

[47] Tsai L W. The enumeration of a class of three-DOF parallel manipulators[C]. Oulu,Finland: Proceedings of the 10th world congress on the theory of machine and mechanisms,1999: 1121-1126.

[48] Merlet J P. Still a long way to go on the road for parallel mechanisms[C]// ASME 27th Biennial Mechanisms and Robotics Conf. 2002.

[49] Hervé J M. The Lie group of rigid body displacements,a fundamental tool for

mechanism design[J]. Mechanism and Machine Theory,1999,34(5)：719-730.

[50] Fang Y F,Tsai L W. Structure synthesis of a class of 3-DOF rotational parallel manipulators[J]. IEEE Transactions on Robotics and Automation,2004,20(1)：117-121.

[51] Lu Y,Leinonen T. Type synthesis of unified planar-spatial mechanisms by systematic linkage and topology matrix-graph technique [J]. Mechanism and Machine Theory,2005,40(10)：1145-1163.

[52] Huang Z,Li Q C. General methodology for type synthesis of symmetrical lower-mobility parallel manipulators and several novel manipulators[J]. International Journal of Robotics Research,2002,21(2)：131-146.

[53] 黄真,李秦川. 少自由度并联机器人机构的型综合原理[J]. 中国科学：技术科学,2003(9)：813-819.

[54] 李秦川. 对称少自由度并联机器人型综合理论及新机型综合[D]. 秦皇岛：燕山大学,2003.

[55] Li Q C,Hervé J M. Type synthesis of 3-DOF RPR-equivalent parallel mechanisms[J]. IEEE Transactions on Robotics,2014,30(6)：1333-1343.

[56] Li Q C,Hervé J M,Ye W. Lie group based method for type synthesis of parallel mechanisms [M]//Geometric Method for Type Synthesis of Parallel Manipulators. Singapore：Springer,2020：55-71.

[57] Ye W,Li Q C,Chai X X. New family of 3-DOF UP-equivalent parallel mechanisms with high rotational capability[J]. Chinese Journal of Mechanical Engineering,2018,31(1)：66-77.

[58] Xu L M,Li Q C,Zhang N B,et al. Mobility,kinematic analysis,and dimensional optimization of new three-degrees-of-freedom parallel manipulator with actuation redundancy[J]. Journal of Mechanisms and Robotics. 2017,9(4)：041008.

[59] Xu L M,Chai X X,Li Q C,et al. Design and experimental investigation of a new 2R1T overconstrained parallel kinematic machine with actuation redundancy[J]. Journal of Mechanisms and Robotics,2019,11(3)：031016.

[60] Xu L M,Chen G L,Ye W,et al. Design,analysis and optimization of Hex4,a new 2R1T overconstrained parallel manipulator with actuation redundancy [J]. Robotica,2019,37(2)：358-77.

[61] Gao F,Yang J L,Ge Q J. Type synthesis of parallel mechanisms having the second class GF Sets and two dimensional rotations[J]. Journal of Mechanisms and Robotics,2011,3(1)：011003.

[62] Yang J L,Gao F,Ge Q J,et al. Type synthesis of parallel mechanisms having the first class GF sets and one-dimensional rotation[J]. Robotica,2011,29(6)：895-902.

[63] 高峰,杨加伦,葛巧德. 并联机器人型综合的 GF 集理论[M]. 北京：科学出版

社,2011.

[64] Ding H F,Huang P,Liu J F,et al. Automatic structural synthesis of the whole family of planar 3-degrees of freedom closed loop mechanisms[J]. Journal of Mechanisms and Robotics,2013,5(4): 041006.

[65] Ding H,Zhao J,Huang Z. Unified structural synthesis of planar simple and multiple joint kinematic chains[J]. Mechanism and Machine Theory,2010,45(4): 555-568.

[66] Yang W J,Ding H F,Kecskeméthy A. Automatic synthesis of plane kinematic chains with prismatic pairs and up to 14 links[J]. Mechanism and Machine Theory,2019,132: 236-247.

[67] Yu J J,Dong X,Pei X,et al. Mobility and singularity analysis of a class of two degrees of freedom rotational parallel mechanisms using a visual graphic approach [J]. Journal of Mechanisms and Robotics,2012,4(4): 041006.

[68] Yu J J,Li S Z,Pei X,et al. A unified approach to type synthesis of both rigid and flexure parallel mechanisms[J]. Science China Technological Sciences, 2011, 54(5),1206-1219.

[69] 于靖军,裴旭,宗光华. 机械装置的图谱化创新设计[M]. 北京：科学出版社,2014.

[70] Qu H B,Zhang C L,Guo S. Structural synthesis of a class of kinematically redundant parallel manipulators based on modified G-K criterion and RDOF criterion[J]. Mechanism and Machine Theory,2018,130: 47-70.

[71] Sun T,Yang S F,Huang T,et al. A way of relating instantaneous and finite screws based on the screw triangle product[J]. Mechanism and Machine Theory, 2017,108: 75-82.

[72] Yang T L,Liu A X,Jin Q,et al. Position and orientation characteristic equation for topological design of robot mechanisms[J]. Journal of Mechanical Design, 2009,131(2): 021001.

[73] Salisbury J K,Craig J J. Articulated hands: Force control and kinematic issues [J]. The International Journal of Robotics Research,1982,1(1): 4-17.

[74] Angeles J,López-Cajún C S. Kinematic isotropy and the conditioning index of serial robotic manipulators[J]. The International Journal of Robotics Research, 1992,11(6): 560-571.

[75] Gosselin C M,Angeles J. A global performance index for the kinematic optimization of robotic manipulators[J]. Journal of Mechanical Design,1991,113(3): 220-226.

[76] Angeles J. The design of isotropic manipulator architectures in the presence of redundancies[J]. The International Journal of Robotics Research,1992,11(3): 196-201.

[77] Merlet J. Jacobian, manipulability, condition number and accuracy of parallelrobots

[J]. Journal of Mechanical Design,2006,128(1): 199-206.

[78] Gosselin C M. The optimum design of robotic manipulators using dexterity indices [J]. Robotics and Autonomous Systems,1992,9(4): 213-226.

[79] Bowling A,Khatib O. The dynamic capability equations: a new tool for analyzing robotic manipulator performance [J]. IEEE Transactions on Robotics, 2005, 21(1): 115-123.

[80] Shayya S,Krut S,Company O,et al. On the performance evaluation and analysis of general robots with mixed dofs[C]. Chicago,IL,USA: Proceedings of the 2014 IEEE/RSJ International Conference on Intelligent Robots and Systems (IROS 2014),2014: 490-497.

[81] Tanddirci M,Angeles J,Ranjbaran F. The characteristic point and the characteristic length of robotics manipulators[J]. Proc. ASME 22nd Biennial Conf. Robot., Spatial Mech. Mech. Syst. 1992.

[82] Ranjbaran F,Angeles J,González-Palacios M A,et al. The mechanical design of a seven-axes manipulator with kinematic isotropy[J]. Journal of Intelligent and Robotic Systems,1995,14(1): 21-41.

[83] Angeles J. Is there a characteristic length of a rigid-body displacement? [J]. Mechanism and Machine Theory,2006,41(8): 884-896.

[84] Mansouri I,Ouali M. The power manipulability-a new homogeneous performance index of robot manipulators[J]. Robotics and Computer Integrated Manufacturing, 2011,27(2): 434-449.

[85] Rosyid A,El-Khasawneh B,Alazzam A. Performance measures of parallel kinematics manipulators[J]. Mechanical Sciences,2020,11(1): 49-73.

[86] Gosselin C M. The optimum design of robotic manipulators using dexterity indices [J]. Robotics and Autonomous Systems,1992,9(4): 213-226.

[87] Kim S G,Ryu J. New dimensionally homogeneous Jacobian matrix formulation by three end-effector points for optimal design of parallel manipulators[J]. IEEE Transactions on Robotics and Automation,2003,19(4): 731-736.

[88] Pond G,Carretero J A. Formulating jacobian matrices for the dexterity analysis of parallel manipulators [J]. Mechanism and Machine Theory, 2006, 41 (12): 1505-1519.

[89] Pond G,Carretero J A. Quantitative dexterous workspace comparison of parallel manipulators[J]. Mechanism and Machine Theory,2007,42(10): 1388-1400.

[90] Cardou P,Bouchard S,Gosselin C. Kinematic-sensitivity indices for dimensionally nonhomogeneous jacobian matrices[J]. IEEE Transactions on Robotics,2010, 26(1): 166-173.

[91] Xie F G,Liu X J,Li J. Performance Indices for Parallel Robots Considering Motion/Force Transmissibility [C]. Guangzhou,China,: Proceedings of the

International Conference on Intelligent Robotics and Applications (ICIRA 2014), 2014: 35-43.

[92]   Angeles J. Fundamentals of robotic mechanical systems[M]. Switzerland: Springer, 2002.

[93]   Alt H. Der Übertragungswinkel Und Seine Bedeutung Für Das Konstruieren Periodischer Getriebe[J]. Werkstattstechnik,1932,26(4): 61-64.

[94]   Tao B C. Applied linkage synthesis[M]. Addison-Wesley,1964.

[95]   Yuan M S C,Freudenstein F,Woo L S. Kinematic analysis of spatial mechanisms by means of screw coordinates. part 2—analysis of spatial mechanisms [J]. Journal of Engineering for Industry,1971,93(1): 67.

[96]   Sutherland G,Roth B. A transmission index for spatial mechanisms[J]. Journal of Engineering for Industry,1973,95(2): 589.

[97]   Tsai M J,Lee H W. The transmissivity and manipulability of spatial mechanisms [J]. Journal of Mechanical Design,1994,116(1): 137.

[98]   Chen C,Angeles J. Generalized transmission index and transmission quality for spatial linkages[J]. Mechanism and Machine Theory,2007,42(9): 1225-1237.

[99]   Takeda Y,Funabashi H. Motion transmissibility of in-parallel actuated manipulators [J]. JSME International Journal. Ser. C,Dynamics,Control,Robotics,Design and Manufacturing,1995,38(4): 749-755.

[100]   Takeda Y,Funabashi H,Ichimaru H. Development of spatial in-parallel actuated manipulators with six degrees of freedom with high motion transmissibility[J]. JSME International Journal Series C Mechanical Systems,Machine Elements and Manufacturing,1997,40(2): 299-308.

[101]   Liu X J,Wu C,Wang J S. A new index for the performance evaluation of parallel manipulators: a study on planar parallel manipulators[C]. Chongqing,China: Proceedings of the 2008 7th World Congress on Intelligent Control and Automation (WCICA 2008),2008: 353-357.

[102]   Wang J S,Liu X J,Wu C. Optimal design of a new spatial 3-dof parallel robot with respect to a frame-free index[J]. Science in China Series E: Technological Sciences,2009,52(4): 986-999.

[103]   Wu C,Liu X J,Wang L P,et al. Optimal design of spherical 5r parallel manipulators considering the motion/force transmissibility[J]. Journal of Mechanical Design, 2010,132(3): 031002.

[104]   Wang J S, Wu C, Liu X J. Performance evaluation of parallel manipulators: motion/force transmissibility and its index[J]. Mechanism and Machine Theory, 2010,45(10): 1462-1476.

[105]   Li Q C,Zhang,N B,Wang F B,New indices for optimal design of redundantly actuated parallel manipulators[J]. Journal of Mechanisms and Robotics,2016,

9(1)：011007.

[106] Han C,Kim J,Kim J,et al. Kinematic sensitivity analysis of the 3-UPU parallel mechanism[J]. Mechanism and Machine Theory,2002,37(8)：787-798.

[107] Zlatanov D,Bonev I A,Gosselin C M. Constraint singularities of parallel mechanisms [C]. Washington, D. C. , USA：Proceedings of the 2002 IEEE International Conference on Robotics and Automation (ICRA 2002),2002：496-502.

[108] Liu X J,Wu C,Wang J S. A new approach for singularity analysis and closeness measurement to singularities of parallel manipulators[J]. Journal of Mechanisms and Robotics,2012,4(4)：041001.

[109] Liu X J,Chen X,Nahon M. Motion/force constrainability analysis of lower-mobility parallel manipulators[J]. Journal of Mechanisms and Robotics. 2014,6(3)：031006.

[110] 刘辛军,谢福贵,汪劲松. 并联机器人机构学基础[M]. 北京：高等教育出版社,2018.

[111] Xie F G, Liu X J, Wang J S. Performance evaluation of redundant parallel manipulators assimilating motion/force transmissibility[J]. International Journal of Advanced Robotic Systems. 2011,8(5)：113-124.

[112] 陈祥,谢福贵,刘辛军. 并联机构中运动/力传递功率最大值的评价[J]. 机械工程学报,2014,50(3)：1-9.

[113] Huang T,Wang M X,Yang S F,et al. Force/motion transmissibility analysis of six degree of freedom parallel mechanisms[J]. Journal of Mechanisms and Robotics,2014,6(3)：031010.

[114] Chen X,Liu X J,Xie F G. Screw theory based singularity analysis of lower-mobility parallel robots considering the motion/force transmissibility and constrainability[J]. Mathematical Problems in Engineering,2015,2015：487956.

[115] Liu H T,Wang M X,Huang T,et al. A dual space approach for force/motion transmissibility analysis of lower mobility parallel manipulators[J]. Journal of Mechanisms and Robotics,2015,7(3)：034504.

[116] Gan D M,Dai J S, Dias J, et al. Variable motion/force transmissibility of a metamorphic parallel mechanism with reconfigurable 3T and 3R motion[J]. Journal of Mechanisms and Robotics,2016,8(5)：051001.

[117] Isaksson M,Marlow K,Maciejewski A,et al. Novel fault-tolerance indices for redundantly actuated parallel robots[J]. Journal of Mechanical Design,2017,139(4)：042301.

[118] Menon C,Vertechy R,Markt M, et al. Geometrical optimization of parallel mechanisms based on natural frequency evaluation：application to a spherical mechanism for future space applications[J]. IEEE Transactions on Robotics,2009,25(1)：12-24.

[119] Liu X J,Wang J S. A new methodology for optimal kinematic design of parallel mechanisms[J]. Mechanism and Machine Theory,2007,42(9): 1210-1224.

[120] 李士勇. 智能优化算法原理与应用[M]. 哈尔滨：哈尔滨工业大学出版社,2012.

[121] Song Y M,Lian B B, Sun T, et al. A novel five-degree-of-freedom parallel manipulator and its kinematic optimization[J]. Journal of Mechanisms and Robotics,2014,6: 041008.

[122] Wang R Z,Zhang X M. Optimal design of a planar parallel 3-DOF nanopositioner with multi-objective[J]. Mechanism and Machine Theory,2017,112: 61-83.

[123] Angeles J. Design challenges in the development of fast pick-and-place robots [J]. Romansy 19-Robot Design,Dynamics and Control. Springer,Vienna,2013: 61-68.

[124] Rolland L H. The Manta and the Kanuk: novel 4-dof parallel mechanism for industrial handling[C]. Nashville, Tennessee, USA: Proceedings of the 1999 International Mechanical Engineering Congress and Exposition (IMECE 1999), 1999: 831-844.

[125] Arakelian V,Guegan S,Briot S. Static and dynamic analysis of the PAMINSA [C]. Long Beach, CA: Proceedings of the ASME 2005 International Design Engineering Technical Conferences and Computers and Information in Engineering Conference (IDETC/CIE 2005),2005: 803-809.

[126] Briot S,Arakelian V,Guégan S. Design and prototyping of a partially decoupled 4-DOF 3T1R parallel manipulator with high-load carrying capacity[J]. Journal of Mechanical Design,2008,130: 122303.

[127] Angeles J,Caro S,Khan W,et al. Kinetostatic design of an innovative Schönflies-motion generator[J]. Proceedings of the Institution of Mechanical Engineers Part C Journal of Mechanical Engineering Science,2006,220(7): 935-943.

[128] Alizadeh D,Angeles J,Nokleby S. On the computation of the home posture of the McGill Schönflies-motion generator [J]. Computational Kinematics. Springer,Berlin,Heidelberg,2009: 149-158.

[129] Gauthier J F,Angeles J,Nokleby S B,et al. The kinetostatic conditioning of two-limb Schönflies motion generators[J]. Journal of Mechanisms and Robotics, 2009,1(1): 011010.

[130] Ancuta A,Company O,Pierrot F. Modeling and optimization of Quadriglide,a Schönflies motion generator module for 5-axis milling machine-tools[C]. Kobe, Japan: Proceedings of the 2009 IEEE International Conference on Robotics and Automation (ICRA 2009),2009: 2174-2179.

[131] Ancuta A,Company O,Pierrot F. Design of Lambda-Quadriglide: a new 4-DOF parallel kinematics mechanism for Schönflies motion[C]. Montreal, Quebec, Canada: Proceedings of the ASME 2010 International Design Engineering Technical

Conferences and Computers and Information in Engineering Conference (IDETC/CIE 2010),2010:1131-1140.

[132] Gogu G. Structural synthesis of fully-isotropic parallel robots with Schnflies motions via theory of linear transformations and evolutionary morphology[J]. European Journal of Mechanics-A/Solids,2007,26(2):242-269.

[133] Rat N,Neagoe M,Gogu G. Theoretical and Experimental Research on the Dynamics of a 4DOF Isoglide 4-T3R1 Parallel Robot[C]. Brasov,Romania: Proceedings of the 10th IFToMM International Symposium on Science of Mechanisms and Machines (SYROM 2009),2010:387-396.

[134] Richard P L,Gosselin C M,Kong X W. Kinematic analysis and prototyping of a partially decoupled 4-DOF 3T1R parallel manipulator[J]. Journal of Mechanical Design,2007,129(6):611-616.

[135] Gosselin C M. Compact dynamic models for the tripteron and quadrupteron parallel manipulators[J]. Proceedings of the Institution of Mechanical Engineers Part I Journal of Systems and Control Engineering,2009,223(1):1-11.

[136] Briot S,Bonev I A. Pantopteron-4:A new 3T1R decoupled parallel manipulator for pick-and-place applications [J]. Mechanism and Machine Theory, 2010, 45(5):707-721.

[137] Amine S,Tale Masouleh M,Caro S,et al. Singularity conditions of 3T1R parallel manipulators with identical limb structures[J]. Journal of Mechanisms and Robotics,2012.4(1):011011.

[138] Nurahmi L,Caro S,Wenger P,et al. Reconfiguration analysis of a 4-RUU parallel manipulator[J]. Mechanism and Machine Theory,2018,96:269-289.

[139] Zhao J S,Fu Y Z,Zhou K,et al. Mobility properties of a Schoenflies-type parallel manipulator[J]. Robotics and Computer Integrated Manufacturing,2006,22(2): 124-133.

[140] Gabardi M,Solazzi M,Frisoli A. An optimization procedure based on kinematics analysis for the design parameters of a 4-UPU parallel manipulator [J]. Mechanism and Machine Theory,2019,133:211-228.

[141] Parenti-Castelli V. Di Gregorio R. Influence of manufacturing errors on the kinematic performance of the 3-UPU parallel mechanism [C]. Chemnitz, Germany:Proceedings of the 2nd Chemnitz Parallel Kinematics Seminar,2000: 85-99.

[142] Wolf A,Shoham M. Investigation of parallel manipulators using linear complex approximation[J]. Journal of Mechanical Design,2003,125(3):564-572.

[143] 刘辛军,汪劲松,高峰,等. 并联机器人机构新构型设计的探讨[J]. 中国机械工程,2001,12(12):1339-1342.

[144] Liu X J,Wang J S. Some new parallel mechanisms containing the planar four-bar

parallelogram[J]. The International Journal of Robotics Research, 2003, 22(9): 717-732.

[145] Liu X J, Tang X Q, Wang J S. A novel 2-DOF parallel mechanism based design of a new 5-axis hybrid machine tool[C]. Taipei, Taiwan, China: Proceedings of the 2003 IEEE International Conference on Robotics and Automation (ICRA 2003), 2003: 3990-3995.

[146] Wu J, Wang J S, Li T M, et al. Performance analysis and application of a redundantly actuated parallel manipulator for milling[J]. Journal of Intelligent and Robotic Systems, 2007, 50(2): 163-180.

[147] Jiang Y, Li T M, Wang L P, et al. Kinematic error modeling and identification of the over-constrained parallel kinematic machine[J]. Robotics and Computer-Integrated Manufacturing, 2018, 49: 105-119.

[148] 姜峣. 基于智能结构的并联机器设计及精度保证[D]. 北京: 清华大学, 2016.

[149] Salgado O, Altuzarra O, Petuya V, et al. Synthesis and design of a novel 3T1R fully-parallel manipulator[J]. Journal of Mechanical Design, 2008, 130(4): 042305.

[150] Altuzarra O, Hernandez A, Salgado O, et al. Multiobjective optimum design of a symmetric parallel Schönflies-motion generator [J]. Journal of Mechanical Design, 2009, 131(3): 031002.

[151] Kim S M, Kim W, Yi B J. Kinematic analysis and optimal design of a 3T1R type parallel mechanism[C]. Kobe, Japan: Proceedings of the 2009 IEEE International Conference on Robotics and Automation (ICRA 2009), 2009: 2199-2204.

[152] Meng J, Liu G F, Li Z X. A Geometric Theory for Analysis and Synthesis of Sub-6 DoF Parallel Manipulators[J]. IEEE Transactions on Robotics, 2007, 23(4): 625-649.

[153] Li Z X, Lou Y J, Zhang Y, et al. Type synthesis, kinematic analysis, and optimal design of a novel class of Schönflies-Motion parallel manipulators[J]. IEEE Transactions on Automation Science and Engineering, 2012, 10(3): 674-686.

[154] Wu G L, Bai S P, Hjørnet P. Parametric optimal design of a parallel Schönflies-motion robot under pick-and-place trajectory constraints[C]. Hamburg, Germany: Proceedings of the 2015 IEEE/RSJ International Conference on Intelligent Robots and Systems (IROS 2015), 2015: 3158-3163.

[155] Xie F G, Liu X J. Design and development of a high-speed and high-rotation robot with four identical arms and a single platform. Journal of Mechanisms and Robotics, 2015, 7(4): 041015.

[156] Xu L M, Chen Q H, He L Y, et al. Kinematic analysis and design of a novel 3T1R 2-(PRR)2RH hybrid manipulator. Mechanism and Machine Theory, 2017, 112: 105-122.

[157] Harada T, Angeles J. Kinematics and singularity analysis of a crrhhrrc parallel

schönflies motion generator. Transactions of the Canadian Society for Mechanical Engineering,2014,38(2): 173-183.

[158] Tu Y K,Chen Q H,Ye W,et al. Kinematics,singularity,and optimal design of a novel 3T1R parallel manipulator with full rotational capability. Journal of Mechanical Science and Technology,2018,32(6),2877-2887.

[159] 孔宪文,黄真. 具输入及输出树状链并联机构的运动分析. 东北重型机械学院学报,1993,17(4): 293-297.

[160] 黄真,孔宪文. 具有冗余自由度的空间并联多环机构的运动分析. 机械工程学报,1995,31(3): 44-50.

[161] Yi B J,Na H Y,Lee J H,et al. Design of a parallel-type gripper mechanism. International Journal of Robotics Research,2002,21(7): 661-678.

[162] Mohamed M G,Gosselin C M. Design and analysis of kinematically redundant parallel manipulators with configurable platforms[J]. IEEE Transactions on Robotics,2005,21(3): 277-287.

[163] Pierrot F,Company O,Krut S,et al. Four-Dof PKM with Articulated Travelling-Plate[C]. Chemnitz, Germany: Proceedings of the 2016 Parallel Kinematics Seminar (PKS 2006),2006: 25-26.

[164] Krut S,Pierrot F,Company O. On PKM with articulated travelling-plate and large tilting angles. Advances in robot kinematics. Springer,Dordrecht,2006: 445-454.

[165] Lambert P,Langen H,Schmidt R M. A novel 5 DOF fully parallel robot combining 3T1R motion and grasping[C]. Montreal,Quebec,Canada: Proceedings of the ASME 2010 International Design Engineering Technical Conferences and Computers and Information in Engineering Conference (IDETC/CIE 2010),2010: 1123-1130.

[166] Lambert P,Herder J L. Self dual topology of parallel mechanisms with configurable platforms[M]//Computational kinematics. Dordrecht: Springer,2014: 291-298.

[167] Lambert P,Herder J L. Parallel robots with configurable platforms: Fundamental aspects of a new class of robotic architectures[J]. Proceedings of the Institution of Mechanical Engineers,Part C: Journal of Mechanical Engineering Science, 2016,230(3): 463-472.

[168] Hoevenaars A G L,Gosselin C M,Lambert P,et al. A systematic approach for the Jacobian analysis of parallel manipulators with two end-effectors [J]. Mechanism and Machine Theory,2017,109: 171-194.

[169] Song Y M,Gao H,Sun T,et al. Kinematic analysis and optimal design of a novel 1T3R parallelmanipulator with an articulated travelling plate[J]. Robotics and Computer-Integrated Manufacturing,2014,30(5): 508-516.

[170] Gosselin C M,Isaksson M,Marlow K,et al. Workspace and sensitivity analysis of a novel nonredundant parallel SCARA robot featuring infinite tool rotation

　　　　[J]. IEEE Robotics and Automation Letters,2016,1(2): 776-783.

[171]　Isaksson M,Gosselin,C M,Marlow K. An introduction to utilising the redundancy of a kinematically redundant parallel manipulator to operate a gripper[J]. Mechanism and Machine Theory,2016,101: 50-59.

[172]　Isaksson M,Gosselin C M,Marlow K. Singularity analysis of a class of kinematically redundant parallel Schönflies motion generators[J]. Mechanism and Machine Theory,2017,112: 172-191.

[173]　Guo S,Fang Y F,Qu H B. Type synthesis of 4-DOF nonoverconstrained parallel mechanisms based on screw theory[J]. Robotica,2012,30(1): 31-37.

[174]　Guo S,Ye W,Qu H B,et al. A serial of novel four degrees of freedom parallel mechanisms with large rotational workspace[J]. Robotica,2016,34(4): 764-776.

[175]　Wang C Z,Fang Y F,Fang H R. Novel 2R3T and 2R2T parallel mechanisms with high rotational capability[J]. Robotica,2017,35(2): 401-418.

[176]　Wang C Z,Fang Y F,Guo S. Design and analysis of 3R2T and 3R3T parallel mechanisms with high rotational capability[J]. Journal of Mechanisms and Robotics,2016,8: 011004.

[177]　Jin X D,Fang Y F,Qu H B,et al. A class of novel 2T2R and 3T2R parallel mechanisms with large decoupled output rotational angles[J]. Mechanism and Machine Theory,2017,114: 156-169.

[178]　Jin X D,Fang Y F,Qu H B,et al. A class of novel 4-DOF and 5-DOF generalized parallel mechanisms with high performance [J]. Mechanism and Machine Theory,2018,120: 57-72.

[179]　Jin X D,Fang Y F,Zhang D. Design of a class of generalized parallel mechanisms with large rotational angles and integrated end-effectors[J]. Mechanism and Machine Theory,2019,134: 117-134.

[180]　Wang L,Fang Y F,Qu H B,et al. Design and analysis of novel 2R1T generalized parallel mechanisms with large rotational angles[J]. Mechanism and Machine Theory,2020,150: 103879.

[181]　Wu G L,Bai S P,Hjørnet P. Architecture optimization of a parallel Schnflies-motion robot for pick-and-place applications in a predefined workspace[J]. Mechanism and Machine Theory,2016,106: 148-165.

[182]　Wang L P,Xu H Y,Guan L W. Optimal design of a 3-PUU parallel mechanism with 2R1T DOFs[J]. Mechanism and Machine Theory,2017,114: 190-203.

[183]　Wang L P,Xu H Y,Guan L W,et al. A novel 3-PUU parallel mechanism and its kinematic issues[J]. Robotics and Computer Integrated Manufacturing,2016,42: 86-102.

[184]　Yoshikawa T. Manipulability of robotic mechanisms [J]. The International Journal of Robotics Research,1985,4(2): 3-9.

[185]　Lin C C,Chang W T. The force transmissivity index of planar linkage mechanisms [J]. Mechanism and Machine Theory,2002,37(12): 1465-1485.

[186]　Chang W T,Lin C C, Lee J J. Force Transmissibility Performance of Parallel Manipulators[J]. Journal of Robotic Systems,2003,20(11): 659-670.

[187]　Zhang W X,Zhang W,Ding X L,et al. Optimization of the rotational asymmetric parallel mechanism for hip rehabilitation with force transmission factors[J]. Journal of Mechanisms and Robotics,2020,12(4): 041006.

[188]　Chen X,Chen C, Liu X J. Evaluation of force/torque transmission quality for parallel manipulators[J]. Journal of Mechanisms and Robotics,2015,7(4): 041013.

[189]　Zhang Z K,Shao Z F,Peng F Z,et al. Workspace analysis and optimal design of a translational cable-driven parallel robot with passive springs[J]. Journal of Mechanisms and Robotics,2020,12(5): 051005.

[190]　Choi H B, Ryu J. Singularity analysis of a four degree-of-freedom parallel manipulator based on an expanded 6×6 Jacobian matrix[J]. Mechanism and Machine Theory,2012,57(57): 51-61.

[191]　Choi H B,Konno A, Uchiyama M. Analytic singularity analysis of a 4-DOF parallel robot based on Jacobian deficiencies[J]. International Journal of Control Automation and Systems,2010,8(2): 378-384.

[192]　Liu S T,Huang T,Mei J P, et al. Optimal design of a 4-DOF SCARA type parallel robot using dynamic performance indices and angular constraints[J]. Journal of Mechanisms and Robotics,2012,4(3): 031005.

[193]　Li Y H,Ma Y,Liu S T,et al. Integrated design of a 4-DOF high-speed pick-and-place parallel robot[J]. CIRP Annals,2014,63(1): 185-188.

[194]　Laribi M A,Romdhane L,Zeghloul S. Analysis and dimensional synthesis of the DELTA robot for a prescribed workspace[J]. Mechanism and Machine Theory, 2007,42(7): 859-870.

[195]　Stan S D,Maties V,Balan R,et al. Genetic algorithms to optimal design of a 3 DOF parallel robot[C]. Cluj-Napoca,Romania: Proceedings of the 2008 IEEE International Conference on Automation, Quality and Testing, Robotics, 2008: 365-370.

[196]　De-Juan A,Collard J F,Fisette P,et al. Multi-objective optimization of parallel manipulators[J]. New Trends in Mechanism Science. Springer,Dordrecht,2010: 633-640.

[197]　Zhang L M,Mei J P,Zhao X M,et al. Dimensional synthesis of the delta robot using transmission angle constraints[J]. Robotica,2012,30(3): 343.

[198]　Liu G,Chen Y,Xie Z,et al. GA\SQP optimization for the dimensional synthesis of a delta mechanism based haptic device design[J]. Robotics and Computer Integrated Manufacturing,2018,51: 73-84.

[199] Zhao Y J. Dimensional synthesis of a three translational degrees of freedom parallel robot while considering kinematic anisotropic property[J]. Robotics and Computer-Integrated Manufacturing,2013,29(1): 169-179.

[200] Zhao Y J. Dynamic optimum design of a three translational degrees of freedom parallel robot while considering anisotropic property[J]. Robotics and Computer Integrated Manufacturing,2013,29(4): 100-112.

[201] Marlow K,Isaksson M,Dai J S, et al. ,Motion/force transmission analysis of parallel mechanisms with planar closed-loop subchains[J]. Journal of Mechanical Design,2016,138(6): 062302.

[202] Marlow K,Isaksson M,Nahavandi S. Motion/force transmission analysis of planar parallel mechanisms with closed-loop subchains[J]. Journal of Mechanisms and Robotics,2016,8(4): 041019.

[203] Brinker J,Corves B,Takeda Y. Kinematic performance evaluation of high-speed delta parallel robots based on motion/force tansmission indices[J]. Mechanism and Machine Theory,2018: 111-125.

[204] Russo M,Ceccarelli M,Takeda Y. Force transmission and constraint analysis of a 3-SPR parallel manipulator[J]. Proceedings of the Institution of Mechanical Engineers Part C Journal of Mechanical Engineering Science,2018,232(23): 4399-4409.

[205] Kelaiaia R,Company O,Zaatri A. Multiobjective optimization of a linear Delta parallel robot[J]. Mechanism and Machine Theory,2012,50: 159-178.

[206] Jha R,Chablat D,Baron L, et al. Workspace,joint space and singularities of a family of delta-like robot[J]. Mechanism and Machine Theory, 2018, 127: 73-95.

[207] Simionescu I,Ciupitu L,Ionita L C. Static balancing with elastic systems of DELTA parallel robots[J]. Mechanism and Machine Theory,2015,87: 150-162.

[208] Correa J E,Toombs J,Toombs N,et al. Laminated micro-machine: design and fabrication of a flexure-based Delta robot[J]. Journal of Manufacturing Processes, 2016,24(2): 370-375.

[209] Mcclintock H,Temel F Z,Doshi N,et al. The milliDelta: a high-bandwidth, high-precision,millimeter-scale Delta robot[J]. Science Robotics,2018,3(14): eaar3018.

[210] Merlet J P. Singular Configurations of Parallel Manipulators and Grassmann Geometry[J]. Internetional Journal of Robiotics Research,1989,8(5): 45-56.

[211] Monsarrat B,Gosselin C. Singularity analysis of a three-leg six-degree-of-freedom parallel platform mechanism based on Grassmann line geometry[J]. International Journal of Robotics Research,2001,20(4): 312-328.

[212] Wolf A,Shoham M. Investigation of parallel manipulators using linear complex

approximation[J]. Journal of Mechanical Design,2003,125：564-572.

[213] Maxwell J C,Niven W D. General Consideration Concerning Scientific Apparatus [J]. New York：Courier Dover Publications,1890.

[214] Blanding D L. Exact Constraint：Machine Design Using Kinematic Principle [M]. New York：ASME Press,1999.

[215] Meng Q Z,Xie F G,Liu X J. Conceptual design and kinematic analysis of a novel parallel robot for high-speed pick-and-place operations[J]. Frontiers of Mechanical Engineering,2018,13(2)：211-224.

[216] 刘辛军,孟齐志,谢福贵,等. 一种可实现 SCARA 运动的四自由度高速并联机器人[P]. 201710379339. 0. 2017-05-25.

[217] Meng Q Z,Xie F G,Liu X-J. Topology optimization of the active arms for a high-speed parallel robot based on variable height method[C]. Wuhan,China：Proceedings of the 10th International Conference on Intelligent Robotics and Applications (ICIRA),2017：212-224.

[218] 刘辛军,谢福贵,孟齐志,等. 包含滑块摇杆机构的四自由度高速并联机器人[P]. 201710056591. 8. 2019-04-23.

[219] Germain C,Caro S,Briot S,et al. Singularity-free design of the translational parallel manipulator IRSBot-2[J]. Mechanism and Machine Theory,2013,64：262-285.

[220] Briot S,Caro S,Germain C. Design procedure for a fast and accurate parallel manipulator[J]. Journal of Mechanisms and Robotics,2017,9(6)：061012.

[221] 王国彪,刘辛军. 初论现代数学在机构学研究中的作用与影响[J]. 机械工程学报,2013,49(3)：5-13.

[222] Ball R S. A treatise on theory of screws[M]. Cambridge：Cambridge University Press,1900.

[223] Duffy J. Statics and kinematics with applications to robotics[M]. New York：Cambridge University Press,1906.

[224] 黄真,赵永生,赵铁石. 高等空间机构学[M]. 北京：高等教育出版社,2006.

[225] 戴建生. 机构学与机器人学的几何基础与旋量代数[M]. 北京：高等教育出版社,2014.

[226] Mozzi G. Discorso matematico sopra il rotamento momentaneo dei corpi（in Italian）[M]. Napoli：Stamperia di Donato Campo,1763.

[227] Poinsot L. Sur la composition des moments et la composition des aires[J]. Paris Journal de l'Ecote Polytechnique,1806,6(13)：182-205.

[228] Chasles M. Note sur les propriétés générales du système de deux corps semblables entr'eux Sur la composition des moments et la composition des aires[J]. Bulletin des Sciences Mathématiques, Astronomiques, Physiques et Chemiques. ,1830,14：321-326.

[229] 吴超.并联机构运动和力传递特性分析及应用研究[D].北京：清华大学,2011.

[230] 陈祥.并联机构的传递、约束和输出特性评价及其应用研究[D].北京：清华大学,2015.

[231] Joshi S A,Tsai L W. Jacobian analysis of limited-dof parallel manipulators[J]. Journal of Mechanical Design,2002,124(2)：254-258.

[232] Lambert P,Herder J L. A 7-dof redundantly actuated parallel haptic device combining 6-dof manipulation and 1-dof grasping[J]. Mechanism and Machine Theory,2019,134：349-364.

[233] Kim S M,Yi B-J,Cheong J, et al. Implementation of a revolute-joint-based asymmetric schönflies motion haptic device with redundant actuation [J]. Mechatronics,2018,50：87-103.

[234] Shin H,Lee S,Jeong J I,et al. Antagonistic stiffness optimization of redundantly actuated parallel manipulators in a predefined workspace [J]. IEEE/ASME Transactions on Mechatronics,2013,18(3)：1161-1169.

[235] Chi Z, Zhang D, Xia L, et al. Multi-objective optimization of stiffness and workspace for a parallel kinematic machine [J]. International Journal of Mechanics and Materials in Design,2013,9(3)：281-293.

[236] Shin H,Kim S,Jeong J,et al. Stiffness enhancement of a redundantly actuated parallel machine tool by dual support rims[J]. International Journal of Precision Engineering and Manufacturing,2012,13(9)：1539-1547.

[237] Pashkevich A, Chablat D, Wenger P. Stiffness analysis of overconstrained parallel manipulators[J]. Mechanism and Machine Theory,2009,44(5)：966-982.

[238] Corbel D,Gouttefarde M,Company O,et al. Actuation redundancy as a way to improve the acceleration capabilities of 3T and 3T1R pick-and-place parallel manipulators[J]. Journal of Mechanisms and Robotics,2010,2(4)：041002.

[239] Sartori Natal G,Chemori A,Pierrot F. Dual-space control of extremely fast parallel manipulators：payload changes and the 100G experiment [J]. IEEE Transactions on Control Systems Technology,2015,23(4)：1520-1535.

[240] Xu Y,Liu W,Yao J,et al. A method for force analysis of the overconstrained lower mobility parallel mechanism[J]. Mechanism and Machine Theory,2015, 88：31-48.

[241] Sun T,Lian B,Song Y. Stiffness analysis of a 2-dof over-constrained RPM with an articulated traveling platform[J]. Mechanism and Machine Theory,2016,96：165-178.

[242] Wu J,Chen X,Wang L,et al. Dynamic load-carrying capacity of a novel redundantly actuated parallel conveyor[J]. Nonlinear Dynamics,2014,78(1)：241-250.

[243] Wang C,Fang Y, Guo S, et al. Design and kinematic analysis of redundantly actuated parallel mechanisms for ankle rehabilitation[J]. Robotica,2014,33(2)：

366-384.

[244] Chai X X, Li Q C, Ye W. Mobility analysis of overconstrained parallel mechanism using Grassmann-Cayley algebra[J]. Applied Mathematical Modelling, 2017, 51: 643-654.

[245] Jeon D, Kim K, Jeong J I, et al. A Calibration method of redundantly actuated parallel mechanism machines based on projection technique[J]. CIRP Annals, 2010, 59(1): 413-416.

[246] Jiang Y, Li T M, Wang L P, et al. Kinematic error modeling and identification of the over-constrained parallel kinematic machine[J]. Robotics and Computer-Integrated Manufacturing, 2018, 49: 105-119.

[247] Sharifzadeh M, Tale Masouleh M, Kalhor A, et al. An experimental dynamic identification & control of an overconstrained 3-dof parallel mechanism in presence of variable friction and feedback delay[J]. Robotics and Autonomous Systems, 2018, 102: 27-43.

[248] Liang D, Song Y M, Sun T, et al. Rigid-flexible coupling dynamic modeling and investigation of a redundantly actuated parallel manipulator with multiple actuation modes[J]. Journal of Sound and Vibration, 2017, 403: 129-151.

[249] Xu L M, Chen G, Ye W, et al. Design, Analysis and optimization of Hex4, a new 2R1T overconstrained parallel manipulator with actuation redundancy [J]. Robotica, 2018, 37(2): 358-377.

[250] Parat C, Li Z-Y, Zhao J. Design and folding/unfolding dynamics of an over-constrained airplane's landing gear with four side stays[J]. Journal of Mechanisms and Robotics, 2019, 11(1): 011001.

[251] Mansouri S, Sadigh M J, Fazeli M. A computationally efficient algorithm to find time-optimal trajectory of redundantly actuated robots moving on a specified path[J]. Robotica, 2018, 37(1): 62-79.

[252] Wen S, Yu H, Zhang B, et al. Fuzzy identification and delay compensation based on the force/position control scheme of the 5-dof redundantly actuated parallel robot[J]. International Journal of Fuzzy Systems, 2016, 19(1): 124140.

[253] Huang T, Liu H T, Chetwynd D G. Generalized Jacobian analysis of lower mobility manipulators [J]. Mechanism and Machine Theory, 2011, 46 (6): 831-844.

[254] Liu X J, Wu C, Xie F G. Motion/force transmission indices of parallel manipulators[J]. Frontiers of Mechanical Engineering, 2011, 6(1): 89-91.

[255] Liu H T, Huang T, Kecskeméthy A, et al. Force/motion transmissibility analyses of redundantly actuated and overconstrained parallel manipulators[J]. Mechanism and Machine Theory, 2017, 109: 126-138.

[256] Corbel D, Gouttefarde M, Company O, et al. Towards 100G with PKM. Is

actuation redundancy a good solution for pick-and-place? [C]. Anchorage, AK, USA: Proceeding of the 2010 IEEE International Conference on Robotics and Automation (EEE ICRA 2010), 2010: 4675-4682.

[257] Moubarak P M, Ben-Tzvi P. On the dual-rod slider rocker mechanism and its applications to tristate rigid active docking [J]. Journal of Mechanisms and Robotics, 2013, 5(1): 011010.

附录　并联机器人远端和近端力旋量辨识结果

为便于开展并联机器人运动和力交互特性分析研究,本附录给出部分并联机器人的远端和近端力旋量辨识结果。

附表1　3-RS²S闭环支链型并联机器人的远端和近端力旋量辨识结果

并联机器人	旋量类别	物理模型	数学表征
第一类 3-RS²S 闭环支链型并联机器人	远端力旋量		$^1\boldsymbol{S}_{DW} = (B_{1,1}C_1 ; \boldsymbol{c}_1 \times B_{1,1}C_1)$ $^2\boldsymbol{S}_{DW} = (B_{1,2}C_1 ; \boldsymbol{c}_1 \times B_{1,2}C_1)$ $^3\boldsymbol{S}_{DW} = (B_{2,1}C_2 ; \boldsymbol{c}_2 \times B_{2,1}C_2)$ $^4\boldsymbol{S}_{DW} = (B_{2,2}C_2 ; \boldsymbol{c}_2 \times B_{2,2}C_2)$ $^5\boldsymbol{S}_{DW} = (B_{3,1}C_3 ; \boldsymbol{c}_3 \times B_{3,1}C_3)$ $^6\boldsymbol{S}_{DW} = (B_{3,2}C_3 ; \boldsymbol{c}_3 \times B_{3,2}C_3)$
	力旋量空间和近端力旋量		$^1\boldsymbol{\Omega}_{WS} = \text{span}\{^1\boldsymbol{S}_{DW}, ^2\boldsymbol{S}_{DW}\}$ $^2\boldsymbol{\Omega}_{WS} = \text{span}\{^3\boldsymbol{S}_{DW}, ^4\boldsymbol{S}_{DW}\}$ $^3\boldsymbol{\Omega}_{WS} = \text{span}\{^5\boldsymbol{S}_{DW}, ^6\boldsymbol{S}_{DW}\}$ $^1\boldsymbol{S}_{PW} = (B_1C_1 ; \boldsymbol{c}_1 \times B_1C_1)$ $^2\boldsymbol{S}_{PW} = (B_2C_2 ; \boldsymbol{c}_2 \times B_2C_2)$ $^3\boldsymbol{S}_{PW} = (B_3C_3 ; \boldsymbol{c}_3 \times B_3C_3)$
第二类 3-RS²S 闭环支链型并联机器人	远端力旋量		$^1\boldsymbol{S}_{DW} = (B_{1,1}C_1 ; \boldsymbol{c}_1 \times B_{1,1}C_1)$ $^2\boldsymbol{S}_{DW} = (B_{1,2}C_1 ; \boldsymbol{c}_1 \times B_{1,2}C_1)$ $^3\boldsymbol{S}_{DW} = (B_{2,1}C_2 ; \boldsymbol{c}_2 \times B_{2,1}C_2)$ $^4\boldsymbol{S}_{DW} = (B_{2,2}C_2 ; \boldsymbol{c}_2 \times B_{2,2}C_2)$ $^5\boldsymbol{S}_{DW} = (B_{3,1}C_3 ; \boldsymbol{c}_3 \times B_{3,1}C_3)$ $^6\boldsymbol{S}_{DW} = (B_{3,2}C_3 ; \boldsymbol{c}_3 \times B_{3,2}C_3)$
	力旋量空间和近端力旋量		$^1\boldsymbol{\Omega}_{WS} = \text{span}\{^1\boldsymbol{S}_{DW}, ^2\boldsymbol{S}_{DW}\}$ $^2\boldsymbol{\Omega}_{WS} = \text{span}\{^3\boldsymbol{S}_{DW}, ^4\boldsymbol{S}_{DW}\}$ $^3\boldsymbol{\Omega}_{WS} = \text{span}\{^5\boldsymbol{S}_{DW}, ^6\boldsymbol{S}_{DW}\}$ $^1\boldsymbol{S}_{PW} = (B_{1,1}B_{1,2} ; \boldsymbol{c}_1 \times B_{1,1}B_{1,2})$ $^2\boldsymbol{S}_{PW} = (B_{2,1}B_{2,2} ; \boldsymbol{c}_2 \times B_{2,1}B_{2,2})$ $^3\boldsymbol{S}_{PW} = (B_{3,1}B_{3,2} ; \boldsymbol{c}_3 \times B_{3,1}B_{3,2})$

附表 2 3-PS^{2}S 闭环支链型并联机器人的远端和近端力旋量辨识结果

并联机器人	旋量类别	物 理 模 型	数 学 表 征
第一类 3-PS^{2}S 闭环支链型并联机器人	远端力旋量		$^1\boldsymbol{S}_{DW} = (B_{1,1}C_1 ; \boldsymbol{c}_1 \times B_{1,1}C_1)$ $^2\boldsymbol{S}_{DW} = (B_{1,2}C_1 ; \boldsymbol{c}_1 \times B_{1,2}C_1)$ $^3\boldsymbol{S}_{DW} = (B_{2,1}C_2 ; \boldsymbol{c}_2 \times B_{2,1}C_2)$ $^4\boldsymbol{S}_{DW} = (B_{2,2}C_2 ; \boldsymbol{c}_2 \times B_{2,2}C_2)$ $^5\boldsymbol{S}_{DW} = (B_{3,1}C_3 ; \boldsymbol{c}_3 \times B_{3,1}C_3)$ $^6\boldsymbol{S}_{DW} = (B_{3,2}C_3 ; \boldsymbol{c}_3 \times B_{3,2}C_3)$
	力旋量空间和近端力旋量		$^1\boldsymbol{\Omega}_{WS} = \mathrm{span}\ \{^1\boldsymbol{S}_{DW}, {}^2\boldsymbol{S}_{DW}\}$ $^2\boldsymbol{\Omega}_{WS} = \mathrm{span}\ \{^3\boldsymbol{S}_{DW}, {}^4\boldsymbol{S}_{DW}\}$ $^3\boldsymbol{\Omega}_{WS} = \mathrm{span}\ \{^5\boldsymbol{S}_{DW}, {}^6\boldsymbol{S}_{DW}\}$ $^1\boldsymbol{S}_{PW} = (B_{1,1}B_{1,2} ; \boldsymbol{c}_1 \times B_{1,1}B_{1,2})$ $^2\boldsymbol{S}_{PW} = (B_{2,1}B_{2,2} ; \boldsymbol{c}_2 \times B_{2,1}B_{2,2})$ $^3\boldsymbol{S}_{PW} = (B_{3,1}B_{3,2} ; \boldsymbol{c}_3 \times B_{3,1}B_{3,2})$
第二类 3-PS^{2}S 闭环支链型并联机器人	远端力旋量		$^1\boldsymbol{S}_{DW} = (B_{1,1}C_1 ; \boldsymbol{c}_1 \times B_{1,1}C_1)$ $^2\boldsymbol{S}_{DW} = (B_{1,2}C_1 ; \boldsymbol{c}_1 \times B_{1,2}C_1)$ $^3\boldsymbol{S}_{DW} = (B_{2,1}C_2 ; \boldsymbol{c}_2 \times B_{2,1}C_2)$ $^4\boldsymbol{S}_{DW} = (B_{2,2}C_2 ; \boldsymbol{c}_2 \times B_{2,2}C_2)$ $^5\boldsymbol{S}_{DW} = (B_{3,1}C_3 ; \boldsymbol{c}_3 \times B_{3,1}C_3)$ $^6\boldsymbol{S}_{DW} = (B_{3,2}C_3 ; \boldsymbol{c}_3 \times B_{3,2}C_3)$
	力旋量空间和近端力旋量		$^1\boldsymbol{\Omega}_{WS} = \mathrm{span}\ \{^1\boldsymbol{S}_{DW}, {}^2\boldsymbol{S}_{DW}\}$ $^2\boldsymbol{\Omega}_{WS} = \mathrm{span}\ \{^3\boldsymbol{S}_{DW}, {}^4\boldsymbol{S}_{DW}\}$ $^3\boldsymbol{\Omega}_{WS} = \mathrm{span}\ \{^5\boldsymbol{S}_{DW}, {}^6\boldsymbol{S}_{DW}\}$ $^1\boldsymbol{S}_{PW} = (B_1C_1 ; \boldsymbol{c}_1 \times B_1C_1)$ $^2\boldsymbol{S}_{PW} = (B_2C_2 ; \boldsymbol{c}_2 \times B_2C_2)$ $^3\boldsymbol{S}_{PW} = (B_3C_3 ; \boldsymbol{c}_3 \times B_3C_3)$

附表3　3-RSS² 闭环支链型并联机器人的远端和近端力旋量辨识结果

并联机器人	旋量类别	物 理 模 型	数 学 表 征
第一类 3-RSS² 闭环支链型并联机器人	远端力旋量		$^1\boldsymbol{S}_{DW}=(B_1C_{1,1};\ \boldsymbol{b}_1\times B_1C_{1,1})$ $^2\boldsymbol{S}_{DW}=(B_1C_{1,2};\ \boldsymbol{b}_1\times B_1C_{1,2})$ $^3\boldsymbol{S}_{DW}=(B_2C_{2,1};\ \boldsymbol{b}_2\times B_2C_{2,1})$ $^4\boldsymbol{S}_{DW}=(B_2C_{2,2};\ \boldsymbol{b}_2\times B_2C_{2,2})$ $^5\boldsymbol{S}_{DW}=(B_3C_{3,1};\ \boldsymbol{b}_3\times B_3C_{3,1})$ $^6\boldsymbol{S}_{DW}=(B_3C_{3,2};\ \boldsymbol{b}_3\times B_3C_{3,2})$
	力旋量空间和近端力旋量		$^1\boldsymbol{\Omega}_{WS}=\mathrm{span}\ \{^1\boldsymbol{S}_{DW},{}^2\boldsymbol{S}_{DW}\}$ $^2\boldsymbol{\Omega}_{WS}=\mathrm{span}\ \{^3\boldsymbol{S}_{DW},{}^4\boldsymbol{S}_{DW}\}$ $^3\boldsymbol{\Omega}_{WS}=\mathrm{span}\ \{^5\boldsymbol{S}_{DW},{}^6\boldsymbol{S}_{DW}\}$ $^1\boldsymbol{S}_{PW}=(B_1C_1;\ \boldsymbol{b}_1\times B_1C_1)$ $^2\boldsymbol{S}_{PW}=(B_2C_2;\ \boldsymbol{b}_2\times B_2C_2)$ $^3\boldsymbol{S}_{PW}=(B_3C_3;\ \boldsymbol{b}_3\times B_3C_3)$
第二类 3-RSS² 闭环支链型并联机器人	远端力旋量		$^1\boldsymbol{S}_{DW}=(B_1C_{1,1};\ \boldsymbol{b}_1\times B_1C_{1,1})$ $^2\boldsymbol{S}_{DW}=(B_1C_{1,2};\ \boldsymbol{b}_1\times B_1C_{1,2})$ $^3\boldsymbol{S}_{DW}=(B_2C_{2,1};\ \boldsymbol{b}_2\times B_2C_{2,1})$ $^4\boldsymbol{S}_{DW}=(B_2C_{2,2};\ \boldsymbol{b}_2\times B_2C_{2,2})$ $^5\boldsymbol{S}_{DW}=(B_3C_{3,1};\ \boldsymbol{b}_3\times B_3C_{3,1})$ $^6\boldsymbol{S}_{DW}=(B_3C_{3,2};\ \boldsymbol{b}_3\times B_3C_{3,2})$
	力旋量空间和近端力旋量		$^1\boldsymbol{\Omega}_{WS}=\mathrm{span}\ \{^1\boldsymbol{S}_{DW},{}^2\boldsymbol{S}_{DW}\}$ $^2\boldsymbol{\Omega}_{WS}=\mathrm{span}\ \{^3\boldsymbol{S}_{DW},{}^4\boldsymbol{S}_{DW}\}$ $^3\boldsymbol{\Omega}_{WS}=\mathrm{span}\ \{^5\boldsymbol{S}_{DW},{}^6\boldsymbol{S}_{DW}\}$ $^1\boldsymbol{S}_{PW}=(C_{1,1}C_{1,2};\ \boldsymbol{b}_1\times C_{1,1}C_{1,2})$ $^2\boldsymbol{S}_{PW}=(C_{2,1}C_{2,2};\ \boldsymbol{b}_2\times C_{2,1}C_{2,2})$ $^3\boldsymbol{S}_{PW}=(C_{3,1}C_{3,2};\ \boldsymbol{b}_3\times C_{3,1}C_{3,2})$

附表 4　3-PSS² 闭环支链型并联机器人的远端和近端力旋量辨识结果

并联机器人	旋量类别	物 理 模 型	数 学 表 征
第一类 3-PSS² 闭环支链型并联机器人	远端力旋量		$^1\boldsymbol{S}_{DW} = (B_1 C_{1,1} ;\ \boldsymbol{b}_1 \times B_1 C_{1,1})$ $^2\boldsymbol{S}_{DW} = (B_1 C_{1,2} ;\ \boldsymbol{b}_1 \times B_1 C_{1,2})$ $^3\boldsymbol{S}_{DW} = (B_2 C_{2,1} ;\ \boldsymbol{b}_2 \times B_2 C_{2,1})$ $^4\boldsymbol{S}_{DW} = (B_2 C_{2,2} ;\ \boldsymbol{b}_2 \times B_2 C_{2,2})$ $^5\boldsymbol{S}_{DW} = (B_3 C_{3,1} ;\ \boldsymbol{b}_3 \times B_3 C_{3,1})$ $^6\boldsymbol{S}_{DW} = (B_3 C_{3,2} ;\ \boldsymbol{b}_3 \times B_3 C_{3,2})$
	力旋量空间和近端力旋量		$^1\boldsymbol{\Omega}_{WS} = \mathrm{span}\ \{^1\boldsymbol{S}_{DW}, {}^2\boldsymbol{S}_{DW}\}$ $^2\boldsymbol{\Omega}_{WS} = \mathrm{span}\ \{^3\boldsymbol{S}_{DW}, {}^4\boldsymbol{S}_{DW}\}$ $^3\boldsymbol{\Omega}_{WS} = \mathrm{span}\ \{^5\boldsymbol{S}_{DW}, {}^6\boldsymbol{S}_{DW}\}$ $^1\boldsymbol{S}_{PW} = (C_{1,1} C_{1,2} ;\ \boldsymbol{b}_1 \times C_{1,1} C_{1,2})$ $^2\boldsymbol{S}_{PW} = (C_{2,1} C_{2,2} ;\ \boldsymbol{b}_2 \times C_{2,1} C_{2,2})$ $^3\boldsymbol{S}_{PW} = (C_{3,1} C_{3,2} ;\ \boldsymbol{b}_3 \times C_{3,1} C_{3,2})$
第二类 3-PSS² 闭环支链型并联机器人	远端力旋量		$^1\boldsymbol{S}_{DW} = (B_1 C_{1,1} ;\ \boldsymbol{b}_1 \times B_1 C_{1,1})$ $^2\boldsymbol{S}_{DW} = (B_1 C_{1,2} ;\ \boldsymbol{b}_1 \times B_1 C_{1,2})$ $^3\boldsymbol{S}_{DW} = (B_2 C_{2,1} ;\ \boldsymbol{b}_2 \times B_2 C_{2,1})$ $^4\boldsymbol{S}_{DW} = (B_2 C_{2,2} ;\ \boldsymbol{b}_2 \times B_2 C_{2,2})$ $^5\boldsymbol{S}_{DW} = (B_3 C_{3,1} ;\ \boldsymbol{b}_3 \times B_3 C_{3,1})$ $^6\boldsymbol{S}_{DW} = (B_3 C_{3,2} ;\ \boldsymbol{b}_3 \times B_3 C_{3,2})$
	力旋量空间和近端力旋量		$^1\boldsymbol{\Omega}_{WS} = \mathrm{span}\ \{^1\boldsymbol{S}_{DW}, {}^2\boldsymbol{S}_{DW}\}$ $^2\boldsymbol{\Omega}_{WS} = \mathrm{span}\ \{^3\boldsymbol{S}_{DW}, {}^4\boldsymbol{S}_{DW}\}$ $^3\boldsymbol{\Omega}_{WS} = \mathrm{span}\ \{^5\boldsymbol{S}_{DW}, {}^6\boldsymbol{S}_{DW}\}$ $^1\boldsymbol{S}_{PW} = (B_1 C_1 ;\ \boldsymbol{b}_1 \times B_1 C_1)$ $^2\boldsymbol{S}_{PW} = (B_2 C_2 ;\ \boldsymbol{b}_2 \times B_2 C_2)$ $^3\boldsymbol{S}_{PW} = (B_3 C_3 ;\ \boldsymbol{b}_3 \times B_3 C_3)$

附表 5　闭环支链型高速并联机器人的远端和近端力旋量辨识结果

并联机器人	旋量类别	物 理 模 型	数 学 表 征
SCARA-Tau 闭环支链型高速并联机器人	远端力旋量		$^1\boldsymbol{S}_{DW}=(B_{1,1}C_{1,1};\ \boldsymbol{b}_{1,1}\times B_{1,1}C_{1,1})$; $^2\boldsymbol{S}_{DW}=(B_{1,2}C_{1,2};\ \boldsymbol{b}_{1,2}\times B_{1,2}C_{1,2})$ $^3\boldsymbol{S}_{DW}=(B_{1,3}C_{1,3};\ \boldsymbol{b}_{1,3}\times B_{1,3}C_{1,3})$ $^4\boldsymbol{S}_{DW}=(B_{2,1}C_{2,1};\ \boldsymbol{b}_{2,1}\times B_{2,1}C_{2,1})$ $^5\boldsymbol{S}_{DW}=(B_{2,2}C_{2,2};\ \boldsymbol{b}_{2,2}\times B_{2,2}C_{2,2})$ $^6\boldsymbol{S}_{DW}=(B_3C_3;\ \boldsymbol{b}_3\times B_3C_3)$
	力旋量空间和近端力旋量		$^1\boldsymbol{\Omega}_{WS}=\mathrm{span}\ \{^1\boldsymbol{S}_{DW},{}^2\boldsymbol{S}_{DW},{}^3\boldsymbol{S}_{DW}\}$ $^2\boldsymbol{\Omega}_{WS}=\mathrm{span}\ \{^4\boldsymbol{S}_{DW},{}^5\boldsymbol{S}_{DW}\}$ $^3\boldsymbol{\Omega}_{WS}=\mathrm{span}\ \{^6\boldsymbol{S}_{DW}\}$ $^1\boldsymbol{S}_{PW}=(B_{1,1}C_{1,1};\ \boldsymbol{b}_1\times B_{1,1}C_{1,1})$ $^2\boldsymbol{S}_{PW}=(B_{2,1}C_{2,1};\ \boldsymbol{b}_2\times B_{2,1}C_{2,1})$ $^3\boldsymbol{S}_{PW}=(B_3C_3;\ \boldsymbol{b}_3\times B_3C_3)$
线性 Delta 闭环支链型高速并联机器人	远端力旋量		$^1\boldsymbol{S}_{DW}=(B_{1,1}C_{1,1};\ \boldsymbol{c}_{1,1}\times B_{1,1}C_{1,1})$ $^2\boldsymbol{S}_{DW}=(B_{1,2}C_{1,2};\ \boldsymbol{c}_{1,2}\times B_{1,2}C_{1,2})$ $^3\boldsymbol{S}_{DW}=(B_{2,1}C_{2,1};\ \boldsymbol{c}_{2,1}\times B_{2,1}C_{2,1})$ $^4\boldsymbol{S}_{DW}=(B_{2,2}C_{2,2};\ \boldsymbol{c}_{2,2}\times B_{2,2}C_{2,2})$ $^5\boldsymbol{S}_{DW}=(B_{3,1}C_{3,1};\ \boldsymbol{c}_{3,1}\times B_{3,1}C_{3,1})$ $^6\boldsymbol{S}_{DW}=(B_{3,2}C_{3,2};\ \boldsymbol{c}_{3,2}\times B_{3,2}C_{3,2})$
	力旋量空间和近端力旋量		$^1\boldsymbol{\Omega}_{WS}=\mathrm{span}\ \{^1\boldsymbol{S}_{DW},{}^2\boldsymbol{S}_{DW}\}$ $^2\boldsymbol{\Omega}_{WS}=\mathrm{span}\ \{^3\boldsymbol{S}_{DW},{}^4\boldsymbol{S}_{DW}\}$ $^3\boldsymbol{\Omega}_{WS}=\mathrm{span}\ \{^5\boldsymbol{S}_{DW},{}^6\boldsymbol{S}_{DW}\}$ $^1\boldsymbol{S}_{PW}=(B_1C_1;\ \boldsymbol{c}_1\times B_1C_1)$ $^2\boldsymbol{S}_{PW}=(B_2C_2;\ \boldsymbol{c}_2\times B_2C_2)$ $^3\boldsymbol{S}_{PW}=(B_3C_3;\ \boldsymbol{c}_3\times B_3C_3)$

附表 6 常规支链型并联机器人的远端和近端力旋量辨识结果

并联机器人	旋量类别	物 理 模 型	数 学 表 征
3-RUU 常规支链型并联机器人	远端力旋量		$^1\boldsymbol{S}_{\mathrm{DW}}=(B_1C_1;\ \boldsymbol{b}_1\times B_1C_1)$ $^2\boldsymbol{S}_{\mathrm{DW}}=(\boldsymbol{0};\ \boldsymbol{n}_1)$ $^3\boldsymbol{S}_{\mathrm{DW}}=(B_2C_2;\ \boldsymbol{b}_2\times B_2C_2)$ $^4\boldsymbol{S}_{\mathrm{DW}}=(\boldsymbol{0};\ \boldsymbol{n}_2)$ $^5\boldsymbol{S}_{\mathrm{DW}}=(B_3C_3;\ \boldsymbol{b}_3\times B_3C_3)$ $^6\boldsymbol{S}_{\mathrm{DW}}=(\boldsymbol{0};\ \boldsymbol{n}_3)$
	力旋量空间和近端力旋量		$^1\boldsymbol{\Omega}_{\mathrm{WS}}=\mathrm{span}\ \{^1\boldsymbol{S}_{\mathrm{DW}},{}^2\boldsymbol{S}_{\mathrm{DW}}\}$ $^2\boldsymbol{\Omega}_{\mathrm{WS}}=\mathrm{span}\ \{^3\boldsymbol{S}_{\mathrm{DW}},{}^4\boldsymbol{S}_{\mathrm{DW}}\}$ $^3\boldsymbol{\Omega}_{\mathrm{WS}}=\mathrm{span}\ \{^5\boldsymbol{S}_{\mathrm{DW}},{}^6\boldsymbol{S}_{\mathrm{DW}}\}$ $^1\boldsymbol{S}_{\mathrm{PW}}=(B_1C_1;\ \boldsymbol{b}_1\times B_1C_1)$ $^2\boldsymbol{S}_{\mathrm{PW}}=(B_2C_2;\ \boldsymbol{b}_2\times B_2C_2)$ $^3\boldsymbol{S}_{\mathrm{PW}}=(B_3C_3;\ \boldsymbol{b}_3\times B_3C_3)$
3-PUU 常规支链型并联机器人	远端力旋量		$^1\boldsymbol{S}_{\mathrm{DW}}=(B_1C_1;\ \boldsymbol{b}_1\times B_1C_1)$ $^2\boldsymbol{S}_{\mathrm{DW}}=(\boldsymbol{0};\ \boldsymbol{n}_1)$ $^3\boldsymbol{S}_{\mathrm{DW}}=(B_2C_2;\ \boldsymbol{b}_2\times B_2C_2)$ $^4\boldsymbol{S}_{\mathrm{DW}}=(\boldsymbol{0};\ \boldsymbol{n}_2)$ $^5\boldsymbol{S}_{\mathrm{DW}}=(B_3C_3;\ \boldsymbol{b}_3\times B_3C_3)$ $^6\boldsymbol{S}_{\mathrm{DW}}=(\boldsymbol{0};\ \boldsymbol{n}_3)$
	力旋量空间和近端力旋量		$^1\boldsymbol{\Omega}_{\mathrm{WS}}=\mathrm{span}\ \{^1\boldsymbol{S}_{\mathrm{DW}},{}^2\boldsymbol{S}_{\mathrm{DW}}\}$ $^2\boldsymbol{\Omega}_{\mathrm{WS}}=\mathrm{span}\ \{^3\boldsymbol{S}_{\mathrm{DW}},{}^4\boldsymbol{S}_{\mathrm{DW}}\}$ $^3\boldsymbol{\Omega}_{\mathrm{WS}}=\mathrm{span}\ \{^5\boldsymbol{S}_{\mathrm{DW}},{}^6\boldsymbol{S}_{\mathrm{DW}}\}$ $^1\boldsymbol{S}_{\mathrm{PW}}=(B_1C_1;\ \boldsymbol{b}_1\times B_1C_1)$ $^2\boldsymbol{S}_{\mathrm{PW}}=(B_2C_2;\ \boldsymbol{b}_2\times B_2C_2)$ $^3\boldsymbol{S}_{\mathrm{PW}}=(B_3C_3;\ \boldsymbol{b}_3\times B_3C_3)$

注：$\boldsymbol{n}_i\,(i=1,2,3)$ 为 U 副中两个转轴所构成平面的法线矢量。

在学期间完成的相关学术成果

学术论文：

[1] **Meng Qizhi**,Xie Fugui,Liu Xin-Jun. Conceptual design and kinematic analysis of a novel parallel robot for high-speed pick-and-place operations［J］. Frontiers of Mechanical Engineering,2018,13(2)：211-224.（SCI 收录,检索号：GA1FE）

[2] **Meng Qizhi**,Xie Fugui, Liu Xin-Jun, Takeda Yukio. Screw theory-based motion/force transmissibility analysis of high-speed parallel robots with articulated platforms［J］. Journal of Mechanisms and Robotics-Transactions of the ASME，2020,12（4）：041011.（SCI 收录,检索号：MV9WZ；EI 收录,检索号：20212210423288.）

[3] **Meng Qizhi**,Xie Fugui,Liu Xin-Jun. Motion-force interaction performance analyses of redundantly actuated and overconstrained parallel robots with closed-loop subchains［J］. Journal of Mechanical Design-Transactions of the ASME,2020,142（10）：103304.（SCI 收录,检索号：NN5AU；EI 收录,检索号：20204809547225.）

[4] **Meng Qizhi**,Xie Fugui, Liu Xin-Jun, Takeda Yukio. An evaluation approach for motion-force interaction performance of parallel manipulators with closed-loop passive limbs［J］. Mechanism and Machine Theory,2020,149：103844.（SCI 收录,检索号：LD2YA；EI 收录,检索号：20201108289685.）

[5] **Meng Qizhi**,Xie Fugui,Liu Xin-Jun. Topology optimization of the active arms for a high-speed parallel robot based on variable height method［C］. Wuhan,China：Proceedings of the 10th International Conference on Intelligent Robotics and Applications（ICIRA）,2017：212-224.（EI 收录,检索号：20173504095358.）

[6] **Meng Qizhi**,Xie Fugui,Liu Xin-Jun. V2：a novel two degree-of-freedom parallel manipulator designed for pick-and-place operations［C］. Macau,China：Proceedings of the 2017 IEEE International Conference on Robotics and Biomimetics（ROBIO）,2017：1320-1327.（EI 收录,检索号：20182905571377.）

[7] **Meng Qizhi**,Xie Fugui, Liu Xin-Jun, Takeda Yukio. Extension of motion/force transmission index to parallel manipulators with double platforms-case study on the Par4 manipulator［C］. Quebec City,Quebec,Canada：Proceedings of the ASME 2018 International Design Engineering Technical Conference and Computers and Information in Engineering Conference（IDETC/CIE）,2018,V05AT07A039.（EI 收录,检索号：20184806142473.）

［8］ **Meng Qizhi**，Xie Fugui，Liu Xin-Jun. Concept design of novel 2-DOF parallel robots with spatial kinematic chains based on a heuristic strategy［C］. Suzhou，China：Proceedings of the 2019 IEEE Conference on Cyber Technology in Automation，Control，and Intelligent Systems（IEEE-CYBER），2019：802-807.（EI 收录，检索号：20201908641685.）

［9］ Liu Xin-Jun，Han Gang，Xie Fugui，**Meng Qizhi**，Zhang Sai. A novel parameter optimization method for the driving system of high-speed parallel robots［J］. Journal of Mechanisms and Robotics-Transactions of the ASME，2018，10（4）：041011.（SCI 收录，检索号：GL6ZD；EI 收录，检索号：20183105625646.）

［10］ Liu Xin-Jun，Han Gang，Xie Fugui，**Meng Qizhi**. A novel acceleration capacity index based on motion/force transmissibility for high-speed parallel robots［J］. Mechanism and Machine Theory，2018，126：155-170.（SCI 收录，检索号：GG6CN；EI 收录，检索号：20181705042484.）

［11］ Han Gang，Xie Fugui，Liu Xin-Jun，**Meng Qizhi**. Technology-oriented synchronous optimal design of a 4-DOF high-speed parallel robot［J］. Journal of Mechanical Design-Transactions of the ASME，2020，142（10）：103302.（SCI 收录，检索号：NN5AU；EI 收录，检索号：20204809547200.）

［12］ Gong Zhao，Jiang Songwen，**Meng Qizhi**，Ye Yanlei，Li Peng，Xie Fugui，Zhao Huichan，Lv Chunzhe，Wang Xiaojie，Liu Xinjun. SHUYU robot：an automatic rapid temperature screening system［J］. Chinese Journal of Mechanical Engineering，2020，33（1）：38.（SCI 收录，检索号：LK0FN；EI 收录，检索号：20202108690452.）

［13］ Huang Chenhui，Bi Weiyao，Mei Bin，**Meng Qizhi**，Liu Xin-Jun，Xie Fugui. Ultimate load-carrying capacity analysis of parallel robots with given motor power［C］. Suzhou，China：Proceedings of the 2019 IEEE Conference on Cyber Technology in Automation，Control，and Intelligent Systems（IEEE-CYBER），2019：48-52.（EI 收录，检索号：20201908641883.）

［14］ Huang Chenhui，Xie Fugui，Liu Xin-Jun，**Meng Qizhi**. Error modeling and sensitivity analysis of a parallel robot with $\underline{R}$-$(SS)^2$ branches［J］. International Journal of Intelligent Robotics and Applications，2020，4（4）：416-428.（EI 收录，检索号：20204409430589.）

专利：

［1］ 刘辛军，**孟齐志**，谢福贵，等. 一种火箭型号及姿态可调节的火箭发射平台：201610664148.4［P］. 2017-08-11.

［2］ 刘辛军，吕春哲，**孟齐志**，等. 一种可实现柱状曲面加工的多线切割机：201710948272.8［P］. 2018-02-09.

［3］ 刘辛军，谢福贵，**孟齐志**，等. 包含滑块摇杆机构的四自由度高速并联机器人：201710056591.8［P］. 2019-04-23.

[4] 孟齐志,刘辛军,谢福贵,等.一种可实现三维平动和一维转动的高速并联装置：201710388877.6[P].2019-06-18.

[5] 刘辛军,吕春哲,孟齐志,等.一种可实现摇摆切割的多线切割机：201710947593.6[P].2019-07-19.

[6] 刘辛军,孟齐志,谢福贵,等.一种可实现SCARA运动的四自由度高速并联机器人：201710379339.0[P].2019-07-26.

[7] 刘辛军,孟齐志,张赛,等.高速高负载并联机器人：201810311670.3[P].2019-09-17.

[8] 谢福贵,孟齐志,刘辛军,等.具有双动平台结构的并联分拣机器人：201710438235.2[P].2019-11-22.

[9] 孟齐志,刘辛军,张赛,等.四自由度高速高负载并联分拣机器人：201810311667.1[P].2020-02-11.

[10] 孟齐志,刘辛军,谢福贵,等.一种具有平面两移动自由度的并联机构：201710576746.0[P].2020-02-07.

[11] 刘辛军,谢福贵,孟齐志,等.定角度空间扫描机构：201710726489.4[P].2020-03-27.

[12] 刘辛军,孟齐志,谢福贵,等.具有五自由度的并联机构及其拓展多轴联动装置：201710942548.1[P].2020-04-28.

[13] 刘辛军,孟齐志,谢福贵,等.一种轨道式大跨度可折展加工机器人：201810319665.7[P].2020-12-01.

[14] Meng Qizhi, Liu Xin-Jun, Xie Fugui, et al. Five-degree-of-freedom parallel mechanism and its extended equipment：US201716632485[P].2022-08-23.

[15] Liu Xin-Jun, Meng Qizhi, Xie Fugui, et al. Two-degree-of-freedom parallel robot with spatial kinematic chain：US201916632372[P].2022-04-26.

[16] 刘辛军,孟齐志,谢福贵,等.具有双动平台结构的四自由度并联机器人：201811568968.9[P].2022-08-30.

[17] 孟齐志,刘辛军,谢福贵,等.具有空间支链结构的两自由度并联机器人：201811570358.2[P].2022-08-05.

[18] 孟齐志,刘辛军,谢福贵,等.具有双闭环支链结构的三自由度并联机器人：201811601246.9[P].2022-03-01.

[19] 刘辛军,谢福贵,孟齐志,等.一种可折展式多轴联动机器人：201810319242.5[P].2021-03-26.

[20] 刘辛军,孟齐志,谢福贵,等.四自由度柱坐标并联机器人：201811600319.2[P].2021-09-24.

[21] 刘辛军,孟齐志,谢福贵,等.一种具有四支链的五自由度并联加工机器人：201910507136.4[P].2021-05-18.

[22] 刘辛军,孟齐志,谢福贵,等.具有相同支链结构的四自由度柱坐标并联机器人：201910851498.5[P].2021-03-26.

[23] 刘辛军,**孟齐志**,谢福贵,等.具有空间四自由度的双动平台并联机构及机器人：201910851728.8[P].2021-10-01.

[24] **孟齐志**,刘辛军,谢福贵,等.过约束高速并联机器人：201910935708.9[P].2021-09-21.

[25] 刘辛军,**孟齐志**,谢福贵.过约束的四自由度高速并联机器人：201910936564.9[P].2021-09-21.

[26] 刘辛军,**孟齐志**,谢福贵,等.高速高精度并联机器人：202010018625.6[P].2021-04-27.

[27] 刘辛军,谢福贵,**孟齐志**,等.一种人体温度自动测量机器人及测量方法：202010137222.3[P].2020-05-08.

[28] 刘辛军,谢福贵,**孟齐志**,等.一种摇臂式人体温度自动测量机器人及测量方法：202010136731.4[P].2021-07-30.

[29] 刘辛军,**孟齐志**,谢福贵,等.一种立柱式人体温度自动测量机器人及测量方法：202010137189.4[P].2023-04-07.

[30] 刘辛军,姜淞文,**孟齐志**,等.行人体温快速筛查系统及筛查方法、人体温度测量方法：202010290009.6[P].2024-06-11.

[31] 刘辛军,**孟齐志**,谢福贵,等,一种非接触式人体温度自动测量机器人及测量方法：202010137182.2[P].2024-02-02.

[32] 刘辛军,姜淞文,**孟齐志**,等.包含环境适应性控温和测温方法的人体温度筛查机器人：202010552723.8[P].2020-08-21.

[33] 刘辛军,吕春哲,**孟齐志**,等.水平搓动式转动与移动自由度解耦的高速并联机器人：202010744209.4[P].2020-11-24.

[34] 刘辛军,**孟齐志**,谢福贵,等.竖直搓动式移动与转动自由度解耦的高速并联机器人：202010744092.X[P].2020-11-24.

科研项目：

[1] 国家杰出青年科学基金项目：机构学与机器人。(项目编号：51425501.)

[2] 北京市科技计划智能制造技术创新与培育专项：高速智能并联机器人系统关键技术研究及应用。(项目编号：Z171100000817007.)

所获奖励：

[1] 2018 年 10 月,中国机械工业科学技术奖一等奖。(项目编号：1809053,证书编号：R1809053-07.)

[2] 2018 年 11 月,好设计银奖。(证书编号：2018-Y-10-R03.)

[3] 2017 年 11 月,第二届全国机器人专利创新创业大赛特等奖。(全国唯一)

[4] 2016 年 12 月,清华大学综合优秀奖学金。

[5] 2017 年 11 月,清华大学智能无人系统交叉领域博士生学术论坛最佳海报展示奖。

[6] 2017 年 12 月,清华大学研究生社会实践一等奖。

［7］ 2018 年 01 月,清华大学学生实验室建设贡献奖。

［8］ 2018 年 05 月,清华大学第十五届实验技术成果奖一等奖。

［9］ 2018 年 10 月,全国高校教师教学创新大赛——第五届全国高等学校教师自制实验教学仪器设备创新大赛及优秀作品展示活动二等奖。

［10］ 2019 年 10 月,清华大学综合优秀奖学金。

［11］ 2020 年 09 月,清华大学学生实验室建设贡献奖。

［12］ 2020 年 12 月,宝钢优秀学生奖学金。

致　　谢

在本书完成之际,我首先要向导师刘辛军教授致以衷心的感谢和诚挚的敬意。感谢刘老师为我提供了在清华大学机械工程系攻读博士学位的机会,这是我最宝贵的人生经历之一。衷心感谢刘老师对我的悉心指导和培养,刘老师广阔的学术视野、敏锐的学术眼光、严谨的治学态度和卓越的人格魅力给我留下了深刻的印象,刘老师的言传身教将使我终身受益。刘老师对我的支持、帮助、关怀和教诲,我将终生铭记。

感谢谢福贵副教授在研究工作和学习生活中给予我的鼓励、指引和帮助。谢老师严谨、细致的学术态度和渊博、扎实的专业学识让我钦佩不已。博士研究生阶段的成长离不开谢老师的指导和付出,在此深表谢意。

感谢曾给予我重要帮助的都东教授、段星光教授、于靖军教授、唐晓强教授、李铁民副教授、吴军副教授、王辉副教授、张辉副研究员、赵慧婵助理教授和聂振国助理研究员,感谢姜峣助理研究员与我开展的有益交流。感谢与我一同奋斗在高速并联机器人课题上的韩刚师兄和黄晨晖师弟,高速并联机器人课题的顺利开展与他们的付出是分不开的。感谢吴超博士和陈祥博士,他们出色的工作是我开展研究的宝贵基础。

在东京工业大学机械工程学院进行 3 个月的联合培养期间,承蒙 Takeda Yukio 教授的热心指导与帮助,不胜感激。

感谢李杰师兄、陈禹臻师兄和王超师姐对我在博士研究生初期阶段的指引,感谢课题组朝夕相处、共同成长的各位同门:罗璇师兄、宫昭、毕伟尧、梅斌、于超、解增辉、崇增辉、申屠舒展、叶彦雷、李鹏、陈嘉凯、周婧祎、潘依依、姜淞文、袁馨等,感谢访问学者马利云老师和丁江老师的交流与帮助。

感谢济南翼菲自动化科技有限公司的张赛董事长、韩立光、颜丙凯、王娇娇、孙同亮、李焕志和郭金鹏等在高速并联机器人样机研发和实验研究过程中的鼎力支持和热心帮助。

感谢父母和姐姐在生活和精神上给予我的极大支持,你们背后的默默付出是我努力前进的不竭动力。感谢女友李小青一直以来的陪伴、理解、体贴和照顾。

　　本书承蒙国家杰出青年科学基金项目"机构学与机器人"（编号：51425501）和北京市科技计划智能制造技术创新与培育专项课题"高速智能并联机器人系统关键技术研究及应用"（编号：Z171100000817007）的资助，特此致谢。

　　最后感谢各位评审专家在百忙中抽出时间对本书进行评审，在此深表敬意！